内蒙古沿黄地区水权交易的政府规制研究

张建斌　刘清华　著

中国财经出版传媒集团

经济科学出版社

Economic Science Press

图书在版编目（CIP）数据

内蒙古沿黄地区水权交易的政府规制研究/张建斌，
刘清华著.—北京：经济科学出版社，2019.6
　ISBN 978 - 7 - 5218 - 0689 - 2

　Ⅰ.①内…　Ⅱ.①张…②刘…　Ⅲ.①水资源管理 -
研究 - 内蒙古　Ⅳ.①TV213.4

中国版本图书馆 CIP 数据核字（2019）第 141857 号

责任编辑：边　江　庞丽佳
责任校对：蒋子明
责任印制：邱　天

内蒙古沿黄地区水权交易的政府规制研究

张建斌　刘清华　著

经济科学出版社出版、发行　新华书店经销
社址：北京市海淀区阜成路甲 28 号　邮编：100142
总编部电话：010 - 88191217　发行部电话：010 - 88191522
网址：www. esp. com. cn
电子邮件：esp@ esp. com. cn
天猫网店：经济科学出版社旗舰店
网址：http：//jjkxcbs. tmall. com
北京时捷印刷有限公司印装
710 × 1000　16 开　20.25 印张　270000 字
2019 年 7 月第 1 版　2019 年 7 月第 1 次印刷
ISBN 978 - 7 - 5218 - 0689 - 2　定价：68.00 元

前言

十八届三中全会决定，中国将发展环保市场，推行节能量、碳排放权、排污权和水权交易制度。2014 年我国水利部印发《水利部关于开展水权试点工作的通知》（简称《通知》），《通知》提出在宁夏、江西、湖北、内蒙古、河南、甘肃和广东 7 个省区启动水权试点，明确内蒙古自治区、河南省、甘肃省、广东省重点探索跨盟市、跨流域、行业和用水户间、流域上下游之间等多种形式的水权交易模式，其中内蒙古自治区在原有盟市内部水权交易的基础上重点开展跨盟市水权交易。

内蒙古自治区水资源分布东多西少，经济发展水平西强东弱。内蒙古沿黄盟市地处内蒙古中西部，包括呼和浩特市、包头市、鄂尔多斯市、巴彦淖尔市、乌海市和阿拉善盟，2016 年沿黄六盟市地区生产总值占全自治区地区生产总值比重 62% 左右，同期其水资源总量仅占全区水资源量总量的 16%①。经济发展和水资源分布的不一致导致内蒙古沿黄地区水资源供需矛盾突出。内蒙古沿黄地

---

① 内蒙古沿黄 6 盟市多年水资源总量仅占内蒙古自治区多年水资源总量的 10% 左右。

区地表水源主要依靠黄河水，1987 年国务院批准《黄河可供水量分配方案》将 370 亿立方米的黄河可供水量（指耗水量）分配到沿黄 9 省区和河北省与天津市，其中内蒙古自治区分得的黄河耗水量指标为 58.6 亿立方米。内蒙古自治区将分得的黄河耗水量指标又进一步分给阿拉善盟、乌海市、巴彦淖尔市、鄂尔多斯市、包头市和呼和浩特市。其中，巴彦淖尔市的初始水权为 40 亿立方米/年、鄂尔多斯市的初始水权为 7.0 亿立方米/年、呼和浩特市的初始水权为 5.1 亿立方米/年、包头市的初始水权为 5.5 亿立方米/年、乌海市的初始水权为 0.5 亿立方米/年、阿拉善盟的初始水权为 0.5 亿立方米/年。近年来，随着内蒙古沿黄经济带的构建，沿黄各盟市工业用水激增，与此同时，内蒙古沿黄地区农业用水浪费严重，很多地区存在漫灌和灌溉渠系水利用效率较低等问题。在黄河可供水量既定的总量约束下，如何破解内蒙古沿黄地区水资源制约迫在眉睫。

在水利部和黄河水利委员会的大力支持下，内蒙古从 2003 年开展黄河流域水权转换试点工作。内蒙古的水权转换是在耗水总量控制的情况下，通过工业投资农业节水改造工程，实现农业节水水权向缺水工业项目进行转换。内蒙古沿黄地区的水权交易改善了水权出让方灌溉工程建设状况，拓宽了水利工程建设融资渠道，提高了节水型社会建设步伐，保障了重点工业企业用水需求，有助于降低农户灌溉水费开支。但水资源的特殊性和其在国家经济社会发展中的战略性地位及水资源国家所有权属性，决定了水权交易需要政府必要规制。政府对水权交易规制的目的在于保障公众利益、为水权交易创造条件并保证水权交易顺利实施。

　　本书以《内蒙古沿黄地区水权交易的政府规制研究》为题，在对水权和水权交易的内涵进行论述的基础上，从理论和实践案例两个角度分析了水权交易的正效应，以公共资源理论、外部效应理论和信息不对称理论为基础阐释了水权交易的市场失灵和政府对水权交易进行规制的内在逻辑及政府在水权交易中的作用；在对内蒙古沿黄地区水资源利用状况进行分析的基础上，阐述了该地区水权交易制度构建的现实基础和水权交易发展现状，分析了其开展水权交易的积极作用和潜在风险，结合国外水权交易政府规制经验，提出了内蒙古沿黄地区水权交易政府规制的基本思路。

　　本书是对内蒙古沿黄地区水权交易政府规制问题进行探索性研究的成果，研究和写作过程中参考了国内外学者的相关著作和论文，引用了一些报刊资料的相关分析，在此向各位著作者和出版者表示由衷感谢。由于知识水平有限，本书撰写不足之处在所难免，敬请各位读者不吝赐教。

张建斌

2018 年 10 月

目　录

第一章

绪　论

本章从黄河流域水资源利用结构性矛盾突出、中国水权制度改革不断推进和水权交易案例不断出现三个角度阐释本书的研究背景；从丰富水资源治理理论、深化政府在水权交易中的定位和作用及推动内蒙古沿黄地区水权交易顺利推进等角度论述本书的研究意义；从水资源行政配置机制局限性、水权交易的积极作用、水权交易的潜在负效应和政府在水权交易中的作用等角度对国内外学者的研究进展进行回顾。

第一节　研究背景

一、黄河流域水资源利用结构性矛盾突出

中国水资源总体短缺和水资源利用结构性矛盾凸显，要求创新水权制度模式，适时引入水权交易机制，并关注水权交易潜在风险及其规避。水资源利用的结构性矛盾主要表现在水资源短缺严重的同时又存在水资源浪费，特

别是工业用水短缺和农业用水浪费严重的矛盾突出。

表 1.1 为 2005～2016 年中国水资源分行业用水量表，从表中可以看出，2016 年全国用水总量 6040.2 亿立方米，其中生活用水 821.6 亿立方米，占用水总量的 13.6%；工业用水 1308.0 亿立方米，占用水总量的 21.6%；农业用水 3768.0 亿立方米，占用水总量的 62.4%；生态用水 142.6 亿立方米，占用水总量的 2.4%。

表 1.1　　　　　2005～2016 年中国水资源分行业用水量统计表　　单位：亿立方米

年份	2006	2007	2008	2009	2010	2011	2012	2013	2014	2015	2016
生态	93.0	105.7	120.2	103.0	119.8	111.9	108.3	105.4	103.0	122.7	142.6
生活	693.8	710.4	729.3	748.2	765.8	789.9	739.7	750.1	767.0	793.5	821.6
工业	1343.8	1403.0	1397.1	1390.9	1447.3	1461.8	1380.7	1406.4	1356.0	1334.8	1308.0
农业	3664.4	3599.5	3663.5	3723.1	3689.1	3743.6	3902.5	3921.5	3869.0	3852.2	3768.0

资料来源：2006～2016 年中国水资源公报。

农业是用水大户。进入 21 世纪以来，我国大力加强农业节水建设，积极实施大型灌区配套改造和大型灌排泵站更新改造，启动水权试点。但我国节水灌溉尚处在加快发展阶段，节水灌溉发展总体偏慢。表 1.2 为截至 2015 年底全国节水灌溉发展情况表，从表中可以看出，截至 2015 年底，全国高效节水灌溉面积占灌溉面积的比重仅为 25%。2016 年全国万元国内生产总值（当年价）用水量为 81 立方米，农田灌溉水有效利用系数为 0.542[①]。我国水资源有效利用的倒逼机制和激励机制尚不健全，农业灌溉用水总量控制和定额管理尚未全面推行，农业水价形成机制尚需进一步完善，相关政策法规、技术支撑等有待健全。

———————

　① 2016 年中国水资源公报。

表 1.2　　　　　截至 2015 年底全国节水灌溉发展情况统计

地区	灌溉面积（万亩）	节水灌溉面积（万亩）	高效节水灌溉面积（万亩）				高效节水灌溉面积占灌溉面积的比重（%）
			喷灌	微灌	管灌	小计	
北京	356	296	56	22	200	278	78
天津	490	311	7	4	220	231	47
河北	7185	4710	290	163	3777	4230	59
山西	2340	1343	115	68	812	995	43
内蒙古	5527	3712	756	927	829	2513	45
辽宁	2494	1210	213	513	260	986	40
吉林	2755	1003	539	202	185	926	34
黑龙江	8327	2545	2107	130	16	2253	27
上海	453	215	5	1	109	115	25
江苏	6371	3504	98	81	398	578	9
浙江	2328	1641	82	74	93	248	11
安徽	1782	1360	149	24	85	258	4
福建	1782	863	135	49	146	329	18
江西	3142	751	31	50	41	122	4
山东	8358	4379	209	110	2869	3188	38
河南	8001	2508	242	42	1523	1807	23
湖北	4731	575	167	98	196	461	10
湖南	4815	522	7	2	16	24	0.5
广东	3100	444	13	10	31	54	2
广西	2540	1427	42	59	72	172	7
海南	497	125	13	20	38	70	14
重庆	1037	309	18	3	65	86	8
四川	4445	2352	71	24	140	235	5
贵州	1608	488	36	30	109	175	11
云南	2781	1087	24	53	462	239	9
西藏	669	35	0	0	25	25	4

续表

地区	灌溉面积（万亩）	节水灌溉面积（万亩）	高效节水灌溉面积（万亩）				高效节水灌溉面积占灌溉面积的比重（%）
			喷灌	微灌	管灌	小计	
陕西	2038	1316	47	66	438	551	27
甘肃	2253	1318	38	255	235	529	23
青海	404	204	3	9	44	56	14
宁夏	890	466	54	126	56	236	27
新疆	9649	5508	55	4682	176	4913	54
全国	108091	46591	5622	7895	13368	26885	25

注：全国数据不包含香港、澳门和台湾。

资料来源：水利部 国家发展改革委 财政部 农业部 国土资源部关于印发《"十三五"新增1亿亩高效节水灌溉面积实施方案》的通知。

黄河流域属于资源型缺水区，水资源利用的结构性矛盾更加突出。1987年，国务院批准的黄河可供水量分配方案将黄河 580 亿立方米的水资源总量扣除冲沙、生态、损失之后的 370 亿立方米分配到沿黄 9 个省区和河北省、天津市。表 1.3 为"87"分水方案黄河可供水量分配指标表。

表 1.3　"87"分水方案黄河可供水量分配指标（南水北调生效前）

单位：亿立方米

省区市	青海	四川	甘肃	宁夏	内蒙古	陕西	山西	河南	山东	河北天津	合计
年耗水量	14.1	0.4	30.4	40.0	58.6	38.0	43.1	55.4	70.0	20.0	370.0

资料来源：姚杰宝，董增川，田凯. 流域水权制度研究［M］. 郑州：黄河水利出版社，2008（4）：147.

农业用水是黄河地表水用水主体，占黄河地表水耗水量的 70% 以上。图 1.1 为 2016 年黄河分行业地表水耗水量占比情况图。2016 年黄河地表水耗水量 322.25 亿立方米，其中农田灌溉耗水量 231.37 亿立方米，林木渔畜耗水量 17.77 亿立方米、工业耗水量 35.49 亿立方米、城镇公共耗水量 6.79 亿立方米、居民生活耗水量 15.20 亿立方米、生态环境耗水量 15.63 亿立方米，分别占黄河地表水用水量的 71.8%、5.5%、11.0%、2.1%、4.7% 和 4.9%。

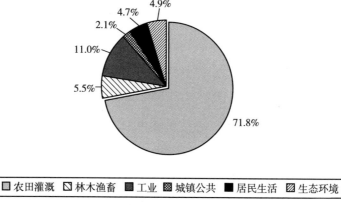

图 1.1 2016 年黄河分行业地表水耗水量占比

资料来源：2016 年黄河水资源公报。

表 1.4 为 2016 年黄河分区分行业地表水取耗水量统计表，从表中可以看出，兰州至头道拐地表水取水量最大，花园口以下地表水耗水量最大，各区农田灌溉取耗水量占比最大。

表 1.4   **2016 年黄河分区分行业地表水取耗水量统计**   单位：亿立方米

流域分区	项目	农田灌溉	林木渔畜	工业	城镇公共	居民生活	生态环境
龙羊峡以上	取水量	1.18	0.74	0.09	0.06	0.18	0.00
	耗水量	0.88	0.61	0.05	0.05	0.14	0.00
龙羊峡至兰州	取水量	14.70	2.50	3.64	0.65	1.62	0.80
	耗水量	11.39	2.00	3.12	0.65	1.19	0.75

流域分区	项目	农田灌溉	林木渔畜	工业	城镇公共	居民生活	生态环境
兰州至头道拐	取水量	121.96	8.05	9.25	1.50	2.34	4.24
	耗水量	79.39	7.43	6.89	1.15	1.74	4.19
头道拐至龙门	取水量	6.60	0.83	2.90	0.57	1.59	0.98
	耗水量	5.84	0.71	2.42	0.56	1.35	0.98
龙门至三门峡	取水量	38.84	4.37	8.65	2.22	7.20	3.39
	耗水量	32.74	3.66	6.30	1.94	4.77	3.37
三门峡至花园口	取水量	12.13	1.37	6.70	0.58	1.39	1.33
	耗水量	10.91	1.18	5.13	0.54	1.10	1.24
花园口以下	取水量	90.42	2.18	12.01	1.94	5.17	5.12
	耗水量	89.72	2.10	11.52	1.89	4.88	5.06
黄河内流区	取水量	0.63	0.10	0.08	0.01	0.05	0.04
	耗水量	0.50	0.08	0.06	0.01	0.03	0.04
合计	取水量	286.46	20.14	43.32	7.53	19.54	15.90
	耗水量	231.37	17.77	35.49	6.79	15.20	15.63

资料来源：2016 年黄河水资源公报。

近年来，随着黄河流域各省区经济的快速发展，各省区耗用黄河水量也快速增加，部分省区耗用的黄河水量已经接近或超过 1987 年国务院批准的黄河可供水量分配指标。黄河流域用水量不断增长，但沿黄地区在黄河水资源利用问题上普遍存在用水效率低下尤其是农业用水效率低下问题。黄河流域是我国重要的农业生产区，黄河河套平原灌区、关中平原灌区、汾河谷地灌区等是我国重要的商品粮基地。长期以来，黄河流域农业用水存在严重浪费，不少地区仍然存在大水漫灌现象，渠系不配套，且年久失修，部分灌区没有有效衬砌，渠系水利用系数较低。

黄河流域也是我国重要的经济发展带，拥有丰富的矿产和能源资源，进一步开发沿黄地区的能源和原材料工业对于推动黄河流域乃至全国经济发展具有至关重要的作用。黄河流域较为重要的能源基地有宁夏回族自治区宁东能源工业基地、内蒙古自治区鄂尔多斯市能源工业基地、陕西榆林能源工业基地和山西离柳煤电基地等。随着西部大开发和"西电东送"等战略的实施，黄河流域特别是宁夏和内蒙古地区依托当地丰富的煤炭资源优势，围绕资源开发、转化和深加工等工业项目纷纷上马，导致黄河流域工业用水需求急剧增加，水资源短缺已经成为黄河流域工业发展的重要约束。

在水资源总量控制的刚性约束下，工业用水不足和农业用水浪费的结构性矛盾要求政府水资源管理部门不断创新，于是包括内蒙古沿黄地区在内的水权交易（主要是工业投资农业节水项目置换农业水权）应运而生。

二、 中国水权制度改革不断推进

我国"十一五"规划纲要首次提出建立国家初始水权分配制度和水权转让制度，2011 年中央一号文件和 2012 年国务院三号文件进一步提出鼓励开展水权交易和运用市场机制优化水资源配置，《国家农业节水纲要（2012—2020 年）》针对农业领域提出在有条件的地区要逐步建立节约水量交易机制和构建水权交易平台。

十八届三中全会决定，中国将大力发展环保市场，逐步推行节能量、碳排放权、排污权和水权交易制度。事实上，水权交易已是一些国家的通用做法，十八届三中全会决定明确提出，这种有助于节水和水资源使用效率提升的水资源市场化配置机制是今后水资源配置领域的改革方向。

区域用水指标和水量分配是水权交易制度的前提和基础，2013 年国务院出台的《实行最严格水资源管理制度考核办法》已经将 2015 年、2020 年和 2030 年的用水总量分解到各省（自治区、直辖市），目前已基本建立覆盖省、市、县三级行政区的水资源控制指标体系，并计划在未来逐步完成全国重要跨省江河水量分配工作。在建立用水总量控制体系的流域和区域有条件探索总量控制下的区域间水量交易。

2014 年 7 月，水利部印发了《水利部关于开展水权试点工作的通知》（以下简称《通知》），《通知》指出，在宁夏、江西、湖北、内蒙古、河南、甘肃和广东 7 个省区水权试点，试点的内容主要包括水资源使用权确权登记、水权交易流转和水权制度建设。《通知》提出，各地应因地制宜积极探索地区间、流域间、流域上下游、行业间、用水户间等多种形式的水权交易流转方式；积极培育水市场，建立健全水权交易平台。在 7 个试点中，内蒙古、河南、甘肃和广东四个省区将进一步积极开展水权交易，各水权交易试点省份的重点试点内容见表 1.5。

表 1.5　　2014 年水利部关于水权交易试点省份重点试点内容情况

试点省份	重点试点内容
内蒙古	在原有盟市内部水权交易的基础上重点开展巴彦淖尔市与鄂尔多斯市等盟市之间的跨盟市水权交易
河南	重点开展省内不同流域的地市间水量交易，包括年度水量交易和一定期限内的水量交易
甘肃	以疏勒河为单元，开展灌区内农户间、农民用水户协会间、农业与工业间等不同形式的水权交易
广东	以广东省产权交易集团为依托，组建省级水权交易平台，合理制定水权交易规则和流程，重点引导鼓励东江流域上下游区域与区域之间开展水权交易

资料来源：《水利部关于开展水权试点工作的通知》（水资源〔2014〕222 号）。

2014 年 11 月，《国务院关于创新重点领域投融资机制鼓励社会投资的指导意见》提出，国务院通过水权制度改革吸引社会资本参与水资源开发利用和保护。加快建立水权制度，培育和规范水权交易市场，积极探索多种形式的水权交易流转方式，允许各地通过水权交易满足新增合理用水需求。鼓励社会资本通过参与节水、供水、重大水利工程投资建设等方式优先获得新增水资源使用权。我国水权制度变革的目的就是通过制度创新，在水资源"总量控制"前提下，尽量"盘活存量"，用市场机制促进节约用水，提高水资源使用效率。

三、 国内水权交易案例不断出现

水权交易的实践是推进水权制度变革的重要原因，水权制度变革又将进一步促进水权交易的顺利发展。进入 21 世纪，我国在一些地方出现了水权交易的案例，表 1.6 列举了我国近年来出现的一些典型的水权交易案例，这些水权交易案例是研究我国水权交易的重要资料，也为内蒙古沿黄地区水权交易制度的构建和完善提供了经验。

表 1.6　　　　　　　　　近年来我国出现的典型水权交易案例

地区	水权交易案例简介
浙江	1. 中国第一包江案。1998 年季展敏与浙江永嘉县签订合同，承包楠溪江支流 140 多千米用于渔业养殖，承包期从 1998 年起共 12 年，承包金额 518 万元，12 年付清。该案属于广义水权交易
	2. 东阳—义乌水权交易案[①]。2000 年 11 月 24 日，东阳与义乌签订水权交易协议，规定义乌一次性支付 2 亿元，购买东阳横锦水库每年 4999.9 立方米水使用权，东阳承担引水管道投资资金并按照当年实际供水量每立方米 0.1 元支付综合管理费用
	3. 慈溪—绍兴水权交易案。2005 年 1 月 1 日至 2040 年 12 月 31 日的 36 年间，慈溪市向汤浦水库购买每日 20 万立方米的引水权，以 18 年为界分两个阶段实施。第一阶段慈溪市投资 5.14 亿元建设 50 多公里的输水管线和水厂，并支付 1.533 亿元水权转让费，此间慈溪可从汤浦水库引入 12 亿立方米优质原水，并另行支付水价，水价可随政府定价调整而调整。第二阶段供水价格及补偿费双方另行商定

地区	水权交易案例简介
甘肃	1. 张掖水票交易案。张掖市为严格落实用水总量控制和定额管理制度，采用了水票制形式。水管单位根据水权总量和来水量，推出配水计划，用水户根据用水定额，持水权证向水管单位购买水票，双方凭借水票供水。剩余水量的回收、买卖和交易，也通过水票进行
	2. 武威水权交易。武威市形成了"农户＋用水户协会＋水管单位（乡镇）"的民主参与式管理模式，在农业用水领域初步推行了"以农民用水户协会为中介组织，以水管单位为调控仲裁组织，地表水以水票为载体、地下水以智能管理卡为载体"的水权交易模式
宁夏	1. 大坝电厂与汉渠灌域水权交易案。宁夏大坝电厂三期 2×600 兆瓦扩建工程项目通过对青铜峡河东灌区汉渠灌域节水改造工程建设置换农业水权
	2. 马莲台电厂与惠农渠灌域水权交易案。宁夏马莲台电厂一期 4×300 兆瓦项目通过对青铜峡河西灌区惠农渠灌域进行节水改造工程建设置换农业水权
	3. 灵武电厂与唐徕渠灌域水权交易案。灵武电厂一期 2×600 兆瓦项目通过对青铜峡河西灌区唐徕渠灌域进行节水改造工程建设置换农业水权
漳河	漳河有偿调水案。2001 年 5～6 月，海河水利委员会上游管理局组织长治境内五座水库以每立方米 0.025 元的协议价格向漳河下游重要灌区有偿调水，用以缓解下游地区播种困难
新疆	新疆呼图壁地区水权交易案。新疆呼图壁县 2010 年启动了军塘湖河流域水资源优化配置试点工作并制订了《军塘湖河流域农业初始水权分配及水量交易管理办法》，按照灌溉用水定额和农户二轮土地承包地面积，计算确定了农业初始水权并核发水权证 1500 本，核定初始水权水量 2311 万立方米。并规定，水量交易可在农户之间、村组（或用水户协会）之间实现交易，但仅限于本轮次内交易
河南	河南新密水权交易。作为全国首批水权交易试点省份，河南省于 2014 年底正式批复关于新密市使用南水北调中线工程水量指标申请。通过水权交易，新密市每年将获得 2200 万立方米南水北调中长期水量指标，缓解水资源紧张。此次水权交易是借由南水北调中线干渠，根据协商交易，调配邓州市用水指标，解决新密城区和周边新型农村社区居民生活用水问题

注：①东阳—义乌水权交易被普遍认为是中国第一例水权交易。

上述水权交易是我国近年来出现的具有典型代表性的水权交易案例，其交易行为涉及部门之间水权交易（宁夏水权置换）、部门内部水权交易（甘肃张掖、武威和新疆呼图壁县的水权交易）、地区之间水权交易（东阳—义乌水权交易）。上述水权交易既有临时性水权交易（如漳河有偿调水案），也有长期水权交易（如东阳—义乌水权交易、宁夏水权置换等）。这些水权交易行为对我国水权制度的改革起到了推动作用，也为内蒙古沿黄地区水权交易的构建和完善提供了经验借鉴。

第二节　研究意义

内蒙古沿黄地区水权交易制度是在水资源总量控制的前提下，盘活水资源存量，提高水资源使用效率，促进节约集约用水的重要制度安排，是通过市场机制配置水资源的有益尝试。但水资源完全市场化配置也存在缺陷并容易诱发潜在风险，需要政府必要的介入和规制，对内蒙古沿黄地区水权交易的政府规制进行研究，其意义在于：

一、　有助于丰富水资源治理理论

从自然特性来讲，水资源是一种公共资源，极易产生"公地悲剧"。水资源治理要求从水资源的自然属性和供求特征出发，采取相应治理模式，实现经济、社会和环境效益最大化及水资源的可持续利用[①]。

就水资源而言，其自然属性主要是"三流"和生态效应，"三流"即

---

① 李善民，李孔岳，余鹏翼，周木堂. 公共资源的管理优化与可持续发展研究［M］. 广州：广东科技出版社，2007：26.

"流量""流态"和"流质"。"流量"是指水量大小和时空分布,"流态"是指流速、流势和水位,"流质"是指污染物、营养盐和泥沙的浓度与盐度。生态效应是指水资源时空变化给生态系统带来的影响。水多水少、水清水浊和水利工程等都可能改变"三流"中的一项或者几项并可能引发生态问题①。

公共水资源的需求特性包括非排他性、竞争性和外部性,水资源的供给特性包括稀缺性、区域性和不确定性。水资源的这种需求和供给特征决定了"公地悲剧"问题在其使用过程中极易出现。对公共资源包括水资源管理中的"公地悲剧"问题的克服,有政府强权干预的案例,有通过明晰产权和市场调配优化利用的案例,有通过社区自治优化利用的案例。公共资源治理机制的选择问题,需要从公共资源的特性出发,分别考虑政府规制和市场配置的优势和劣势,寻找一种政府力量与市场力量相结合的、有效的制度安排。本书以《内蒙古沿黄地区水权交易的政府规制研究》为题,正是基于在水资源管理中引入市场机制的同时强调政府必要规制,该议题的研究有助于丰富水资源治理理论。

二、 有助于深化政府在水权交易中定位和作用的认识

政治职能和公共职能是政府的主要职能,在人类发展的长期历史时期,政治职能是政府职能的重点领域。亚当·斯密(Adam Smith)在国富论中论述了政府的三种职能,即抵御外来暴行侵略、保护社会成员免受侵害和压迫及建立某些公共工程②。亚当·斯密关于政府职能的论述充分体现了其"无形之手"调节经济的思想,但亚当·斯密也承认政府的公共管理职能。在社

---

① 夏青. 水资源管理与水环境管理 [C]. 中国水利学会 2002 学术年会特邀报告专辑, 2002.
② 亚当. 斯密(Adam Smith). 国民财富性质及原因的研究(下卷)[M]. 北京:商务印书馆, 1974.

会生产不断发展的情况下，政府为维护其统治基础，对社会保障和社会公正日益关注，导致政府公共职能特别是经济职能的重要性日益上升。政府的经济职能主要变现为：保障市场公平竞争、保障社会公共产品供给以及干预和调节经济运行①。现代经济无一例外都属于"市场＋政府"的混合经济，要求政府有所为有所不为。

水资源是具有公权和私权双重属性的资源。水权的交易行为，不仅会产生私人影响，也会产生公共影响，特别是对于人类生存的生活水权、维护生态环境的生态水权和保障粮食安全的农业水权，需要政府予以保障，上述水权采取完全市场化模式配置会产生诸多不良后果。对于具有竞争性的生产水权，可以引入水权交易方式，用市场机制调节。但即使在生产水权的交易过程中也会有外部性与信息不对称等问题。所以政府在水权交易中的作用必不可少。另外，由于水资源的特殊性及其在国家经济社会发展中的战略性地位，无论是传统意义上的水资源管理还是现代水资源管理，政府都处于核心和主导地位。同时，由于我国水资源的所有权归国家，这也决定了政府在水权交易中具有特殊的重要地位和作用。本书以《内蒙古沿黄地区水权交易的政府规制研究》为题，其重要意义之一就是研究政府在内蒙古沿黄地区水权交易中的定位和职责。

三、 有助于促进内蒙古沿黄地区水权交易的顺利进行

水权的初始界定、水权交易价格的形成和水权交易流程管理是水权交易的三个关键环节。水权交易的顺利进行是以明确的水权、稳定的水权和可交易的水权为基础的，这就需要对初始水权进行界定，政府是完成初始水权界定的主要主体，也是对界定的水权进行保护的制度主体。水权交易需要完善的水权交易价格核算体系，水权交易大体可以分为一级水权市场和二级水权市

---

① 张良. 公共经济学 [M]. 上海：华东理工大学出版社，2001.

场。一级水权市场也被称为水权的初始分配市场，是指国家自然资源水使用权和取水权的出让市场。由于国家是水资源的绝对所有者，处于水权出让的主导地位。因此，一级水权市场的价格机制要体现国家法律和政策等因素，也要反映社会经济和环境保护等因素①，政府在其中的作用重要且必要。水权二级市场的交易价格也应适当体现政府产业和环保政策意图，政府对水权二级市场的价格规制也不容忽视。水权交易的顺利高效进行除了水权界定和水权交易价格机制外，还需要政府出台一系列法律法规和规章制度对水权交易行为进行必要限制和管理，特别是水权交易中的第三方效应，是水权交易市场失灵的表现，需要政府介入。本书以《内蒙古沿黄地区水权交易的政府规制研究》为题，重在分析政府在内蒙古沿黄地区水权交易中的规制内容和规制方式。这些规制内容和规制方式是内蒙古沿黄地区水权交易顺利进行的必要保障。

第三节　相关文献回顾

水权交易是对水资源短缺、用水效率低下和水资源行政配置机制局限性的制度响应，水权交易具有积极作用，也存在一些负面影响。水权交易并非完全意义的市场交易，需要政府必要规制。本书的相关文献综述主要集中在水资源行政配置机制的局限性、水权交易的积极作用、水权交易的负面影响和水权交易的政府规制四个方面。

一、关于水资源行政配置机制局限性的相关文献回顾

通过行政手段配置水资源使用权其目的是将水资源公平配置给不同地

① 姚金海．水权运营导论［M］．武汉：华中科技大学出版社，2011．

区、不同部门和不同用水主体，但是由于受到信息搜寻和处理程度、配置成本和行政效率等因素的影响，行政手段配置水资源不仅没有达到预期目的，还导致水资源配置效率低下等问题。国内外学者对水资源行政配置机制的局限性进行了研究。阿尔伯塔·加里多（Alberto Garrido，2000）认为，通过行政手段在竞争性的用水户之间集中配置水资源，会导致水资源领域中的价格和市场信号的缺失并阻碍灌溉用水的高效使用①。魏衍亮（2001）认为，水资源的官僚主义集权管理排除了水事投资的激励机制②。孔德军（2005）依据水资源配置的内在机制将国际上的水资源配置方式分为四种：以边际成本价格方式配置（MCP）、以行政管理手段配置（P/AWA）、以水市场配置机制配置（WA）和以用水户进行配置（UA）。他认为，以行政管理手段进行水资源配置有助于维护社会公平、保障水资源短缺地区的水量供应、支持环境用水需求和保护弱势群体对水资源的基本需求，但这种机制存在以下明显弊端：可能导致水资源的错误配置和浪费、导致水资源领域的投资不足和分割管理、导致用水户参与水资源管理程度低下、导致政府经营的灌区难以为继、导致工业用水计划偏差等③。任庆（2006）认为，我国目前以行政手段配置水资源的共有产权制度导致水资源利用效率低下并严重阻碍水市场的发育，因而应当探索改变水资源配置方式，在水资源配置领域逐步引入市场机制，允许水资源的交易和转让，使水权成为一种独立的私有产权并允许流通，从而有效克服水资源共有产权的缺陷，促进水资源的合理配置和有效利用④。张红丽和陈旭东（2005）对水资源行政配置的不足进行了分析，认为行政配置水资源的弊端有：农业用水和工业用水矛盾突出，农业用水效率低

① Alberto Garrido. A mathematical programming model applied to the study of water markets within the Spanish agricultural sector [J]. Annals of Operations Research，2000（94）：105 - 123.
② 魏衍亮. 对墨西哥水政策变迁的考察 [J]. 干旱区资源与环境, 2001（15）：93 - 96.
③ 孔德军. 水资源配置机制的利弊分析 [J]. 中国水利, 2005（13）：94 - 96.
④ 任庆. 论我国水权制度缺陷及其创新 [J]. 中国海洋大学学报（社会科学版），2006（3）：52 - 55.

下，工业用水难以保障；水资源管理体制和制度不健全；限制了水权交易，导致水资源配置效率低下；水价偏低①。裴丽萍和王军权（2016）认为，长期以来，我国以颁发取水许可证的方式规范水资源配置、监管水资源使用。但过于注重政府的命令与控制的政府行政许可模式，不利于调动各参与方的积极性，且过于僵化，已经不能适应现实的需要，也无法为水权市场的培育与发展创造条件②。

由此可见，学者们对行政手段配置水资源的局限性分析基本形成了共识，认为该手段的主要局限在于：水资源浪费严重、水资源使用效率低下、价格信号扭曲和阻碍水市场的发育等。因此，探索水资源配置机制的改革势在必行。

二、 关于水权交易积极作用的相关文献回顾

国外学者对水权交易的积极作用进行了研究，形成了一些有价值的观点。约翰·J. 皮格拉姆（John J. Pigram，1993）在对澳大利亚水权和水市场进行分析的基础上认为，水市场有助于促进水资源的节约利用，有助于降低对水资源的需求量，有助于激励用水者考虑用水成本并减少水资源浪费，同时也有助于抑制水环境的退化③。伯恩斯（H. S. Burness，1979）等认为水资源的市场激励机制有助于实现水资源在更高的利益上进行再分配④。安德森（Anderson，1983）认为私人市场可以实现水权的分配，并且可以实现更

---

① 张红丽，陈旭东. 水资源准市场配置制度创新研究 [J]. 统计与决策，2005 (5)：86 - 88.

② 裴丽萍，王军权. 水资源配置管理的行政许可与行政合同模式比较 [J]. 郑州大学学报，2016 (3)：25 - 29.

③ John J. Pigram. Proerty Rights and Water Markets in Australia: An Evolutionary Process toward Institutional Reform. Water Resources Research [J]. 1993, 29 (4)：15 - 32.

④ H. S. Burness, J. P. Quirk. Appropriative water rights and the efficient allocation of resources [J]. Amer. econom. rev, 1979 (69)：25 - 37.

为有效和公平的水分配①。罗伯特·赫恩（Robet Hearne，1997）对水权交易进行了研究，结论表明水权交易的确可以产生巨大的经济收益②。阿尔伯塔·加里多（Alberto Garrido，2000）在对西班牙灌区的水市场进行研究的基础上认为，在农业内部构建水市场可以提高经济效率，具有光明前景③。斯利姆·泽克里和威廉·伊斯特（Slim Zekri and William Easter，2005）在对突尼斯的水权交易案例进行分析的基础上认为，水权转让可以促使水资源流向边际收益更高的用水者，进而可以提高水资源的使用效率④。约瑟夫·N.列卡基斯（Joseph N. Lekakis，1998）在对相邻国家分享水资源的现状进行分析后认为，在水资源分配领域引入水市场是获得"双赢"的一种有效途径⑤。德涅什·M. 库马尔和辛格（M. Dinesh Kumar and O. P. singh，2001）以印度西部古吉拉特（Gujarat）的水资源需求管理为案例进行了研究，认为水市场是促进水资源合理定价和提高水资源使用效率的制度安排⑥。刁新绅和特里罗（XinshenDiao and Terry Roe，2003）通过对摩洛哥的案例分析，说明水权交易既可以提高水资源配置效率，也可以弥补农户因国家外贸政策的改变所导致的利益损失⑦。亚伦·沃勒、唐纳德·麦克劳德和大卫·泰勒

---

① T. D. Trearthen. Water in Colorado ［A］. in Water Rights：Scarce Resource Allocation. Bureaucracy, and the Environment ［C］. edited by Terry L. Anderson, Cambridge：Ballinger Publishing Company, 1983：119 – 136.

② Robet R. Hearne, K. William Easter. The economic and financial gains from water markets in Chile ［J］. Agricultural Economics, 1997 (15)：187 – 199.

③ Alberto Garrido. A mathematical programming model applied to the study of water markets within the Spanish agricultural sector ［J］. Annals of Operations Research, 2000 (94)：105 – 123.

④ Slim Zekri, William Easter. Estimating the potential gains from water markets：a case study from Tunisia ［J］. Agricultural Water Management, 2005 (72)：161 –175.

⑤ Joseph N. Lekakis. Bilateral Monopoly：A market for Intercountry River Water Allocation ［J］. Environmental Management, 1998 (22)：1 – 8.

⑥ M. Dinesh Kumar, O. P. singh. Market instruments for demand management in the face of scarcity and overuse of water in Gujarat, Western india ［J］. Water Policy, 2001 (3)：387 –403.

⑦ Xinshen Diao and Terry Roe. Can a water market avert the "double-whammy" of trade reform and lead to a "win-win" outcome? ［J］. Journal of Environmental Economics and Management, 2003 (45)：708 – 723.

（Aaron Waller，Donald Mcleod and David Taylor，2004）以普拉特河（Platte）流域为研究对象，认为通过水权交易，提高水价，是确保河道水流量并维持濒危野生动物对水资源需求的良好办法[1]。托马斯·克里伦（Thomas Krijnen，2004）在对墨累达令流域水权转让得失的争论进行整理的基础上认为，水权交易的开展从多层次促进了该流域的可持续发展[2]。

国内学者从我国水资源供求现状和已经出现的水权交易案例出发，从理论分析和实践验证角度对水权交易的积极作用进行了研究。胡鞍钢、王亚华（2002）认为，随着我国水资源供需矛盾的日益突出，通过水资源管理的制度创新和制度建设，实现水资源从指令配置向准市场配置以解决跨区域水资源问题被提上议事日程，两位学者就如何实现水资源的准市场配置提出了思路[3]。敖荣军（2004）认为，协调利益分配是水资源配置的核心，如果水资源在不同使用主体间的边际收益不相等，则在市场机制追求利益最大化的激励机制下，水资源会从边际收益低的使用主体向边际效益高的主体转移。通过水权交易，最终在所有水资源使用主体使用水资源的边际收益都相等时，水资源得到了最佳配置，水权交易市场实现了均衡[4]。周玉玺、葛颜祥（2006）以东阳—义乌水权交易为案例，分析了水权交易的积极作用。他们认为，水资源的稀缺性决定了水资源的商品属性进而赋予其可交易性。水权主体边际资源回报率的差别、水资源供求的不平衡性和时空分布的差异性构成了水权交易的前提和基础。由于传统的行政计划配水制度难以实现水资源的高效利用，因此在水资源配置领域引入市场机制是可行的，并且可以实现水资源配

---

[1] Aaron Waller，Donald Mcleod and David Taylor. Conservation Opportunities for Securing In-Stream Flows in the Platte River Basin：A case Study Drawing on Casper，Wyoming's Municipal Water Strategy ［J］. Environmental Management，2004（34）：620 – 623.

[2] Thomas Krijnen. Tradable Water Entitlements in the Murry-Darling Basin ［J］. Environmental Management，2004（7）：1 – 6.

[3] 胡鞍钢，王亚华. 流域水资源准市场配置从何处着手 ［J］. 海河水利，2002（5）：1 – 4.

[4] 敖荣军. 我国水资源市场配置制度创新的探索 ［J］. 中国人口·资源与环境，2003（2）：122 – 124.

置的"三赢"（水权交易双方和政府）结果①。孟戈、王先甲（2009）通过数学模型对水权交易的效率进行了证明，结果表明：水权交易既可以改善参与水权交易的用水户的净收益，也可以提高有限水量的整体效率。存在水权交易时的用水效率显然高于没有水权交易时的用水效率②。杜威漩（2010）认为，水权交易的福利效应在于：通过水权交易可以有效解决水资源需求结构域初始水权配置的不一致，可以促进水资源使用者之间的收入再分配，可以提高社会福利，可以改善水资源配置效率③。张明星、张军成（2012）通过对内蒙古鄂尔多斯黄河南岸灌区的例证分析，认为水权置换对黄河水资源进行优化配置，对沿黄灌区节水改造有偿投入，对满足鄂尔多斯地区迅速发展的煤化工和电力用水要求等具有重要价值④。于钊（2012）以甘肃武威城区开展水权置换为例，认为水权置换是缓解水资源供需矛盾的重要手段，在对水权指标进行确定的框架下开展水权置换具有积极意义⑤。李万明、谭周令（2014）对玛纳斯河流域水权交易案例进行了分析，认为水权交易会自发增强节水意识，激励用水主体采用新的节水技术和节水设备⑥。

上述分析研究表明，水资源的市场配置模式在一些国家和地区取得了进展并获得了一定程度的成功，在某种程度上克服了行政指令配置水资源的弊端，促进了水资源使用效率的提升。但水资源不仅具有经济属性，而且具有社会属性，水资源的配置涉及生态环境保护、贫困人口用水等问题。仅仅依靠市场机制配置水资源，往往会导致公共利益无法得到有效保障，生产用水和生态用水矛盾突出，即水资源市场配置存在"市场失灵"问题。

① 周玉玺，葛颜祥. 水权交易制度绩效分析 [J]. 中国人口·资源与环境，2006（4）：103-106.
② 孟戈，王先甲. 水权交易的效率分析 [J]. 系统工程，2009（5）：121-123.
③ 杜威漩. 水权交易的福利效应分析 [J]. 水利发展研究，2010（4）：34-38.
④ 张明星，张军成. 内蒙古黄河南岸灌区水权转换综合效益分析 [J]. 内蒙古农业大学学报（社会科学版），2012（3）：81-84.
⑤ 于钊. 武威城区水权置换的必要性和可行性分析 [J]. 甘肃水利水电技术，2012（8）：40-42.
⑥ 李万明，谭周令. 玛纳斯河流域水权交易外部性分析 [J]. 生态经济，2014（12）：180-183.

三、 关于水权交易负效应的相关文献回顾

卡尔·J. 鲍尔（Carl J. Bauer，1997）以智利水权优化案例为研究对象对水权市场化问题进行了分析，研究结果表明，水权市场化有利也有弊，其作用是不确定的，在不同地区水市场所起的作用也是不均衡的，且水市场的建立并非想象中那样简单①。迈克·埃克曼（Mike Acreman，2001）认为，人类不仅有发展经济的责任，也有保护生物多样性的道德责任，因此，在水资源的配置上应当给动植物提供必需的水量。完全以成本—利润为准则配置水资源的方法没有充分考虑伦理、社会和生态问题，因此在水资源配置中应当审视传统观念，加入伦理和生态要素②。莫德·巴洛和托尼·克拉克（Maude Barlow and Tony Clarke，2004）认为对水资源的需求是人类的基本需求，是基本人权。随着水资源私有化和商品化进程的加快，淡水资源正在成为赚钱工具和富人的专用品，弱势群体和贫困人口获得可靠用水的机会难以得到充分保障③。

冯耀龙、王宏江（2003）认为，自由市场行为在原则上可以导致有效率的结果，但在实践中，有效水市场所必需的制度安排没有完全建立。由于生态水权的公共性和外部性及水权市场不完备所导致的不确定性等因素的存在，导致水权完全市场化难以保障水资源有效率的代内和代际配置④。王煜凯（2013）认为，水银行面临的风险除了金融性银行的基本风险外，还有其独特性。水银行在运行过程中面临内在风险和外在风险，其内在风险包括

① Carl J. Bauer. Bringing Water Markets Down to Earth：The Political Economy of Water Rights in Chile，1976 – 1995 ［J］. World Development，1997（25）：639 – 656.

② Mike Acreman. Ethical aspects of water and ecosystems ［J］. Water Policy，2001（3）：257 – 265.

③ Maude Barlow and Tony Clarke（著），蓝金 ［M］. 张岳，卢莹（译）. 北京：当代中国出版社，2004.

④ 冯耀龙，王宏江. 资源水价的研究 ［J］. 水利学报，2003（8）：111 – 116.

水银行接受用户储存水权的过程中所产生的存水风险、对水权需求用户进行水权借贷过程中所产生的贷水风险、以水息率来控制市场供求关系产生的息价风险及信息不对称风险和信用违约风险；其外在风险包括不可抗因素对水银行所造成的风险和危及社会稳定和社会秩序的可能性①。陈金木等（2015）提出水权交易过程中存在挤占农业、生态用水以及工业企业可能存在投机行为等风险②。康建胜、卫霞（2008）认为，水权交易项目牵扯到多个利益主体，协调难度较大，在缺乏利益保障措施的情况下，资金到位不能与节水改造工程实施进度相一致，影响工程进度，将来还可能导致利益纠纷③。林龙（2007）认为，水权交易尤其是过多的消耗型用水水权交易，会加剧流域水质恶化，从而影响到整个流域水生态环境，危及流域内公众生存与发展④。张丽衍（2009）认为，水权交易后，取水点、用水方式、回水方式、排污点和污水水质都将发生变化，由于水文的独特规律和水资源具有竞争性但不具有排他性的准公共物品属性，使得这些改变很容易引起外部不经济性。水权交易的外部不经济主要是由交易带来的水质和水量两方面变化而引起⑤。刘璠、陈慧、陈文磊（2015）认为，水权的界定是一项十分复杂的工作，有些地区的水权交易并没有明确权利主体，在水权交易主体不明晰的情况下，可能会出现实际付出了水资源机会成本和环境成本的水权出让方得不到补偿的风险；同时，由于跨区域水权交易中存在输水管道建设资金投入大、风险高、水权项目投资回报周期长等问题，使交易双方由于缺少足够的资金而无法达成协议⑥。严冬、夏军、周建中（2007）认为，水权交易对买卖双

---

① 王煜凯. 中国水银行的运行与风险管理研究［D］. 武汉理工大学硕士学位论文，2013.

② 陈金木，李晶，王晓娟，郑国楠. 可交易水权分析与水权交易风险防范［J］. 中国水利，2015（5）：9 - 12.

③ 康建胜，卫霞. 水权交易若干法律问题探讨［C］. 全国环境资源法学研讨会，2008.

④ 林龙. 水权交易第三方环境利益的保护机制研究［J］. 安徽农业科学，2007（35）：7356.

⑤ 张丽衍. 水权交易外部性问题研究［J］. 生产力研究，2009（15）：72 - 74.

⑥ 刘璠，陈慧，陈文磊. 我国跨区域水权交易的契约框架设计研究［J］. 农业经济问题，2015（12）：42 - 49.

方的影响不同，还可能对其他不参与交易的行政区产生正面或负面影响①。李万明、谭周令（2014）认为，由于中国水权市场发育较晚，相关制度建设不健全，因此在水权交易中容易产生交易外部性，并对玛纳斯流域水权交易的正负外部性进行了论述，通过东阳—义乌水权交易案例说明了水权交易中外部性的存在性②。李鸿雁（2011）认为，在丰水年，将农业水权置换给工业，不对农业造成损害，但在枯水年，为保证工业正常用水（工业供水保证率高于农业用水），可能造成灌区部分农田得不到有效灌溉，使农作物减产，因此需要给予农户一定的经济补偿③。柳长顺、杨彦明、戴向前、王志强（2016）认为，包括水权置换在内的水权交易会对水资源供给可靠性、回流水水质水量和农户与农业经济造成影响，因此需要对水权交易的生态环境影响和经济社会影响进行评估，并通过法律制度和建立风险保证金等制度保护和补偿受害者利益④。邱源（2016）指出，在水权交易中若出现计算、判断上的错误或遭遇自然灾害，该地区的生态环境可能会遭受严重损害，产生难以估量的负效应⑤。

由此可见，水权的完全市场配置无论在理论研究还是实践操作中都具有争议，水权交易具有潜在收益，主要表现在：更高的效率、更大的灵活性、更少的国家财政投入等。当然，水权市场也有社会与环境外部性及其他"市场失灵"等潜在缺陷。

---

① 严冬，夏军，周建中. 基于外部性消除的行政区水权交易方案设计［J］. 水电能源科学，2007（1）：10－13.

② 李万明，谭周令. 玛纳斯河流域水权交易外部性分析［J］. 生态经济，2012（12）：180－183.

③ 李鸿雁. 宁夏黄河水权转换农业风险补偿机制研究［J］. 安徽农业科学，2011（24）：15082－15084.

④ 柳长顺，杨彦明，戴向前，王志强. 西部内陆河水权交易制度研究［M］. 中国水利水电出版社，2016.

⑤ 邱源. 国内外水权交易研究述评［J］. 水利经济，2016（4）：42－46.

四、关于水权交易政府规制的相关文献回顾

针对水权交易的积极作用和可能存在的市场失灵，很多学者认为当前应该鼓励水资源配置中引入市场机制，但针对市场可能存在的失灵要求政府对水权交易进行必要规制。国内外学者关于水权交易中的政府规制进行了相关研究并形成了一些有价值和借鉴意义的研究成果。

蒂纳尔、阿莉尔和艾伦·沃尔夫（Dinar, Ariel, Aaron Wolf, 1997）认为，经常不被纳入分析的政府因素在团体相互影响的情况下可以阻碍或者打乱最有效的程序。为保证市场有效性，政府应该对无市场（公共产品和外部性）、信息不对称等市场失灵情况进行规制，完全依赖市场手段有时并不合适。水权交易同样存在外部性和信息不对称性行为，同时也要考虑环境保护等公共利益需求，所以政府对水权交易进行规制是必要的[①]。克莱·兰德瑞（Clay Landry, 1998）认为，水权已经成为美国西部保护河流流量的重要方式，在美国西部的水权交易中，联邦和州政府机构发挥着重要作用，同时在私人机构获取水权中，联邦和州政府也将发挥积极作用[②]。约翰·威廉姆森和斯蒂芬·哈格德（Williamson and Haggard, 1994）认为，政府强有力的承诺是水权市场成功改革的重要因素[③]。特里普和杜德克（Tripp and Dudek, 1989）认为，水权交易成本影响水权交易效率，而政府为水权市场提供信息

①　Dinar, Ariel, Aaron Wolf. Economic and political considerations in regional cooperation model [J]. Agricultural and Resource Economics Review, 1997 (26): 7 – 22.

②　Clay Landry. Market transfers of water for environmental protection in the western United States [J]. Water Policy, 1998 (1): 457 – 469.

③　Williamson, John, Stephan Haggard. The poltical conditions for economic reform [C]. In: John Williamson, ed. The political economy of policy reform. Washington, D. C.: Institu for international economics, 1994, 2 – 8.

和中介服务可以降低水权交易成本①。加雷斯·格林（Gareth Green，2001）和弗兰克·沃德（Frank Ward，2003）等认为，水权的分配和交易应当有限制性条款，政府有关部门应当根据河流性质制定不同河段的流水量需求作为水权分配和水权交易的限制性因素②③。沈满洪（2005）以东阳—义乌水权交易为例，通过构造水权交易函数并通过实证分析认为，政府之间的水权交易是用最小的成本获得最大收益的水权交易方式。同时认为，在水资源产权模糊的前提下水权交易的推动离不开政府的作用，并提出了中国水权制度改革的方向是市场机制、政府机制和社会机制相互协调、分工协作的制度结构④。葛颜祥、胡继连（2003）认为，为保证水权市场的健康有序运行，应当对水权市场进行管理，水权市场管理主要包括水权分配市场管理和水权交易市场管理。水权分配市场的管理主要包括水权分配制度及水权分配模式的选择和对水权登记设立的管理制度。水权交易市场管理主要包括水权交易主体管理、交易制度管理和交易监督管理等方面⑤。许林华、杨林芹（2008）认为，在充分发挥市场机制对水资源配置的基础性作用的同时，政府在初始水权分配、水权市场服务和监管、兼顾水生态和环境保护、实现水资源可持续利用方面应发挥积极作用⑥。马晓强、韩锦绵（2009）以甘肃张掖农户间水权交易市场为研究对象，认为该地区的水权交易属于强制性制度变迁的产物，并取得了一些成绩，具有积极意义，但是张掖地区的水权交易也存在市

---

① Tripp, J. T., D. J. Dudek. Institutional guidelines for designing successful transferable rights programs [J]. Yale Journal of Regulation, 1989 (6): 369 – 391.

② Garth P Green, John P O, Conner. Water banking and restoration of endangered species habitat: an application to the Snake River [J]. Contemporary Economic Policy, 2001 (19): 225.

③ Frank A Ward, James F Booker. Economic costs and benefits of instream flow protection for endangered species in an international basin [J]. Journal of the American Water Resources Association. Proquest Science Journals, 2003 (39): 427.

④ 沈满洪. 水权交易与政府创新——以东阳义乌水权交易案为例 [J]. 管理世界, 2005 (6): 45 – 56.

⑤ 葛颜祥, 胡继连. 水权市场管理问题研究 [J]. 山东社会科学, 2003 (1): 31 – 34.

⑥ 许林华, 杨林芹. 水权交易及其政府管制 [J]. 水资源研究, 2008 (6): 40 – 43.

场效能发挥不够充分、居民福利缺损和分水造成外部性等问题，政府水资源管理机构必须正视和治理这些问题①。韩锦绵、马晓强（2008）认为完善的交易规则及顺畅的实现机制是水权交易的核心，为实现水权交易的顺利进行，需要完善我国的水权交易规则，主要应从如下方面入手：建立健全水权交易的法律体系，明确政府在水权交易中的权利边界，构建水权交易规则，发挥中介组织的作用，建立水权交易的多元监督机制②。张莉莉、王建文（2014）认为，由于水资源的公共性特征决定了政府必须对水权交易进行适度干预，主要表现为：水权交易中第三方利益的保障、水权交易中的公众参与和监督及水权交易中的程序合法合理性监督等。此外，水权交易价格也要通过市场调节和政府指导的方式进行确定③。杜威漩（2012）认为，水资源的生活资源、生产资源和生态资源特征决定了政府应对水权交易市场进行必要介入，水权的公权和私权双重属性决定了政府也应该介入水权交易市场，水权交易所产生的外部性导致的市场失灵需要政府对水权市场进行适度干预，政府所具有的经济管理和社会事务管理职能也要求政府对水权交易进行必要管理。他认为，政府对水权交易的管理主要体现在：政府应当是初始水权的配置者、水权交易制度的供给者、水权交易环境的塑造者④。陈虹（2012）认为，水权交易不仅是促进一国经济社会可持续发展的手段，也是有效管理或分配水资源的手段。为使水权具有合法性，必须明确水权客体的性质，并对水权交易行为给予法律保障⑤。蒲志仲（2008）认为，水资源的经济特点是市场化配置水资源必须要考虑的因素，也是设计水权制度必须考

①　马晓强，韩锦绵.政府、市场与制度变迁——以张掖水权制度为例［J］.甘肃社会科学，2009（1）：49－53.

②　韩锦绵，马晓强.论我国水权交易与转换规则的建立和完善［J］.经济体制改革，2008（3）：31－35.

③　张莉莉，王建文.论取水权交易的私法构造与公法干预［J］.江海学刊，2014（3）：196－201.

④　杜威漩.论政府在水权交易中的角色定位［J］.桂海论丛，2012（4）：121－125.

⑤　陈虹.世界水权制度与水交易市场［J］.社会科学论坛，2012（1）：134－161.

虑的重要因素。水资源市场化配置的效率或者其可能性主要受水权制度影响。为保证市场对水资源的有效配置，必须建立水资源市场交易的治理机制以克服水权交易的市场失灵。水权制度、水权交易机制和水权交易治理机制是水权交易市场机制的构成部分[1]。

---

[1] 蒲志仲. 水资源配置市场机制研究 [J]. 水利经济，2008（4）：9 - 12.

| 第二章 |
水权和水权交易

本章从产权、产权特征和产权制度的功能入手，论述水权的含义及主要类型；分析水权制度的构成体系，对世界上主要的水权制度：河岸水权制度、优先占用权制度、公共水权制度和可交易水权制度进行阐释和比较，认为水权交易制度是未来中国水权制度改革的重要内容；从水权交易的含义入手，分析水权交易的构成要素；在上述分析基础上阐释中国水权制度的历史演进和建设框架。

第一节 产权与产权制度的功能

水权是产权理论在水资源领域的应用和延伸。产权制度是现代经济重要的制度安排之一，对制度因素的分析最重要的是对产权制度的分析，新制度经济学将制度因素作为其分析和研究的主要对象。由于这一原因，威廉姆森（Williamson）将产权经济学命名为新制度经济学[①]。制度与产权的这种关

[①] 黄少安. 产权经济学导论［M］. 济南：山东人民出版社，1995.

系，使得产权成为制度分析的核心概念。新制度经济学的分析通常从产权概念入手，以产权的内容、产权界定、产权安排对资源配置效率的影响以及产权交易为主要内容来展开研究。

一、 产权的内涵

关于产权的分析早在古典经济学中就已经出现，但在 20 世纪五六十年代之前，由于时代背景、分析方法和社会环境等因素的约束，关于现代产权理论的研究还没有形成系统。科斯（Ronald H. Coase）将交易费用的方法应用在产权分析之中是现代产权理论产生的标志。科斯研究方法的重大突破是其在《社会成本问题》中将交易费用引入产权分析。他的这一成就有力推动了经济史、法律、组织管理理论及其他学科的发展[①]。

既然产权是制度分析中的核心概念，因此，如何界定产权的内涵就显得尤为重要。西方产权经济学家在强调各自不同侧重点的基础上，从不同视角对产权的内涵进行了界定。阿尔钦（Armen Alchian）认为："一个社会强制实施的选择一种经济品使用的权利即为产权"；"私有产权则是分配给一个特定个人的选择经济品使用的权利，这种权利可以同附着在其他物品上的类似权利进行交换"[②]。由此可见，关于权利的强调是阿尔钦关于产权内涵界定的主要特征，这种权利是由法律法规明确规定并由社会强制实施的。德姆塞茨（Harold Demsetz）认为："产权是一种社会工具，帮助个人形成与他人进行交易时的合理预期是这种工具的重要功能"[③]。产权是界定人们如何受益和受损，因而谁必须向谁提供补偿以修正人们所采取的行动。关于社会工具的强调是德姆塞茨关于产权内涵的界定的重要特征，这种工具帮助人们界

---

① 易宪容. 科斯评传［M］. 太原：山西经济出版社，1998.
②③ 科斯（等）. 财产权利与制度变迁［M］. 上海：上海三联书店，1994.

定如何受益、如何受损并有助于人们在交易时形成合理预期，德姆塞茨突出了产权在经济生活中的作用。巴泽尔（Yoram Barzel）认为："个人消费资产、从资产中取得收入和让渡资产的权利是其对资产产权的主要构成，而交换是权利的互相让渡"①。关于取得收入和让渡资产的权利构成的强调是巴泽尔关于产权内涵界定的主要特征，这种权利可以使个人让渡资产，也可以帮助个人取得收入。因而，个人可以改变对资产的产权。诺思（Douglass C. North）认为："产权是个人对其劳动物品和服务占有的权利，这种占有是组织形式、法律规则、实施行为及行为规范的函数"②。"产权本质上是一种排他性权利"③。关于主体对客体占有权利的强调是诺思关于产权内涵界定的特点，这种占有权利会受到组织形式和法律规则等因素的影响，诺思同时强调这种占有权利对其他主体的排斥关系，因此，他认为产权涉及的是人与人之间的关系。菲吕博顿（Eirik G. Furubotn）和配杰齐认为："产权是由于物的存在所引起的人与人之间的关系，而不是人与物之间的关系。产权制度可以描述为一系列用来确定每个人相对于稀缺资源使用时的地位的经济和社会关系"④。这一产权定义比较清晰，也与现代法律对产权的定义相一致，同时概括了产权经济学家从不同角度对产权所下的定义。作为产权学派主要代表人物之一的科斯，其对产权没有进行明确的界定，但其对产权的认识和理解可以从他的著作中反映出来。科斯认为，在日常生活中，人们所得到的、所使用的和所交易的，是行使一定行为的权利，并非实在的物品，或者说是确定个人行动的、个人拥有并由法律体系创立的权利。例如，我们通常说某人将土地作为生产要素并拥有土地产权，这时土地拥有者实际上所拥有的是实施一定行为的权利。作为生产要素的权利不仅可以交易转让，而且其

---

①　巴泽尔. 产权的经济分析［M］. 上海：上海人民出版社、上海三联书店，1997.
②　诺思. 制度、制度变迁与经济绩效［M］. 上海：上海三联书店，1997.
③　诺思. 经济史中的结构变迁［M］. 上海：上海三联书店，1991.
④　科斯（等）. 财产权利与制度变迁［M］. 上海：上海三联书店，1994.

运作也需要花费成本。该成本正是权利的行使给别人蒙受的损失①。综上所述，科斯认为产权是包括占有权、使用权、收益权和转让权等在内的一组权利。张五常认为，产权是由排他性的使用资产权、运用资产获得收益权和资源自由转让权组成。产权制度的核心由这三种权利构成，并派生出了其他权利。

从以上经济学家关于产权的定义可以看出，由于学者们强调的重点各有侧重，因而对产权内涵的界定不尽相同，但从这些不同的内涵之中依然可以找出共同点，并归纳出产权的以下基本含义：（1）产权不是人与物的关系，而是人与人的关系；（2）产权是一组可以分解的权利；（3）产权是一种可以协调人们的行为并处理其相互之间关系的社会工具；（4）产权是由法律明确规定的社会经济活动的基础性规则。产权经济学正是从上述基本内涵出发，建立一套较为完整的关于人们在经济活动中所涉及的各种关系的理论体系。

二、 产权的起源

人类社会发展中，为什么重视对产权问题的研究，为什么会形成产权，其实质就是产权的起源问题。研究产权起源问题，可以帮助我们深化关于产权功能和作用的认识，从而进一步明确研究产权问题的意义。新制度经济学关于产权起源问题的研究是从以下几个方面展开的。

（一）资源的稀缺性是产权起源的物质基础

在资源并不稀缺的领域，如空气、阳光等领域，产权并不起多大作用。在人类发展历程中，关于产权结构和产权制度的演变史就是关于稀缺资源研究的历史，离开产权便很难分析稀缺资源的配置和利用问题，产权结构和产权制度的变迁一直影响着资源稀缺性及其变化。阿尔钦认为，关于稀缺资源

---

① 科斯. 论生产的制度结构［M］. 上海：上海三联书店，1994.

产权问题的研究便是经济学的本质①。在资源不存在稀缺性的情形下，不会存在对资源使用进行约束的制度安排。在资源稀缺的世界中，稀缺资源的价值会随着某一资源稀缺程度的增加而不断上升，导致界定产权的收益不仅可以弥补界定产权的成本而且有净收益，从而导致对其产权进行界定是合理和划算的。在资源稀缺的世界中，若没有对资源使用进行约束的制度，资源的高效利用便无从谈起，离开有效的产权制度，任何资源便难以充分利用，社会经济也无法正常运行。因此，关于产权的起源和建立产权的必要性源于资源稀缺性，必须要求人们承认资源使用的制度约束（即建立产权）并据此保障人们对稀缺资源的高效和合理利用。

（二）外部性是产权起源的重要原因

科斯关于产权起源问题直接发端于外部性。外部性问题在关于产权起源研究中是一个不可或缺的概念。外部性是一个涉及范围广泛、内容复杂的概念。20 世纪初，马歇尔（Alfred Marshall）引入外部性分析了产业生产成本作为产量函数的问题。20 世纪 30 年代，瓦伊纳（Viner）将外部性分为技术形式的外部性和金融形式的外部性。庇古（Arthur Cecil Pigou）以福利经济学的视角，提出了边际个人净产值和边际社会净产值，从而对现代外部性理论产生了重要影响。庇古的基本主张是：由于私人产品和社会产品之间存在差距，因此，无论出现何种形式的外部性，都会导致资源配置的失当，造成资源浪费。为了实现资源优化配置，减少社会资源的浪费，要对经济活动进行必要的政府干预。科斯对于庇古关于外部性问题的主张和结论提出了质疑。他认为，以庇古为代表的福利经济学不是把人们交易或者交换的内容当作是行使一定行为的权利，而是看作物品本身来对待，同时福利经济学在寻求解决外部性的途径时并没有从社会总效应最大化角度出发，因而要求政府介入克服外部性。科

---

① 科斯（等）. 财产权利与制度变迁［M］. 上海：上海三联书店，1994.

斯通过养牛者与农夫之间的赔偿问题提出了其解决外部性的思路。他认为，从社会角度考虑如何将损害降低到最小限度是解决外部性问题的基本思路。按照科斯的思路，若养牛者的牛吃了农夫的谷物，而牛吃谷物之后为养牛者带来的利益大于他对农夫的赔偿，那么应当允许牛去吃农夫的谷物，因为这样可以减少社会损害，因而也就可以较好解决外部性问题。科斯关于产权起源的理论的提出正是源于其解决外部性问题的思路。奥尔森（Mancur Olson）从集体行动的角度论述了外部性，他在其著作《集体行动的逻辑》一书中认为，由于个体之间的协调需要花费成本，因而导致他们达成一致获取"集体产品"的难度很大，所以在他看来，集体行动和个体行动的不一致就是外部性问题的体现。奥尔森用"囚徒困境"模型表达了这一思想。"囚徒困境"模型表明，外部性反映了人类社会的一个基本矛盾，即个体理性和集体理性的矛盾。

（三）技术因素是产权形成的重要因素

技术是社会制度结构的前提，私有产权建立的前提条件是产权所有人得自于产权的收益大于其他人使用这一产权的费用。若产权界定成本太高，则产权会沦为共同所有。一些技术发明会降低产权界定成本。例如，牧场可能会由于围栏费用太高而属于大家都可以免费进入的公共资源，最终出现"公地悲剧"。用带有铁蒺藜的铁丝构成的低费用围栏的创新，极大降低了围栏费用，导致美国西部公共牧场中出现了私人所有的形式。诺思从经济史的角度认为，历史上为什么所有权的出现并没有导致个人收益和社会收益相等，其中有两个普遍原因造成了这一结果。第一，缺乏阻碍"搭便车"的技术；第二，创造和实施所有权的费用超过收益[1]。而这一因素又或多或少与技术因素有关。技术对于产权的重要作用就在于，技术进步会降低界定产权的成本，使产权界定成本小于产权界定收益，最终导致产权出现。

---

[1] 道格拉斯·C. 诺思（等）著. 西方世界的兴起［M］. 北京：学苑出版社，1998.

（四）人口压力是产权出现的另一重要原因

产权制度的演变受成本和收益状况的影响，在多种影响产权成本—收益的参数中，其中最重要的参数变化就是人口增长。产权与人口变化之间存在密切联系。在人类社会早期，诸多经济资源像空气和阳光一样，包括水资源也是这样，这时不必建立排他性的产权。随着人口增长，对资源的需求逐步增加，导致一些资源逐步变得稀缺。人口与资源的矛盾要求建立排他性产权。此外，人口增长还会影响要素相对价格，从而对产权制度变迁产生影响。水权和水权交易制度正是在经济发展和人口增长的背景下对水资源的巨大需求导致水资源稀缺性不断提升的制度回应。

三、　产权的特征

（一）产权的完备性

产权的完备性是指产权应当包括资源利用的所有权利，这些权利被称作"权利束"，产权经济学经常提到的一个概念便是"权利束"，它既是一个"总量"概念，也是一个"结构"概念，"权利束"的总量含义是指产权由许多权利特征构成，如排他性、收益性、可让渡性和可分割性。"权利束"的结构含义是指不同权利的排列组合决定产权的性质和结构。产权的完备性与"所有权残缺"相对应。现实世界中的产权难以达到完备状态，产权的完备性只是一种理想状态，不完备是常态。产权的不完备性主要有两种情况：其一是产权主体自动放弃一部分权利束，其放弃的原因在于界定、保护和实现权利的费用太高；其二是外来的干预。尽管现实世界的产权是不完备的，但是其中的收益权和转让权等关键性权利，是有效产权形成的基本条件。完备的产权会促进市场的发展，残缺产权下外部性的消除是市场交换效率的重要来源。

（二）产权的排他性

从公有产权到排他性公有产权再到排他性私有产权的演变是产权演变的主要阶段，但并非所有的公有产权都演变为排他性的私有产权。由于在一些领域建立排他性产权的费用太高、技术原因导致在一些领域建立排他性产权非常困难和在一些领域建立排他性产权不利于资源利用等，导致任何国家都未在所有领域建立其排他性的私有产权。产权的排他性与非排他性相对应，越来越多的经济发展事实证明，非排他性产权往往会造成资源使用的"过度拥挤"，出现"公地悲剧"。排他性产权规定了谁可以使用稀缺资源的权利。产权市场建立的基本条件是排他性产权的构建，外部效应内在化的激励是产权的主要功能之一，"外部性"和"搭便车"的重要原因在于产权的非排他性。排他性的产权会对产权所有人将资源用于最高价值的用途产生激励，从而可以对有效利用资源产生促进作用。

（三）产权的明晰性

产权的明晰性是指具有确定且唯一的产权的所有者主体。现实世界中，有些产权其所有者尽管是确定的，但不是唯一的，如社团产权，这样便会产生产权的模糊性。明晰产权的意义就在于建立所有权、激励与经济行为的内在联系。明晰的产权有助于降低交易成本，但明晰产权需要条件，其主要原因是：其一产权明晰需要费用；其二产权明晰需要一定的社会制度条件。而上述条件有时难以具备，因此只能采取模糊产权的状态。产权的明晰是市场机制有效运作的前提，是市场经济的基本构成要素。

（四）产权的可分割性和可转让性

产权的可分割性是产权制度的重大变革。主要原因是：（1）产权的可分割性有助于促进企业制度的完善和发展；（2）产权的可分割性促进了产权的流动和转让，有助于提高资源配置效率；（3）产权的可分割性降低了集体产权的运作成本。产权的可转让性表示产权所有者可以将财产转让给他人，可以对资源流向更高价值提供激励机制。

（五）产权的延续性和稳定性

产权的延续性和稳定性是有效产权制度的基本特征。产权的延续性和稳定性在一定程度上可以对产权的激励功能产生影响。人们积累产权的动机会受到其对未来预期的影响，若未来财产风险很大，则人们积累财产和产权的积极性就会下降。建立和完善市场经济要求产权具有延续性和稳定性。

（六）产权的价值性

产权学派认为，商品的交换其实质是产权的交换。权利束往往附着在有形商品或无形服务之上，所交换商品的价值决定于权利的价值。因此，产权是使用价值和价值的统一体。长期以来，我们重视产权的实物性，强调产权的社会公平职能，忽视产权的价值性，忽视产权的资源配置功能。从产权的角度看，我国计划经济体制的严重弊端之一就是经济活动过分重视分配和计划，否认产权价值性、可交换性和可转让性，忽视产权交易，这实际上就是否认产权结构的自我优化功能。

四、产权安排与资源配置

经济效率是经济学关注的根本问题，产权变动会影响资源配置进而会影响经济效率。

（一）科斯第一定理

科斯定理并非科斯本人提出，斯蒂格勒（George Joseph Stigler）最早提出和使用科斯定理。之后许多经济学家在斯蒂格勒的基础上从不同角度对科斯定理进行了表述。斯蒂格勒对科斯定理的表述是："社会成本与私人成本在充分竞争的条件下是一致的"①。威廉姆森对科斯定理的表述是：初始权利的配置在交易成本为零时不会影响资源配置的有效性。《新帕尔格雷夫经济学大辞典》对科斯定理的表述是："当交易成本为零，财产的法定所有权分配不会影响经济运行效率"②。科斯用自己的语言表达了科斯定理的思想，他认为："如果定价制度的运行毫无成本，产值最大化的最终结果不受法律状况影响"③。

上述表述从不同角度对科斯定理进行了不同表述，但可以将这些不同表述的共同内涵概括为：产权制度安排在交易成本为零时不会对资源配置产生影响，交易双方的讨价还价可以实现产值最大化的结果。即资源优化配置与制度无关，市场可以自动优化资源配置。当然，产权制度安排对资源配置不产生影响是以交易成本为零为前提。科斯所得出的结论正好是对这一前提假定的否定，即在现实生活中并不存在交易成本为零的"科斯世界"。现实的世界是交易成本为正值的世界。因此，在对交易成本为零的情形进行分析之后，科斯转向了交易成本为正值的情形。在交易成本为零的条件下，市场价格机制可以实现资源优化配置，但一旦考虑到交易费用的存在，产权界定就会对经济效率产生影响，由此便引申出关于产权问题的科斯第二定理。

（二）科斯第二定理

科斯第二定理要说明的问题是：在交易成本为正值时，初始产权的合法界定或者产权制度安排会对资源配置效率产生影响。注重交易成本为正值的现实使科斯第二定理将经济问题的分析由理论带到了实际。由于交易会产生

---

① 黄少安. 产权经济学导论 [M]. 济南：山东人民出版社，1995.
② 新帕尔格雷夫经济学大辞典 [M]. 北京：经济科学出版社，1996.
③ 科斯. 论生产的制度结构 [M]. 上海：上海人民三联书店，1994.

成本，所以对于交易双方而言，只有在为转让而付出的成本小于转让所得的产值，这时交易才会进行。若权利初始界定导致交易成本极高，交易所得不足以弥补交易成本，则交易便不会出现。

科斯第一定理只是为科斯第二定理做理论准备，它本身对经济问题的分析没有太大的实际意义。科斯第二定理真正揭示了产权安排与经济效率之间的内在关系。科斯第二定理反映出科斯的两点重要思想：其一是产权安排可以影响交易成本，从而会对资源配置效果产生影响；其二是产权的实施和法律对产权的认定会影响经济效率，从而沟通了法律和经济学的联系，使法律经济学被广泛应用。总之，科斯的贡献不仅是一个定理，而是一种新的方法，一个新的视野，科斯第二定理所揭示的产权制度的重要性，使现代经济学的发展进入了一个新的时代。这也是科斯定理的经济学意义所在。

五、 产权制度的基本功能

（一）形成有效激励机制

社会为人们提供一个偶然的不确定的激励机制还是创造一个持续的、制度化的激励机制对经济增长至关重要。"有效率的组织是经济增长的关键，有效率的组织需要建立制度化的设施，并确定产权，把个人的经济能力不断引向一种社会性活动，使个人收益率不断接近社会收益率"①。个人收益率接近社会收益率，实质就是经济主体付出的成本与其得到的收益挂钩，防止"搭便车"或者不劳而获。个人收益率不断接近社会收益率的过程，也就是产权制度不断完善的过程。产权制度通过界定经济活动主体的活动空间和范围，能够为产权所有者带来稳定的收益预期，促使个人收益率不断接近社会收益率，从而能够为组织里的个人提供持续的激励。不同的产权安排之所以

---

① ［美］道格拉斯·C. 诺思. 西方世界的兴起［M］. 北京：学苑出版社，1998.

会影响人的行为是因为不同的产权安排会改变人的行为的收益—报酬结构。

（二）外部利益内部化

关于外部性的较为普遍的定义方式有：（1）当一个行为主体的活动不是通过影响价格而影响到另一个个体的环境时，我们称之为存在"外部性"[①]。（2）将可以觉察到的利益（损失）加于某个人或者某些人，而这个（这些）人并没有完全赞同直接或者间接导致该事件决策的[②]。（3）个人行动引起的个人成本不等于社会成本，个人收益不等于社会收益，就存在外部性。新制度经济学主要从成本—收益角度研究外部性，但"有权"或者"无权"尚未界定时，成本和收益就无从谈起。成本和收益的界定成了产权制度的结果，许多负外部性的产生都与产权界定不清有关。建立排他性的产权是人类经济发展史上的重大转变，建立排他性产权的过程也是将外部性内部化的过程，只有排他性产权建立后，成本—收益的经济计算才有真实意义。

（三）高效配置稀缺资源

科斯第二定理表明产权安排可以影响交易成本，从而会对资源配置效果产生影响。产权制度宣告了稀缺资源在产权主体间确认的方法，降低了达成产权共识的成本，减少了关于产权的争议。特别是产权的可转让性可以对稀缺资源流向更高价值提供激励机制，使稀缺资源得到高效配置，引致社会总效用的增进[③]。

（四）有效约束行为主体的行为

产权并非人与物之间的关系，而是由物引起的人与人之间的关系。产权

---

① Varian, Hal R. . Microeconomic Analysis, 2nded ［M］. W. W. Norton & company, 1984：259.

② Meade, James E. . The Theory of Economic Externalities ［J］. Institu Universitaire De Hautes Etudes Internationales, 1973：15.

③ 雷玉桃. 产权理论与流域水权配置模式研究 ［J］. 南方经济, 2006 (10)：33.

制度界定了行为主体不能作为的空间，明确了物的使用过程中人的行为规范，有序调整人与人之间的关系，行为主体的违规行为要付出相应代价，接受相应惩罚，以此对行为主体的行为进行约束。

第二节　水权的概念及类型

一、水权

国内关于水权研究的著作分布学科领域较多，涉及经济学、法学、社会学和水利学等，这些著作从多角度对水权概念进行了界定，综合各学科，对水权概念的界定主要有以下几种观点（见表2.1）。

表 2.1　　　　国内学者关于水权概念的主要理论观点分类

水权概念	代表人物及主要观点
水权"一权论"（水权是由一种权利成分构成）	盛洪（2003）认为，水权是一种用益物权，是水资源的使用权，即在法律规定范围之内水资源使用者对水资源的占有、使用、收益和处分的权利。刘斌（2003）认为：水权是对国家所有的水资源的用益权，是建立在国家或公众所有基础上的一种他物权，是一项长期独占水资源使用的权力。傅春等（2001）认为：水权一般指水的使用权，使用权在本质上就是优先使用权。王浩等（2004）认为：水权是水资源的非所有人按照法律规定或合同约定所享有的水资源使用权或收益权。石玉波（2001）认为，水权也称水资源产权，是水资源所有权、使用权和水产品与服务经营权等与水资源有关的一组权利的总和。水资源所有权是水资源分配和利用的基础，世界上多数国家实行水资源国家所有权制度。所以水权实质上是一种长期独占水资源使用的权利，是一项财产权。邢鸿飞、徐金海（2006）认为，水权在我国当前立法和实践层面应当是指取水权，包括取得水体权、取水转让权及受益权等

续表

水权概念	代表人物及主要观点
水权"二权论"（水权是由两种权利成分构成）	胡鞍钢、王亚华（2001）认为：水权可以简单地划分为水资源的所有权和使用权，而通常意义上所讲的水权是指水资源的使用权。汪恕诚（2001）认为水权是指水资源的所有权和使用权，按照我国《水法》规定水资源所有权属于国家，所以研究重点是水的使用权。关涛（2002）认为水权包括水资源的所有权和水资源用益物权两部分
水权"多权论"（水权是由水资源所有权和使用权在内的多种权利成分构成的）	许长新（2001）认为水权是一组权利，是各个利益主体在水资源稀缺情况下对水资源的各项权利的总和，水权反映不同利益主体之间的关系。在我国当前法律制度规定下，水资源所有权归国家，因此实际谈论的水权只是其中一个或几个可以交易的部分而不是完整意义上的水权。熊向阳（2001）认为，水权是一套关于水资源的权利体系，包括水资源所有权及其派生的权利。它是建立在水资源自然条件基础上，通过立法来确立和保障并通过行政机制和市场机制来实现。水权以满足社会、经济和环境需求为目的。董文虎（2001）认为，水权是国家、法人、个人或外商对于不同经济类属的水资源所取得的所有权、分配权、经营权、使用权以及由于取得水权而拥有的利益和应承担的减少或免除相应类属衍生出来的水负效应义务；姜文来（2003）认为，水权是人们有关水资源的权利总和，是在水资源稀缺条件下，人们对水资源的所有权、经营权和使用权。崔建远（2003）认为，水权具有公权和私权的混合性质，是由水资源所有权派生出来的汲水权、引水权、蓄水权、排水权和航运水权等组成的权利束，是权利人依法对地表水与地下水使用和受益的权利。蔡守秋（2005）认为，水权是由水资源所有权、使用权、水环境权、水资源行政管理权、水资源经营权和水产品所有权等权利组成的水权体系，是一个混合性权利束。钟玉秀（2007）认为，水权是水资源的所有权、使用权、水产品与服务经营权等组成的一组权利。马晓强（2007）等认为，水权是指水资源的所有权、使用权、水量配置权、让渡权和交易权等。许长新（2011）认为水权是权利体系，水权界定可以有广义和狭义之分。广义的水权指水资源的所有权、使用权、处置权和收益权等一系列权利总和。狭义水权是因讨论问题的需要特别说明的某一项或几项权利。王宗志、胡四一、王银堂（2011）认为水权由两个层面的内容构成。从理论层面讲水权是指水资源的产权，是与水资源开发、利用、配置和使用等相关的决策权，体现人与人之间的社会关系。从实践层面讲水权是指水资源的配置或使用权

上述关于水权概念的观点可谓仁者见仁、智者见智，在这种情况下，对水权概念的理解和把握应遵循以下原则：首先，水权的概念应当在中国社会

实践中具体把握。即作为社会科学的水权概念，不可能像自然科学那样被精确定义，需要在中国社会实践中展开其内涵。其次，水权概念可以采取目的论解释的方式进行把握。即由于我国水权制度建设尚未成熟，水权内涵尚未完全展开，我们可以根据我国水权制度建设的目的对水权概念进行解释。

我国水权制度建设的目的主要有两点：其一是在水资源国家所有的前提下寻求实现国家水资源所有权的具体实现方式；其二是在政府规制下引入市场机制配置水资源，提高水资源利用效率。

本书根据研究需要将广义水权定义为是一组权利束，由水资源所有权、使用权、经营权、支配权和收益权等构成。狭义的水权是指水资源的使用或收益权，是一项用益物权。事实上，关于水权的内涵可以从以下几个方面把握：（1）水权是产权在水资源领域的延伸，其本质是反映人与人之间的关系；（2）水权是可以分解的；（3）狭义的水权是独立于水资源所有权的制度安排，若不独立于水资源所有权或者所有权不清，水资源用益物权就无法产生；（4）水权是可以实现的，是合理利用水资源的制度保障，政府在水权实现中具有不可替代的作用。

二、　水权的特征

水权具有以下特征：（1）水权具有可分离性。我国宪法明确规定了水资源属于国家或集体所有，但这种规定导致水资源所有权主体虚置，在实际操作中国家往往授权地方或者水资源行政主管部门，地方或者水资源行政主管部门再将水资源授权给最终使用者。因此，水权中涉及的权利束可以进行分割。（2）水权具有可交易性。由于水资源的地域分布不均匀，特别是水资源的不同用途配置会产生不同的经济收益，出于对水资源总量控制和优化配置的角度就出现了水权交易行为，现阶段的水权交易多为水资源使用权或取水权的交易，水权的可分离性是水权可交易性的制度前提。

（3）水权具有外部性。水权的外部性源于水资源的外部性。水权的外部性包括流域外部性和代际外部性。（4）水权具有限制性。限制性主要包括两个方面：其一是水权的权利客体容易受到水资源自然属性的限制，如水量和水质等；其二，水资源的经济属性决定了水权要受到制度和政府规制的限制。

三、 水权的分类

依据排他性的强弱可以将水权划分为：国家水权、区域水权、俱乐部水权和私人水权①（见表2.2）。

表2.2　　　　　　　　　　按照排他性强弱的水权划分

水权类型	含义	排他性
国家水权	一国国境范围内所有居民都可以享有的水权	无排他性
区域水权	一定区域范围内的居民可以享有的水权	对本区域居民无排他性
俱乐部水权	某个区域内的组织或者社团享有的水权	对俱乐部内部成员无排他性
私人水权	某个用水户使用、支配和让渡的水权	最强的排他性

我国的水权制度从所有权角度而言还没有私人产权，但是从使用权的角度而言，上述各种水权均已经存在。《中华人民共和国水法》既强调国家拥有水资源所有权，又强调单位和个人可以合法使用水资源。

依据水权的用途不同，可以将水权分为生活水权、生态水权和生产水权（见表2.3）。

---

① 沈满红．水资源经济学［M］．北京：中国环境经济出版社，2008.

表 2.3　　　　　　　　　　　**按照用途的水权划分表**

水权类型		含义	特征
生活水权	基本生活水权	保障城乡居民基本生活用水安全的水权	公共物品属性较强，多为政府行政配置
	多样化生活水权	满足城乡居民基本生活用水之外的其他生活用水需求的水权	属于较为典型的私人物品，多采用市场配置方式
生态水权		满足水区地下水回流、水土保持、湖泊湿地等保护和改善生态环境的用水水权	具有很强的外部经济性和非排他性，具有纯公共物品属性，应由政府保障
生产水权	农业水权	满足农业灌溉用水的水权	排他性强，竞争性高，具有私人物品的性质
	工业水权	满足工业生产用水需求的水权	
	服务业水权	满足服务业生产用水需求的水权	

从水量确定性角度，可以将水权分为长期稳定的水权和临时性水权。其中临时性水权又可以分为年度水权和季节性水权。在区域水权分配中，对于临时性水权，可以通过区域来水保证率将其折算为有保证的稳定水权进行分配①。

第三节　水权制度及其主要类型

一、　水权制度及其构成

所谓制度，在康芒斯（John R. Commons）看来就是集体行动控制个人的一系列行为准则，或者说制度就是社会一定范围内的个人必须遵守的行为准则②。

---

① 许长新. 区域水权论［M］. 北京：中国水利水电出版社，2011.
② 卢现祥. 新制度经济学［M］. 武汉：武汉大学出版社，2006.

诺思在《经济史中的结构变迁》中认为："制度提供了人类相互影响的基本框架，它是一系列被制定出来的规则、守法秩序、行为道德和伦理规范。其目的是用以约束主体福利或者追求效用与利益最大化的个体行为。制度构建了一种经济秩序的合作与竞争关系"①。在《制度、制度变迁与经济绩效》中，诺思对制度内涵也进行了论述，他认为："制度是一个社会的游戏规则，它是决定人们相互关系的系列约束，制度由正式约束（政治规则、经济规则和契约等）和非正式约束（习惯习俗、伦理道德、文化传统、价值观念和意识形态等）构成"②。舒尔茨（Theodore W. Schultz）在《制度与人的经济价值不断提高》中认为："制度是管束人们的一系列规则"③。青木昌彦认为："制度是一种以自我实现的方式制约参与人的策略互动，是关于博弈如何进行的自我维持系统"④。柯武刚、史漫飞认为："制度是人类相互交往的规则，它使人们的行为具有可预见性并不断促进劳动分工和财富增长，对可能出现的机会主义行为的抑制也是制度的基本功能之一"⑤。卢现祥认为："制度是经济单元（个人和企业组织等）的游戏规则。具有习惯性、确定性、公理性、普遍性、符号性和禁止性等特征"⑥。

根据上述学者关于制度的定义，我们认为水权制度是在水资源管理和使用过程中出现并在其逐步完善过程中形成的关于水资源产权界定、使用、经营、收益、监督和保护方面的制度安排，是明确水资源管理和使用过程中政府与政府之间、政府与用水户之间和用水户与用水户之间的权责利关系的规则。

---

① 道格拉斯·C. 诺思. 经济史中的结构变迁［M］. 上海：上海三联书店、上海人民出版社，1994.
② 道格拉斯·C. 诺思. 制度、制度变迁与经济绩效［M］. 上海：上海三联书店，1994.
③ T. W. 舒尔茨. 制度与人的经济价值的不断提高. 转载于 R. 科斯、A. 阿尔钦（等）. 财产权利与制度变迁——产权学派与新制度学派论文集［M］. 上海：上海三联书店，1991.
④ 青木昌彦. 比较制度分析［M］. 上海：上海远东出版社，2001.
⑤ 柯武刚，史漫飞. 制度经济学［M］. 上海：商务印书馆，2000.
⑥ 卢现祥. 新制度经济学［M］. 武汉：武汉大学出版社，2006.

制度分析的重要理论前提是对制度构成或者制度结构的分析①。诺思认为，正式约束（正式制度）、非正式约束（非正式制度）和实施机制构成了制度提供的一系列规则。因此，正式制度、非正式制度和实施机制就构成了制度的基本要素。正式制度包括政治规则、经济规则和契约，也被称为硬制度，正式制度是用正式方式加以确定的各种制度安排，是人们有意识建立起来的；非正式制度包括习惯习俗、伦理道德、文化传统、价值观念和意识形态等，也被称为软制度，非正式制度具有持久生命力，是人们在长期的社会生活中形成的；制度实施机制也是制度的重要构成要素。制度实施机制建立的根源在于交换的复杂性、人的有限理性、机会主义倾向和信息不对称，制度实施机制的主体一般是国家。

水权制度是从法制、体制和机制方面对水权进行规范与保障的一系列制度的总和，由水权正式制度、水权非正式制度和水权实施机制组成（见图 2.1）。

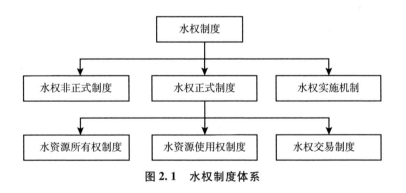

图 2.1 水权制度体系

水权正式制度是指在水资源管理、开发和利用中制定的一系列法律法规、条例、办法与实施细则等，包括水资源所有权制度、水资源使用权制度、水权流转制度等；水权非正式制度是水权制度的重要组成部分，是人们

---

① 卢现祥. 新制度经济学［M］. 武汉：武汉大学出版社，2006.

在长期的水资源管理、开发和利用中形成的，水权非正式制度具有持久生命力，包括水资源价值观念、道德观念、风俗习惯和意识形态等多项内容。在正式制度设立之前，水资源管理、开发和利用主要靠非正式制度维持，水权非正式制度即使在水权正式制度确立和完善之后仍然发挥重要作用。水权制度是对水权实现过程中政府管理意愿的体现，对于与管理意愿相悖的行为要予以限制，对于符合其管理意愿的行为则允许发生。水权制度规定了水资源管理、开发和利用中的哪些行为应当鼓励、哪些行为应当惩罚、哪些行为应当被监管和哪些行为必须被强制执行。

国家有效行使水资源所有权而设定的制度被称为水资源所有权制度，包括国家对水资源所有权的具体规定、水资源调查评价、水资源开发利用规划、水量分配和调度方案等制度安排；为实现水资源使用权的合理配置和对取水行为进行有效管理、保障使用权人的合法权益而设定的制度被称为水资源使用权制度，包括水权的分配和调整、水权的取得和终止等制度安排；利用市场机制促进水权合理配置而设定的制度安排被称为水权交易制度。地方水权制度建设主要是指水资源使用权制度和水权交易制度建设。①

新制度经济学也有不同的制度构成分类方法，文森特·奥斯特罗姆（Vincent Ostrom）把制度分为宪法层次、集体行动层次和操作层次。水权制度也包含三个层次的规则：宪法层次、集体行动层次和操作层次，见图2.2②。

制度的宪法选择层面规则影响操作活动和结果，它是决定谁有资格制定集体选择规则的特殊规则；制度的集体选择规则是受制于宪法选择层面规则并影响操作层面规则的规则；制度的操作层面规则是直接影响经济主体日常决策的规则。按照上述制度分析的三个层次，水权管理过程中水权宪法决策

---

① 杨永生，许新发，李荣昉. 鄱阳湖流域水量分配和水权制度建设［M］. 北京：中国水利水电出版社，2011.
② 马东春，胡和平，陈铁. 政府水权的管理职能及模式研究［M］. 北京：中国水利水电出版社，2011.

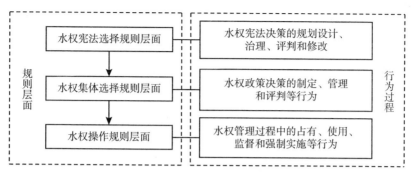

图 2.2 水权制度的规则层面与行为过程

的规划设计、治理、评判和修改属于水权宪法选择层面规则，是水权制度中最高层次的规则；水权管理中水权政策决策的制定、管理和评判等行为规则属于集体选择规则层面；水权管理中占有、使用、交易、监督和强制实施等活动规则属于水权制度中的操作层面规则。上述三个层面构成了完整的水权制度。

二、 水权制度的类型

20 世纪以来，随着社会经济的发展，用水量不断增加，水资源短缺日益凸显，世界各国都不同程度地在立法与司法实践中确立了与水资源权益归属有关的各种制度，随之出现了各种水权制度。若从水资源所有权和使用权角度进行分析，世界上主要的几种水权制度为：河岸水权制度、优先占用权制度、公共水权制度和可交易水权制度。

（一）河岸水权制度

河岸水权制度就是自然河道沿岸的土地所有人享有取水权利的制度安排①。即某条天然河道位于某人所拥有的土地之上、之旁或穿过该土地，则

---

① William Howarth, Wisdom's Law of Watercourse [M]. Fifth edition, Shaw and Sons Limited, 1992.

该土地所有人就拥有获取和使用流经该土地这些水资源的合法权利①。河岸水权制度最早发源于英国的普通法和1804年颁布的《拿破仑法典》，该水权制度在美国东部地区和澳大利亚得到了发展。据 NTSC（美国土地管理局国家科学和技术中心）记载，美国的河岸权制度在法例案中的依据源于1827年的泰勒－威尔金森（Tyler and Wilkinson）一案②。该案例由几个磨坊主因用水流驱动石磨的权利争夺引起。该案件的判决认为，一条河流旁边所有土地的所有人对于该河流的水资源享有平等权利，上游的所有人不能对天然条件下将流淌至下游所有人处的水量造成减损③。然而该案件在判决时也认识到，如此绝对的权利是不现实的。因此河岸水权人从河岸自然水道取水首先必须符合"合理使用"原则④。目前，河岸水权仍然是美国东部、英法和加拿大等国家和地区制定水法规和水政策的基础。

河岸水权是与土地所有权联系在一起的，但这样的水权是一种用益物权，并不对水资源享有物权⑤。这意味着土地所有者可以利用流经其土地的河水，但是不能不合理地截水或者引水，而且取用后的水必须返回原河道或水体。"合理利用"的概念在河岸水权法系中随处可见，但是"合理利用"包括哪些内容，不同地区的情况不尽相同。各国在对河岸水权进行接受过程中，往往根据自身的社会状况和自然条件对其进行不同程度的修正⑥。袁丽萍（2008）对河岸水权的法律特征做了概括：河岸水权虽是一种对作为共同物的水流进行利用的权利，却表现为河岸土地所有人对土地的一种用益物权，由于各沿岸水权人的权利平等，所以河岸水权不具有排他性；由于沿岸

①③⑤　［美］科林·查特斯，萨姆尤卡·瓦玛. 水危机［M］. 伊恩，章宏亮，译. 北京：机械工业出版社，2012.

②　National Science and Technology Economy. Bureau of Land Management. Water Appropriation Systems，2009，http：//www. wrc. org. za.

④　William Howarth. Wisdom's Law of Watercourse［M］. Fifth edition，Shaw and Sons Limited，1992.

⑥　Dante A，Caponera. Principles of Water Law and Adminisration［M］. A. A Balkema Publishers，Nethterlands，1992.

所有权人的权利相互牵连，所以沿岸水权的权利范围是不确定的；河岸水权会受到时效影响，但其权利不会因为不使用而丧失①。

虽然各国的河岸水权制度在现实中会由于各国或地区的实际情况不同而有所差别，但是一般都遵循两条原则，第一是持续水流原则，即土地所有人在拥有河岸水权后，其对水量使用不受限制的前提条件是该河岸水权拥有者对水资源的使用不会影响到下游的持续水流；第二是合理用水原则，即任何人对水资源的使用都不能对其他水权所有者用水的权利造成损害，合理用水更加强调用水权利的平等②。

实践经验证明，河岸水权制度由于其整体上随土地所有权的排他性而具有整体排他性，但是对于沿岸土地所有者而言，河岸水权在一定范围内却具有非排他性特征，尽管河岸水权强调水资源的合理使用原则，但是也会造成水资源的浪费。因此，很多学者认为河岸水权制度仅仅适用于水资源丰富的国家或地区。随着美国对其相对干旱的西部地区的开发，另外一种水权制度——优先占用权制度开始出现。

（二）优先占用权制度

优先占用权制度是随着 19 世纪 80 年代美国对其水资源相对匮乏的西部地区的开发而产生的一种水权制度安排，目前在美国西部的很多州采用这一制度。优先占用水权制度是为了高效利用水资源而确立的一种排他性水权制度③。

美国西部水资源匮乏，在其开发初期，大部分沿河流的土地归联邦政府，只有少数人拥有沿河流经过的土地，河岸水权制度难以适用。为了使生产顺利进行，不拥有与河流相邻的土地所有者不得不在联邦政府所有的土地

---

① 袁丽萍. 可交易水权研究 ［M］. 北京：中国社会科学出版社，2008.
② 许长新. 区域水权论 ［M］. 北京：中国水利水电出版社，2011.
③ 黄锡生. 水权制度研究 ［M］. 北京：科学出版社，2005.

上开渠引水。久而久之就形成了"时间优先，权利优先"即谁先开渠引水谁就拥有水权的原则来确定水权的制度。"时间优先，权利优先"的优先占用制度最早是加州高等法院在 1855 的欧文诉飞利浦（Irwin V. Philips）一案中引入的，1882 年科罗拉多州高等法院在柯芬诉左手边沟渠公司（Coffin V. Left Hand Ditch Co.）一案中最终确立了优先占用原则作为水资源分配的中心原则①。

根据优先占用权制度，第一个从某水源取水用于受益性用途的用水户，只要该用户一直将水资源用于同种用途，其将永久拥有取用同等水量的权利。在此规则下，后来的用水户要尊重优先占用权，即新的用水户只有在不影响既有用水户利益的前提下，才允许使用剩余的水量。每年会根据共用水源的供水量，依据优先占用原则来确定配水额，直到该水源的水量全部分配完毕。事实上，在出现缺水状况时，资历较浅的占用者可能会面临无水使用的境地。优先占用原则和土地的所有权无关，水量可以在各个用水户之间进行转让。实际上确定谁拥有优先权利是很困难的事情。在新墨西哥州，州政府必须通过正式的法律诉讼来给出以往用水的证据并进行宣判后才可以对地表水进行分配。出现耗时数十年，耗资数百万美元诉讼费才可以解决的案例大量存在②。

优先占用制度除了要满足"时间优先，权利优先"的原则外，还必须符合"有益使用"原则。即在没有足够的水资源为所有水权持有者供水时，级别最低的水权持有者必须停止取水以满足优先占用者的使用权。当然，如果权利的行使不以有益的方式进行或不行使权利达到一定年限，则会丧失权利。

史密斯（Smith，1988）认为，水资源优先占用制度是 19 世纪发展起来

---

① James N. Corbridge Jr. and A Rice，Vranesh's Colorado Water Law ［M］. Revised Edition，University Press of Clorado，1999：8.

② ［美］科林·查特斯，萨姆尤卡·瓦玛. 水危机 ［M］. 伊恩，章宏亮，译. 北京：机械工业出版社，2012.

的，其目的是促进水资源经济效益和使用效率的提高①。早期水资源的使用包括灌溉用水、矿业用水、制造业用水和库存水。家庭用水和农场用水也被认为是水的使用，在一些州，上述两种用水也适用优先占用制度。但最近水的使用概念已经超出了纯粹的生产性目的，在一些州，河流生态用水、野生动植物生存用水、休闲娱乐用水和环境美化用水也被认为是水的用途。在水资源用途不断增加的情况下，优先占用制度的执行将更加困难。

与河岸水权制度相比较，优先占用制度有其优点，该制度不以拥有相邻土地所有权为前提，在一定条件下可以转移和调整，某种程度上克服了河岸水权制度的局限，提高了水资源的使用效率。但是该制度本身也具有弊端：其一是水权的转让和交易受到了限制。尽管理论上优先占有制度下水权可以交易，但是很多实行优先占用水权制度的国家和地区，优先占用权是不可以进行转让和交易的②；其二是较河岸权制度相比，水资源的使用效率尽管有所提升，但其总体效率由于受"时间优先、权利优先"原则（即在水资源短缺时，排在后面的用水主体的用水需求取决于满足优先权后是否还有足够的水量）和水权不易分割转让的限制，难以引导和激励经济主体把水资源投向最有效率的用途上。

（三）公共水权制度

源于苏联的水资源管理理论和实践的公共水权制度及其相关法律一般包含以下三项原则：其一是水资源的开发和利用要从整体上满足和服从于国家经济计划与发展规划的需要。其二是水资源所有权和使用权分离原则，即个人和单位对水资源可以拥有水资源使用权利，但从法律层面讲水资源所有权归国家。其三是水资源配置和水量分配的基本手段是行政手段。目前中国实行的也是公共水权制度。公共水权的理论和基本原则大都体现在国家颁布的成文《水法》

---

① Z. A. Smith. etc. Waer and Future of The Southwest, Albuquerque：University of New Mexico Press，1988；转引自许长新. 区域水权论 [M]. 北京：中国水利水电出版社，2011.

② 黄锡生. 水权制度研究 [M]. 北京：科学出版社，2005.

中，如我国的《水法》和苏联 1970 年颁布的《水法原则》等均属于这种情况。

公共水权制度强调全流域发展需要的水资源通过计划配水来予以满足，该水权制度存在着对微观用水主体水权界定不清晰的问题，特别是微观用水主体的水使用权、水使用量权和水使用优先顺序权的界定不清晰，容易出现水资源使用的"公地悲剧"。水权界定不清晰也会导致由于对水资源的争夺而出现的水事纠纷和水资源配置效率低下等问题。此外单一的行政配置水资源手段也会由于配置主体的"经济人"特征引发水资源管理中的寻租腐败问题出现。

就上述三种制度而言，河岸权制度对水资源的产权界定比较清晰，沿岸土地所有人可以根据对土地的所有权而获得水权，但是非沿岸土地的用水需求在河岸权制度下却受到了限制，影响了整体用水效率和经济发展进程，而且不利于社会公平目标的实现。因此，在最早实现河岸权水权制度的国家和地区都对该制度进行了改进与变革。如美国东部在采用河岸水权制度的同时对非河岸用水者实行用水许可证制度，以弥补这一制度的局限。在澳大利亚，最早实行的也是河岸水权制度，但是在认识到该制度的弊端后，特别是认识到在水资源短缺地区该制度存在重大局限时，澳大利亚将水权和土地所有权通过立法程序予以分离，宣布州政府拥有水资源所有权，由州政府调整和分配水权；优先占用制度实行"时间优先、权利优先"原则和"有益使用"原则，强调水资源的有益使用，在一定程度上可以提高水资源的微观使用效率，但是受"时间优先、权利优先"和水权不易分割转让的限制，该制度在宏观层面缺乏有效引导水资源使用效率和提高配置效率的机制，同时该制度安排的公平目标实现机制较弱；公共水权制度强调水资源所有权和使用权分离的基础上，水资源的开发和利用要从整体上服从于国家经济计划和发展规划的需要原则和以行政手段进行水资源配置和水量分配原则。强调水资源开发利用中的计划性，忽略了市场机制对水资源优化配置的作用，容易导致微观层面水资源的浪费和"过度使用"，而且由于公共水权制度对微观用水主体水权界定不明确，极易导致水资源领域的"公地悲剧"。

（四）可交易水权制度

可交易水权制度是为提高水资源的使用效率建立的一种与市场经济相适应的排他性水权制度，源于水资源使用权完善基础上进一步界定的配水量权。其基本思路是允许水权持有者在市场上出售盈余水量。可交易水权制度最早出现于美国的加利福尼亚州和新墨西哥州等地。继美国西部实施可交易水权制度后，智利和墨西哥也相继实行这种制度。一些严重缺水的中东国家也开始讨论和准备实行可交易水权制度[1]。进入 21 世纪，中国一些地方也出现了水权交易的案例。可交易水权制度代表了世界水资源管理的一种新趋势。

目前关于可交易水权的概念仍处于探讨阶段，没有形成标准统一的定义。在国外，关于可交易水权概念的代表性理论有两种：一是法定财产权论，即认为可交易水权是有关水资源的财产权，是一种能够在法律和制度框架中与土地相分离且可以单独交易的权利[2]；二是可交易水权份额论，即水权是取水或接受水的权利或者说是对水的份额的权利[3]，这种权利应为权利人所有，并且能够按照权利拥有人的自我意志进行转让。在国内，一些学者对可交易水权的概念也进行了研究。常云昆（2001）认为可交易水权是一种使用量权或配水量权，由市场机制配置的水权应该具有排他性和可分割性的特征，只有在使用权基础上进一步界定的配水量权（用水主体在一定时间内使用一定水资源的权利）才同时皆备排他性和可分割性特征[4]。袁丽萍

① Shatanawi. Muhammad：Evaluating Market-Oriented Water Polices in Jordan：A Comparative Study [J]. Water International, 20. 1995：88 – 97.

② Paul Holden, Mateen Thobani. Tradable Water Rights：A property Rights Approach to Resolving Water Shortages and Promoting Investment [D]. The Worlds Bank Latin America and Caribbean Technical Department Economics Adviser's Unit, 1996.

③ Phillips Fox and Queensland University of Technology：Trading in Water Rights-Towards a National Legal Framework [M]. Published by Phillips Fox, Sydney, Queensland University of Technology, 2 George Street, Brisbane, 2004.

④ 常云昆. 黄河断流与黄河水权制度研究 [M]. 北京：中国社会科学出版社，2001.

（2008）认为可交易水权是法定的水资源非所有人对水资源份额享有的财产权，它源于水资源所有权但又与水资源所有权相分离；可交易水权具有使用价值和价值，其本身具有排他性和可转让性，在性质上属于用益物权；可交易水权在权利内容结构上分为比例水权、配量水权和操作水权，这三种水权都可以根据交易需要单独交易。

基于上述分析，本书认为，可交易水权是指在水资源国家所有的前提下，水资源的各级使用者在合法取得水资源使用权的前提下，对其取得的水资源的使用量权或配水量权享有的占用、使用、收益和处分的物权。

可交易水权制度的有效运行取决于以下四个环节：

第一，是水权界定。可交易水权制度要取得成功，必须要对水权进行清晰界定。在我国，水资源所有权属于国家，所以水权的界定主要是水使用权的界定，即明确水资源使用权的种类和边界。按使用类别划分，水权基本可以分为三类，具体包括：生活用水权、生态环境水权和经济用水权。生活用水权属于水人权范畴，政府应当对该水权予以保障；生态环境水权是维系水生态必须的水权，提供的是公共物品服务，也应该由政府负责；经济用水权是指农业用水、工业用水等具有竞争性和排他性等私有物品特征的水权，可以通过市场交易方式去配置。

第二，是初始水权分配。从流域和微观经济主体而言，初始水权配置是水权交易的前提。若水权不明确且没有初始水权的有效配置，水权交易就没有制度保证，而且也会引发利益冲突。初始水权分配需要法律和行政管理，同时也需要投入资金建设相应的基础设施。初始水权分配过程可落实为取水许可证的论证和申请程序。应当充分考虑地区实际条件、产业发展状况、水资源供给现状等因素去制定区域、行业、部门、单位和个人用水计划，并以此作为初始水权分配依据。

第三，是构建完善的水权交易价格制度。在水权界定和初始水权分配之后，水权就转化为具有私有产权性质的权益，可以进行交易。有交易就会有价格，水权交易同样也会涉及价格问题。水权交易价格除了受交易双方讨价还价能力的影响外，其他因素（如工程建设成本、相关补偿成本等）也会对水权交易价格产生影响。各国在水权交易价格确定问题上所采用的方法不尽相同，但不论采用何种方式确定水权交易价格，其基本原则是水权交易价格要反映水资源的稀缺程度，同时要考虑水资源的开发利用成本。

第四，要加强水权交易的管理。可交易水权制度的建立还需要政府加强水权交易的管理，规范交易行为、降低交易成本。政府的水权交易管理职能主要体现在建立和健全水资源法律体系为水权界定和水权交易提供法律基础；制定水权交易规则，使水权交易有序进行；加强水权交易的第三方效应管理，提高水权交易的社会效益；加强水权交易监督并实行交易申报和登记制度；建立水权交易的民主协商机制，提高交易透明度和公众参与度。

可交易水权制度的实施可以节约用水，提高水资源使用效率。可交易水权制度的实施，使得水权持有者可以出售自己的水权，这样就为水权持有人通过节约用水出售多余水权并获取相应补偿提供了制度激励。水权的购买者通过有偿支付获取水权，会刺激其采用最为有效的节水技术来降低成本，最终使稀缺的水资源得到高效利用。蒂纳尔和莱蒂（Dinar and Letey，1971）在采用微观生产模型进行研究的基础上认为，采用水市场方式可以使农民收益得到增加，农民用水相应减少，同时会促进农民对节水技术投资的增加[1]。阿米蒂奇（Armitage，1999）在对南非的两个灌区进行实例研究的基础上认为，在农民具有水权交易的权利后，单位水资源的使用效率得到了提高[2]。可交易水权制度的实施，可以提高用水主体在水资源管理和分配中的参与能力，促进政府部门和相关组织讨价还价能力的增强，进而可以促进水资源的

[1]　Dinar A，Letey J. Agriculture Water Marketing，Allocation Efficiency，and Drainage Reduction [J]. Journal of Environment Economics and Management，1971（20）：210－223.

[2]　Armitage R. M.，Nieuwoudt W. L.，Backeberg G. R.. Establishing tradable water rights：Case Studies of two irrigation districts in South Africa [J]. Water SA，1999，25（3）：302.

公平合理分配，也有利于供水部门改进管理和服务水平。可交易水权制度的实施可以鼓励新的水利投融资环境的形成，在良好界定的可交易水权形成后，用水主体就可以对能够获得收益的水利工程设施和节水技术进行投资，从而有效克服水利工程国家单一投资所导致的资金短缺局面。可交易水权制度的实施有助于水资源综合管理目标的实现，可交易水权制度要求通过市场化手段实现水资源的高效利用和合理配置之外，还要求必须符合可持续发展的原则，保障水资源生态目标的实现；可交易水权制度通过分割的权利结构设计，能够为这一目标的实现提供法律保障。事实上，各国或地区对水权交易中的水质都有明确规定，而且一些国家（如澳大利亚等）还在水权界定中确定了给环境分配水量的政策。

第四节　水权交易的内涵及其构成要素

一、　水权交易的内涵

水权交易是指在合理界定和分配水资源使用权基础上，通过市场机制实现水资源使用权在地区间、流域间、流域上下游、行业间、用水户间流转的行为。其基本机制为：政府水资源管理部门通过一定的方法并结合流域可供分配水资源总量确定某个区域的水资源需求总量，从而在特定时间内确定某区域（各省、自治区、直辖市）的水资源总量控制目标；区域水资源管理部门根据本区域各地区（地级市）用水需求情况确定各地区水资源需求总量，从而在特定时间内确定区域内各地区水资源控制总量目标；地区的水资源管理部门以有偿或者无偿方式将上级水资源管理部门给其分配的水资源份额分配给地区内的农业用水户、企业或其他组织和个人；获得水资源使用权的组织或者个人将自己拥有的水资源使用权所明确的数量像其他商品一样在特定的水权交易市场上进行交易。当然政府应当对可以进行交易的水权进行限制。目前比较流行的水权交易是生产水权之间的交易，如农业用水权和工业用水权之间的交易、工业用水权和工业用水权之间的交易、农业用水权和农业用水权之间的交易等。水权交易的机制见图 2.3：

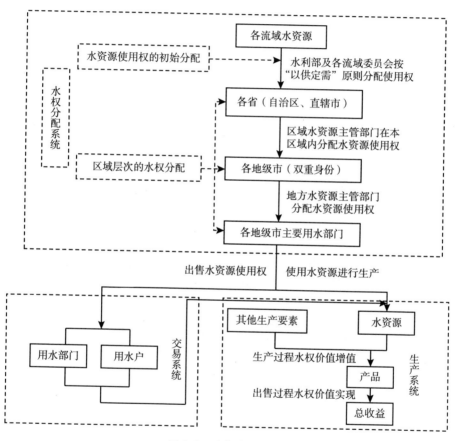

图 2.3　水权交易机制

水权交易可以调剂水资源余缺，提升水资源使用效率和经济效益。首先，某些地区或某些具体用水单位由于生产过程中节水成本太高或者因为生产技术水平等限制无法节约用水，致使用水单位从资源行政主管部门分配所得到的水权数量小于其水资源消耗量，这样就可以通过水权交易购买额外水权。其次，某些区域或具体用水单位由于节约用水成本相对较低或者某些其他因素，其水资源消耗量低于政府核定的水权数量，这样就可以将剩余的水权通过水权交易出售，以此获得经济收益。最后，不同主体水资源使用的边际回报率存在差异，通过水权交易可以促进水资源从边际回报率低的部门流向边际回报率高的部门，从而促进水资源使用效率的提升。

二、 水权交易的基础条件

（一）制度和法律保障

水资源的所有权和使用权分离是水权交易制度的前提。《中华人民共和国宪法》《中华人民共和国物权法》《中华人民共和国水法》等相关政策法规构成了水资源和水权管理的法律基础。我国《宪法》和《物权法》都明确规定了"水流属于国家所有"，我国《水法》也明确规定"水资源属于国家所有，国务院代表国家行使水资源所有权"。作为抽象概念的全体人民和政治组织的国家都不可能亲自开发利用水资源，只有个人和个人组成的实体组织才可以开发利用水资源。所以必须实行水资源使用权与所有权的分离，如果不能分离，而所有权也不能变更，这样也不可能形成水权交易市场。现代产权理论认为，产权具有可分解性，甚至被分解的产权还可以进一步分解。分解后的产权可以分属于不同的产权主体，可以进行转让和交易。水资源所有权和使用权的分离是开展水资源使用权或取水权交易的制度前提。

除了《宪法》《物权法》《水法》等水资源和水权管理的基础性法律法规之外，水权交易还需要一些配套的法律法规和政策予以保障。2005年水利部颁布的《水权制度建设框架》和《关于水权转让的若干意见》，2006年国务院发布的《取水许可和水资源费征收管理条例》，2016年水利部出台的

《水权交易管理暂行办法》等制度和法规构成了我国水权交易的制度和法律框架，也为我国水权交易提供了基本遵循。我国一些地方政府和流域管理机构为促进本地区或本流域水权交易的顺利进行也颁布了一些地方性和流域性水权交易方面的法律法规和规章制度，这些法律法规和规章制度为地方性和流域性水权交易提供了基本依据和保障。

（二）初始水权分配

水权的初始分配是水权交易的基础和前提条件。初始水权分配是指水利部授权各流域机构与地方政府，根据可以配置的水资源总量和环境容量，在充分考虑人口、资源、环境和经济等因素的基础上，对流域可以配置的水资源在区域间（主要是省级地方政府之间）进行分配。水权的分配在我国还有一层含义，就是上一级政府在本区域内给下级政府分配水权（即水权的下一层次分权）。在下一层次的授予过程中，上级政府具有宏观调控的权力，之后地方政府将水权分配给区域内各用水单位。各用水单位可以依据政府规定的水权交易管理办法进行水权交易。如果没有初始水权分配，就会导致水权主体的权利和义务关系不明，水权的客体界定不清，从而水权交易难以合法有序进行。我国的初始水权分配取得了很大进展，在一些流域已经开展了初始水权分配工作，有些地区的初始水权分配已经逐步细化。但总体而言，我国的初始水权分配工作依然相对滞后，不能充分满足建立水权制度的要求。从制度层面而言，我国存在水量分配方案，但水量分配方案不能代替初始水权分配，我国的初始水权分配需要进一步完善。

（三）交易平台建设

市场交易需要一定的交易平台，水权交易同样如此。水权交易平台作为水权交易的中介组织，能够为水权交易提供信息。我国的水权交易平台正处于积极探索和发展阶段。国家级、省级和地方性水权交易平台都存在。中国水权交易所是我国国家级水权交易平台，省级层面的水权交易平台有内蒙古水权收储转让中心、河南省水权收储转让中心、广东省环境权益交易所等，省级以下的水权交易平台有疏勒河流域水权交易平台、石羊河流域水权交易中心、鄯善县水权收储转让中心、红寺堡区水量交易中心等。随着国家逐步规范公共资源交易平台，我国的水权交易平台需进一步探索自身运行机制的完善。

（四）硬件设施建设

水权交易的开展需要一些相关的硬件条件保障，这些硬件条件包括节水工程建设、管道工程建设和调水工程建设等。此外，水权的分配、实施和交易还需要一些计量设施、监测设施和适时调度设施等。目前我国水权交易的硬件条件亟须改善，特别是水资源计量监测设施急需改进。水资源计量监测设施是对水权交易中的水量和水质进行监测的重要保障，是实现水权交易"量质统一"管理的基础。

（五）外部效应的管理

水权交易会导致水资源用途、使用地点和使用时间等方面的改变，这些改变可能带来外部效应。水权交易的外部性主要包括：第一，水资源的代际外部性。当代人在按照自己的意愿开发利用水资源时，必然会给下一代产生影响，这称为水资源的代际外部性。当代人为实现自身效用最大化，试图利用更多的水资源并努力降低水资源开发的成本，其结果势必导致那些容易开发、优质高效的水资源被优先大量开发利用，留给下一代的则是难以开发、质量低的水资源，导致下一代开发利用水资源的难度和成本不断增加。第二，取水成本外部性。一定时期内，流域可获取的水资源相对稳定，对流域内水资源的过度利用，会导致获取每单位产出的成本上升。取水成本的外部性是指某水权持有者在第 T 期增加抽取一单位水，会增加其他水权持有者在

T+1 时期的取水成本，但其不会因此而支付赔偿。第三，水资源存量外部性。水资源存量的外部性是指在一定流域、一定时期内，在水资源总量约束条件下，当某一水权人多使用一单位水，将减少其他水权人在现在或将来可获取的水资源存量。第四，环境外部性。水资源的过度开采利用，会造成地下水位的下降、土壤盐碱化、水资源再生能力退化等生态环境破坏问题。或者由于水资源的使用、配置结构不合理，造成水污染，降低了水资源的质量，影响了社会总福利。当然，水权交易也可能产生环境正外部性，如果通过水权交易可以改善局部地区的生态环境，可能给周边地区带来额外的收益。水权交易应当考虑其外部效应，并进行合理规制。

三、 水权交易的主体与客体

（一）水权交易的主体

水权交易的主体是指参与水权销售、转让和租赁等活动的组织和个人，政府、企事业单位和个人都可以成为水权交易的主体，水权交易主体分为水权交易受让方和水权交易转让方。2016 年 4 月 19 日水利部颁布的《水权交易管理办法》按照确权类型、交易主体和范围划分将我国水权交易主要分为区域水权交易、取水权交易和灌溉用水户水权交易。区域水权交易的主体为县级以上人民政府或其授权的部门和单位；取水权交易的主体为获得取水权的单位或者个人，包括除城镇公共供水企业之外的工业、农业和服务业取水人；灌溉用水户水权交易的主体为已明确用水权益的灌溉用水户或用水组织。

（二）水权交易的客体

水权分类基本分为"三生"水权和"三产"水权。所谓"三生"，即将水权分为"生活水权""生产水权""生态水权"。其中，"生活水权"包括基本生活用水水权和多样化生活用水权。基本生活用水水权是人类生存的基本要求，属于政府必须保障的范畴，需要政府采取行政手段配给。多样化生活用水水权竞争性和排他性比较强，可以采用市场配置方式。"生产水权"分为农业水权、工业水权和第三产业水权。这类水权是水权中总量最大，也是水权体系中最能体现水资源市场调节机制的部分。水权交易的客体主要指生产水权中节余的水权。这类水权采用市场化方式进行交易，但需要政府对交易进行规制。"生态水权"主要指保护和改善生态环境的用水水权，例如，地下水回补、湖泊和湿地的保护等，这类水权具有明显的外部经济性且产权排他困难，应由政府保障。

如前所述，我国水利部颁布的《水权交易管理办法》将我国的水权交易分为三种类型，每种交易类型都有其特定的交易的客体。区域水权交易以用水总量控制指标和江河水量分配指标范围内节余水量为标的；取水权交易以通过调整产品和产业结构、改革工艺、节水等措施节约水权为标的；灌溉用水户水权交易以通过灌溉节水工程建设、种植结构调整和采用节水灌溉技术节约的水权为标的。我国水利部颁布的《水权交易管理办法》同时规定，用以交易的水权应当已经通过水量分配方案、取水许可、县级以上地方人民政府或者其授权的水行政主管部门确认，并具备相应的工程条件和计量监测能力。

四、 水权交易价格

（一）水权价格与水价

在实际中，水权价格和水价往往被混淆使用。实质上水权价格和水价有所不同，两者的承担对象是存在区别的。国内很多文献在讲水权市场时用水市场来表述，实际上是不合理的。水市场的外延要比水权市场的外延更广，水市场包括商品水市场和水权市场①。在水市场上交易的对象有两种：一种是水商品，是水的实体，如供水公司供水和城市自来水、矿泉水等，一般所讲的水价是指商品水的价格；另一种交易的对象是用水的权利，水权交易中交易的就是水的权利，是水的使用权，而不是水商品，水资源使用权的交易价格即水权价格。

（二）水权价格的影响因素

水权交易价格会受到多种因素的影响，主要包括工程因素、水权交易期限因素、风险和环境因素以及自然因素等②。

1. 工程因素

我国可交易的水权主要是通过节水措施节余的水权，因此，节水工程建设、运营和维护费用直接影响水权交易价格。节水工程的投资规模会影响节水成本，进而决定水权交易价格的高低；节水工程的投资结构也会影响节水成本和工程资金收益率，进而影响水权交易价格，如国家全额投资节水工程、银行贷款投资节水工程及私人投资供水工程其成本和收益率是不同的，因此，水权交易价格也会有所差别。在黄河流域的宁夏和内蒙古已经发生的水权交易中，节水工程的建设与维护费用占很大比重，成为影响水权交易价格的主要因素。

2. 水权交易期限因素

水权交易期限是水权交易价格的重要影响因素。交易期限越长，作为水权卖方承担的风险就越大。因此，随着水权交易期限的增加，水权交易价格通常会随之增加。依托节水工程开展的水权交易，其交易价格更容易受到水权交易期限的影响。在内蒙古和宁夏地区开展的水权交易中，水权的交易期

---

① 唐德善，邓铭江. 塔里木河流域水权管理研究［M］. 北京：中国水利水电出版社，2010.
② 许长新. 区域水权论［M］. 北京：中国水利水电出版社，2011.

限是水权交易价格确立的重要基础。节水工程建设费用、维修维护费用、风险补偿费用、经济利益补偿费用、生态利益补偿费用等都需要在充分考虑了水权的交易年限后得出。

3. 风险和环境因素

由水权交易风险所导致的风险补偿费用和水权交易对生态环境损害导致的生态补偿费用是水权交易价格完全成本核算的重要组成部分，也是影响水权交易价格高低的重要因素。如工农业水权交易中，将农业水权交易到工业部门，水资源"农转非"可能使农业和农民受损。因此，在工农业水权交易价格中应当充分考虑工业挤占农业用水所承担的风险补偿费用。水权交易也可能对生态环境造成一定程度的负面影响，因此，需要对水权交易开展生态环境影响评估并核算相应的生态补偿费用。水权交易对生态环境造成的损害产生的生态补偿费用的大小是影响水权交易价格高低的重要因素。

4. 自然因素

自然因素主要是一个地区的降水量和河流来水量等自然因素会对水权交易价格产生影响。从经济学的角度来分析，降雨是灌溉用水的替代品，替代品的可获得性和价格的降低会导致灌溉用水需求曲线位置左移，导致灌溉水销售价格降低，反之则增加。具体而言，降水量对水权价格的影响可以分为多年平均降水量和当年降水量两种情况。以智利为例，智利的降水量由南至北逐渐递减，其南部降水量到 4000 毫米以上，而智利北部干旱少雨，智利南部地区的水权交易价格较低而北部地区的水权交易价格较高。

五、 水权交易类型

按照交易主体、交易涉及产业、交易时间和交易空间的不同，水权交易可以分为不同的类型。按交易主体分，水权交易方式可以分为政府与政府之间的水权交易、政府与厂商之间的水权交易、厂商与厂商之间的水权交易、农户与农户之间的水权交易；按水权交易涉及的行业划分，水权交易可以分为行业内水权交易和行业间水权交易；按水权交易的时间长短划分，水权交易可以分为临时性水权交易和永久性水权交易；按水权交易的空间划分，水权交易可以分为区域内水权交易和区域间水权交易、流域内水权交易和流域间水权交易。表2.4列举了国外一些国家的水权交易的情况及水权交易类型。

表 2.4　　　　　　　　国外一些国家典型水权交易类型比较

国别	地区	水体	水权交易类型		
美国	科罗拉多州	地表水	长期交易	流域内交易	农业用水向丹佛等城市用水转让；农业用水向韦尔等旅游用水转让
				流域间交易	阿肯色流域的农业用水转让
	亚利桑那州		长期交易		地表水、地下水和污水交易
	亚利桑那、加利福尼亚、科罗拉多、新墨西哥等	地表水	长期交易	行业内交易	农业到农业、非农业到非农业
				行业间交易	农业到非农业 非农业到农业
智利	圣地亚哥	地表水	永久交易	行业内交易	非农业到非农业
	拉塞雷		永久交易	行业间交易	农业到非农业
澳大利亚		地表水	永久交易		州内永久交易和州际永久交易
			临时交易		州内临时交易和州际临时交易
墨西哥	杜兰戈	地下水	永久交易	行业间交易	农业到非农业

资料来源：姚杰宝，董增川，田凯．流域水权制度研究［M］．郑州：黄河水利出版社，2008.

我国目前已经开展的水权交易主要有区域间水权交易、行业间水权交易、农业内部水权交易和政府回购水权交易。我国区域间水权交易主要案例有东阳—义乌水权交易、河南南水北调水量交易和广东东江流域区域水权交易等，我国行业间水权交易主要案例有内蒙古和宁夏工业企业投资农业节水置换水权等，我国农业内部水权交易主要案例有甘肃武威和张掖地区的农户水票交易和新疆呼图壁地区的水权交易等，我国政府回购水权交易主要案例有河北成安县和新疆玛纳斯县等地的政府回购水量交易等。

第五节 中国水权制度的演进与建设框架

一、 中国水权制度的历史演进

我国在西汉时期就形成了较为成熟的水权制度，并在历史演进中不断丰富和发展。从历史的角度对中国古代和近代的水权制度进行研究，可以为现代中国水权制度的研究提供借鉴。表2.5总结了我国水权制度的历史演进。

表2.5　　　　　　　　　　　　中国水权制度的历史演进

历史时期	水权制度建设主要成就	水权制度基本特点
先秦至汉朝	出现了灌溉技术；制定了我国历史上第一部关于用水制度的法令——定水令以广灌田，确定了用水顺序，优先满足生活用水、漕运、润陵等统治阶级特殊用水需求，其次满足灌溉用水需要；设立了比较完善的水事管理机构	用水管理主要依靠国家行政法令，工程建设主要依靠国家行政力量，用水管理原则是中央统一管理和分级管理相结合
唐宋元时期	唐朝时期制定了我国历史上流传下来的较为详细的水事法律制度——《水部式》；对水使用的分配原则和用水顺序权进行了确定，沿用与秦汉时期相同的分配原则，在用水顺序权的规定方面上，明确灌溉优先，航运次之，水磨最后。宋元时期，水利事业没有达到唐朝的辉煌程度，在水资源管理制度上基本沿用了唐制的水权制度，只是在文字上更加详细和具体，明确了详细的分水、量水技术措施和制度，明确规定水使用量的分配依据是土地多少和总水量的多少，宋元时期对防水、漏水方法和保证渠道安全的措施也进行了详细规定，同时要求严厉惩罚水资源使用违法者	用水管理以国家宏观管理为主，强调"均平"原则，在具体管理方式上采用"申贴制"

历史时期	水权制度建设主要成就	水权制度基本特点
明清时期	明清时期有较为健全的灌区管理机构，各级管理人员权责分明。该时期，灌区民主管理制度在汾河、渭河流域的灌区进行了推行，虽然地方政府仍然参与灌区管理，但是对唐宋时期形成的各级基层水资源管理人员直接由政府任命的状况进行了改革，同时实行灌区选举；采用"水册制"对用水进行管理；水权交易行为开始出现	以灌区微观管理为主要特色，乡规民约成为水权制度的主体
民国时期	1942年制定了中国近代史上第一部全国性水法——《中华民国水利法》，该水法明确规定了水权的界定、用水顺序权、水量使用和水权的取得、变更、转移和消灭程序；民国时期有比较完善的水行政立法和地方立法，有详细和明确水事管理的法规；水权制度方面的规定内容丰富、具体，具有可操作性	采用公共水权制度，实行政府统一领导下的流域管理与地方管理相结合、专业管理与群众管理相结合的水事管理原则
计划经济时期（1949～1978年）	1949年设立人民政府水利部，对全国水利行政和水利建设进行管理，相应水利机构在各地方相继成立，组建了长江、黄河和淮河三个流域管理机构；1965年水利电力部制定的《水利工程水费征收使用和管理试行办法》被国务院批准执行，由此形成了全国第一个统一的水费制度	采用政府控制下的公共水权制度；采用政府集权的水行政管理体系；实行开发取向的水政策制度
转型时期（1978年至今）	注重水法体系建设。1988年颁布《中华人民共和国水法》，随后先后颁布《中华人民共和国水土保持法》，2002年对水法进行修订，国务院陆续颁布《河道管理条例》《取水许可制度实施办法》等行政法规。水政策改革逐渐起步，一是在水利投资体系上开始形成多元化、多层次和多渠道投资的新格局；二是在水资源配置上，进行了水资源宏观分配，制定了部分流域分水方案；三是实行了取水许可证制度；四是实行水资源有偿使用制度；五是制定了水利产业政策；六是进行水资源评价和水中长期供求计划工作	国家对水资源的管理从政策引导为主逐渐转向全面加强法制建设

注："申贴制"规定，渠道（斗以下）管理人员根据农户种植面积和来水情况向渠司申请水量，待官府据实发放申贴后才可以用水。

所谓"水册制"是指在官方的监督下，用水户在渠首的主持下制定的一种水权分配登记册，水册一旦制定，就成为具有地方法规性质的土地清册，在较长时间内稳定。具体渠册的内容主要包括用水受灌的地亩数、时间期限和次序。

资料来源：根据袁志刚（主编），刘伟（著）.中国水制度的经济学分析［M］.上海：上海人民出版社，2005.整理而得。

二、 中国水权制度建设框架

2005 年，中国水利部出台了《水权制度建设框架》，标志着我国以水权制度为核心的水资源国家管理制度的形成。根据《水权制度建设框架》，我国的水权制度体系见图 2.4。

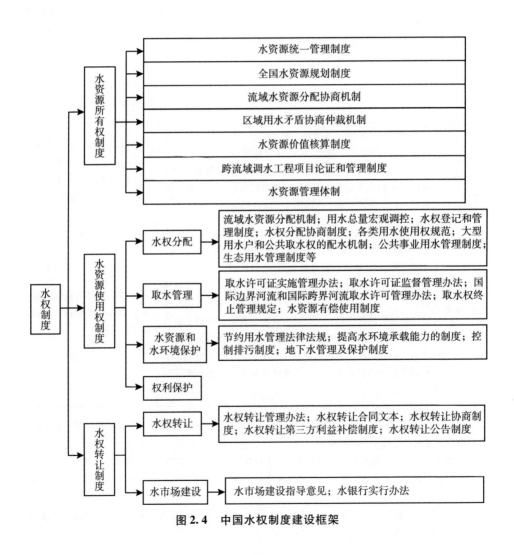

图 2.4　中国水权制度建设框架

水权制度是界定、配置、调整、保护和行使水权，明确政府之间、政府和用水户之间及用水户之间的责权利关系的规则，由水资源所有权制度、水资源使用权制度和水资源流转制度三部分构成。

我国《水法》明确规定："水资源属于国家所有，国务院代表国家行使水资源所有权。"水资源宏观布局、省际政府之间的水量分配、水体污染物防治和跨流域调水等工作，都需要国家层面实施对水资源的宏观管理。地方各级人民政府的水行政主管部门负责本行政区域内水资源的统一管理和监督，并服从国家对水资源的统一宏观管理。水资源所有权制度包括：（1）水资源统一管理制度；（2）全国水资源规划制度；（3）流域水资源分配协商机制；（4）区域用水矛盾的协商仲裁机制；（5）水资源价值核算制度；（6）跨流域调水项目的论证和管理制度；（7）水资源管理体制。

根据《水法》规定，建立水权分配机制，对各类水使用权进行分配。水资源总量控制和定额管理相结合的制度是水权分配的基础。水权分配要遵循优先原则，保障人的基本生活用水需求。水权分配优先权的确定要根据经济社会发展和水情变化而不断调整，同时要考虑当地的特殊需求确定优先次序。水资源使用权制度包括：（1）水权分配；（2）取水管理；（3）水资源和水环境保护；（4）权利保护。

水资源流转制度主要是指水资源使用权的流转制度，目前主要为取水权利的流转制度。水权流转制度包括水权转让资格审定、水权转让的程序及审批、水权转让公告制度、水权在转让利益补偿机制及水市场的监管制度。水权转让制度包括两个方面：（1）水权转让方面；（2）水市场建设方面。

| 第三章 |

水权交易正效应的理论分析与实践验证

本章从水权交易的帕累托改进、水权交易与社会总收益增进、水权交易的福利效应、水权交易对农户节水灌溉行为的影响等角度对水权交易的正效应进行理论分析；选择东阳—义乌水权交易、宁夏水权置换和新疆昌吉州地区水权交易等案例对水权交易的正效应进行验证。

第一节　水权交易正效应的理论分析

一、　水权交易帕累托改进的理论分析

帕累托改进，也被称为帕累托改善，是指在不减少一方的福利时，通过改变现有的资源配置而提高另一方的福利。水权交易可以实现帕累托改进。

假设某地区有两个生产部门：农业部门（F）和工业部门（I），使用两种生产要素：水资源（W）和货币资金（K），其既定数量分别为 $\overline{W}$ 和 $\overline{K}$，两种要素 W 和 K 在农业生产者 F 和工业生产者 I 之间的分配情况用埃奇沃思盒形图表示，见图 3.1。

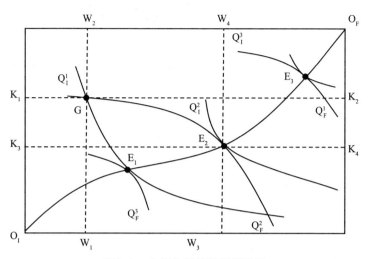

图3.1 水权交易的帕累托改进

图 3.1 中，盒子的长度表示该地区水资源的总量 $\overline{W}$，盒子的高度表示该地区货币资金总量 $\overline{K}$。O_I 表示工业生产者的坐标原点，O_F 表示农业生产者的坐标原点。O_I 水平向右表示工业生产者对水资源 W 的拥有数量，垂直向上表示对货币资金 K 的拥有数量。O_F 水平向左表示农业生产者对水资源的拥有数量，垂直向下表示对货币资金 K 的拥有数量。

在盒形图中任取一点 G，其对应的工业生产者的要素拥有量向量为（W_1，K_1），对应的农业生产者的要素拥有量为（W_2，K_2），其中（$W_1 + W_2 = \overline{W}$），（$K_1 + K_2 = \overline{K}$），即盒形图中的任意一点代表两种要素在两个生产值之间的分配情况。Q_I^1、Q_I^2，和 Q_I^3，表示工业生产者的等产量曲线，Q_F^1、Q_F^2 和 Q_F^3 代表农业生产者的等产量曲线，各自的等产量曲线离其坐标原点越远表示产量水平越高。

图 3.1 中 G 点是 Q_I^1 和 Q_F^2 的交点。若农业生产者通过节约用水减少水资源使用量，并用其节余的水资源去交换工业部门的货币资金，并使整个交换过程沿等产量曲线 Q_F^2 进行，则会出现在不影响农业产量的情形下使工业生产的产量增加，交易过程在 E_2 点达到均衡。如图 3.1 所示，整个交易过程农

业产量始终保持在等产量曲线 Q_F^2 代表的产量水平，但工业产量却由 Q_I^1 提高到了 Q_I^2，即通过交易实现了帕累托改进。在 E_2 点实现了 $MRTS_{WK}^I = MRTS_{WK}^F$，在此处实现了资源配置的帕累托最优。

在实际工农业水权交易中，通常的做法就是工业企业投资于农业节水改造去置换农业水权用以满足工业用水需求，这个过程实质上就是工业部门用货币资金交换农业部门的水权的过程。这个过程可以实现在不影响农业产量的前提下克服工业部门的水资源供给约束瓶颈进而增加工业产量，其本质就是水权交易实现帕累托改进的过程。

二、 水权交易与社会总收益增进的理论分析

水权交易可以导致社会总收益增进。不同用水主体用水边际效益的差距是水权再分配和水资源调度潜在收益存在的根本原因，也是水权交易的动力所在。通常而言，工业用水的边际收益高于农业用水。水权交易促进社会总收益增进可见图3.2。

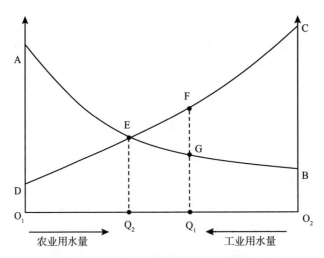

图3.2　水权交易与社会总收益

图 3.2 中，O_1O_2 表示在正常年份下某地区工农业正常水权总量，AB 为农业用水边际收益曲线，CD 为工业用水边际收益曲线。O_1Q_1 为农业用水水权需求总量，O_2Q_2 为工业用水水权需求总量。该地区水权总量不能满足所有工农业用水水权需求数量，即 $(O_1Q_1 + O_2Q_2) > O_1O_2$，一般而言，政府优先满足的是农业用水需求，工业用水只能使用剩余水量。水资源数量在 Q_1 时，农业用水边际收益为 GQ_1，工业用水边际收益为 FQ_1，此时工业用水边际收益大于农业用水，两者的差额为 FG。若不考虑水权界定的优先顺序，单纯从经济效益的角度而言，将农业水权的 Q_1Q_2 部分出售给工业使用，即农业用水为 O_1Q_2，工业用水为 O_2Q_2，此时工农业用水边际收益相等，社会总收益最大，且双方用水总和正好等于该地区水权总和。通过水权交易，社会总收益的净增加量为 EFG 的面积。由此可见，在不同部门用水边际收益存在差异的情形下，通过水权交易可以实现收益的最大化。只要存在边际收益差，通过交易就可以使社会总收益增加。

三、　水权交易的福利效应的理论分析

如图 3.3 所示，若同一流域存在 A、B 两个用水地区，水权初始配置价格为 P_1，而水资源供需均衡价格为 P_2。在水权初始配置价格为 P_1 时，A 地区的初始水权配置量为 Q_A^1，B 地区的初始水权配置量为 Q_B^1。在水资源供需均衡时，即在价格水平为 P_2 时，A 地区的水资源实际需求量为 Q_A^2，B 地区的水资源实际需求量为 Q_B^2。假设 A 地区的初始水权配置量小于其水资源实际需求量，即 $Q_A^1 < Q_A^2$，而 B 地区的初始水权配置量大于其水资源实际需求量，即 $Q_B^1 > Q_B^2$。A 地区存在水资源缺口，B 地区存在水资源盈余，假设 A 地区的缺口数量和 B 地区的盈余数量相等。我们可以借助于消费者剩余和生产者剩余来分析水权交易的福利效应。

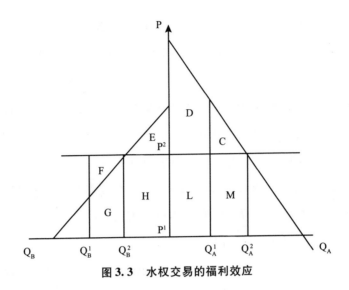

图 3.3　水权交易的福利效应

就 A 地区来讲，在水权初始配置价格为 P_1 时，其初始水权配置量为 Q_A^1，此时其消费者剩余为面积 D 和面积 L 之和，即（D+L）。在水资源供需平衡时，价格为 P_2，水资源实际需求量为 Q_A^2，此时其消费者剩余为（D+C）。和均衡状态相比而言，A 地区消费者剩余的净变化为：$\Delta CS_A = L - C$。价格水平 P_1 和价格水平为 P_2 相比较，其生产者剩余的净变化为：$\Delta PS_A = -L$。

因此 A 地区的社会福利总变化为：$\Delta W_A = \Delta CS_A + \Delta PS_A = (L - C) + (-L) = -C$。

就 B 地区来讲，在水权初始配置价格为 P_1 时，其初始水权配置量为 Q_B^1，此时其消费者剩余为面积 E、面积 G 和面积 H 之和，即（E+G+H）。在水资源供需平衡时，价格为 P_2，水资源实际需求量为 Q_B^2，此时其消费者剩余为 E。和均衡状态相比而言，B 地区消费者剩余的净变化为：$\Delta CS_B = (E + G + H) - E = G + H$。与价格水平为 P_2 相比较，其生产者剩余的净变化为：$\Delta PS_B = -(F + G + H)$。因此，B 地区的社会福利总变化为：

$$\Delta W_B = \Delta CS_B + \Delta PS_B = (G + H) + [-(F + G + H)] = -F$$

综合上述，在水权不可交易的情形下，如果初始水权的配置量和地区对水资源需求量不相等，就会存在水资源配置中的福利损失，其总损失额为：

$$\Delta W = \Delta W_A + \Delta W_B = (-C) + (-F) = -(C + F)$$

若地区 A 和地区 B 之间存在水权交易，B 地区把多余的水量（$Q_B^1 - Q_B^2$），按照 P_2 的价格出售给 A 地区，在没有交易成本存在的情况下 B 地区增加的收益为：$\Delta TR_B = F + G$。与没有水权交易相比较，因为水权交易使 B 地区的福利额外增加了 F。而 A 地区在购入 B 地区的水量中需求支付的货币量为 M，而其福利会增加 C。水权交易使该流域社会总福利增加量为：（F + C）。因此，水权交易的开展，可以有效减少无交易所带来的水资源配置中的社会福利损失。

四、 水权交易的微观节水效应的理论分析

（一）模型假设

通过构建基于农户行为的理论模型阐述可交易水权制度对于农户行为的影响。本书以农业用水定额及其使用权表示农户水权。并做出如下假设条件：

（1）农户既可以在市场上出售水权也可以在市场上购买水权。

（2）农户的水权交易是临时水权交易，即水权交易不会改变农户的灌溉用水定额。

（3）农户只种植一种作物，使用一种灌溉技术。

（4）水价政策为从量水价。

（5）水权交易市场为完全竞争市场，即水权交易价格不受水权交易数量的影响。

（二）模型构建

农民是追求自身利润最大化的生产者，其目标函数为：

$$\max\pi = h\left[P\cdot Y(w) - w\cdot P_1 - w_m\cdot P_2 - |w_m|\cdot\frac{F}{2} - C(w)\right] \tag{1}$$

$$\text{S. t. } h\leqslant\bar{h} \tag{2}$$

$$w = \bar{w} + w_m \tag{3}$$

$$h,\ w,\ F\geqslant 0$$

式（1）中 π 表示灌溉农户的利润，h 表示农作物的耕种面积，P 表示农产品的价格，Y 表示灌溉技术的生产函数，w 表示单位面积灌溉用水数量，P_1 为当地灌溉用水水价，w_m 表示农户单位面积耕地交易的水权数量，该数值可以为正也可以为负，为正表示买进水权，为负表示卖出水权。P_2 表示水权交易价格，F 表示水权交易的交易成本，该成本由水权买卖双方平均负担。C(w) 表示单位面积灌溉成本，$\bar{h}$ 表示农户耕种面积总量，$\bar{w}$ 表示单位面积耕地灌溉定额。当 $h\cdot w\geqslant\bar{h}\cdot\bar{w}$ 时，表示该农户分配的初始水权数量不能满足其灌溉用水需求，需要从水权市场上购买水权，反之可以出售水权。

（三）模型分析

1. 若农户为水权购买者

对于在水权交易市场上购买水权的农户而言，$|w_m|$ 取正号。其灌溉用水的最优条件为对公式（1）求关于 w 的一阶导数并令其等于零。因此有：

$$P\cdot y - P_1 - P_2 - \frac{F}{2} - \frac{dC}{dw} = 0 \tag{4}$$

公式（4）中，y 表示灌溉用水的边际产出，令 $\frac{dC}{dw} = c$，则公式（4）可以变形为：

$$P\cdot y = P_1 + P_2 + \frac{F}{2} + c \tag{5}$$

公式（5）左边表示该农户使用水资源的边际收益产品，右边表示该农户使用水资源的边际要素成本，边际要素成本由四部分构成，分别为：灌溉用水水价 P_1，水权交易价格 P_2，其承担的水权交易成本 $\dfrac{F}{2}$ 和边际灌溉费用 c。公式（5）表明若农户为水权购买者，其使用水资源的等边际条件为边际收益产品等于边际要素成本。根据此条件可以求解出该农户使用的最优水资源数量 w^*，从而可以确定其最优水权购买数量 w_m^*。若农户为水权购买者，则其单位耕地面积使用的最优水量 w^* 大于其灌溉用水定额 $\overline{w}$。

2. 若农户为水权出售者

对于在水权交易市场上出售水权的农户而言，$|w_m|$ 取负号。其灌溉用水的最优条件为对公式（1）求关于 w 的一阶导数并令其等于零。因此有：

$$P \cdot y - P_1 - P_2 + \frac{F}{2} - \frac{dC}{dw} = 0 \qquad (6)$$

公式（6）可以变形为：$P \cdot y = P_1 + P_2 - \dfrac{F}{2} + c$ $\qquad (7)$

公式（7）进一步变形为：$P \cdot y - P_1 - c = P_2 - \dfrac{F}{2}$ $\qquad (8)$

公式（8）左边表示该农业用水的边际净收益，此边际净收益等于用水边际收益（$P \cdot y$）减去单位灌溉水价（P_1），再减去单位灌溉边际费用（c）。公式（8）右边表示该农户售水边际净收益，此边际净收益等于单位水权价格（P_2）减去其承担的水权交易成本 $\dfrac{F}{2}$。

上述分析表明，若农户为水权出售者，其使用灌溉用水的等边际条件仍然为边际收益产品等于边际要素成本。同时表明，该农户出售水权的均衡条件为自己灌溉的边际净收益等于其出售水权的边际净收益。事实上，这是合理的，是符合理性决策的。若该农户将水资源自己灌溉使用的边际净收益大于其将水资源出售时的边际净收益，则他会自己使用而不会出售，若相反，则他会多出售而减少自己使用量。所以，出售水权的均衡条件是自己灌溉的边际净收益等于其出售水权的边际净收益，根据此条件可以求解出其出售的

最优水权数量 w_m^*。从而可以确定其最优水资源使用数量 w^*。若农户为水权出售者，则其单位耕地面积使用的最优水量 w^* 小于其灌溉用水定额 $\overline{w}$。

（四）模型应用

1. 水权交易与微观农户灌溉用水数量的选择

当允许农户进行水权交易时，水权交易价格、灌溉用水水价和水权交易成本都会对农牧户的灌溉用水发生影响。

由公式（5）可知，当农户为水权购买者时，其灌溉用水的边际收益为 $MR = P \cdot y$，其灌溉用水的边际成本为 $MC = P_1 + P_2 + \dfrac{F}{2} + c$。若灌溉水价 P_1 提升，灌溉用水的边际成本增加，边际成本曲线 MC 会向左移，按照边际收益等于边际成本的原则，当边际成本左移时，灌溉用水会减少；若水权交易价格 P_2 提高，其购买水权的成本增加，边际成本曲线 MC 同样左移，灌溉用水亦会减少；若水权交易的交易成本 $\dfrac{F}{2}$ 增加，代表其购买水权的成本开支会增加，即会增加其灌溉用水的边际成本 MC，同样会导致灌溉用水减少；若灌溉边际费用 c 增加，则其灌溉边际成本增加，灌溉用水会减少。若灌溉水价 P_1、水权交易价格 P_2、水权交易的交易成本 $\dfrac{F}{2}$ 和边际灌溉费用 c 下降，则会导致灌溉用水 MC 右移，灌溉用水会相应增加。

由公式（7）可知，当农户为水权出售者时，其灌溉用水的边际收益为 $MR = Py$，其灌溉用水的边际成本为 $MC = P_1 + P_2 - \dfrac{F}{2} + c$。若灌溉水价 P_1 提升，灌溉用水的边际成本增加，边际成本曲线 MC 左移，由此灌溉用水会减少；若水权交易价格 P_2 提高，相当于自己灌溉使用的机会成本增加，客观上导致其灌溉用水的边际成本增加，边际成本曲线同样左移，灌溉用水亦会减少；若水权交易的交易成本 $\dfrac{F}{2}$ 增加，会导致 MC 曲线右移，代表其出售水权的成本开支会增加，其出售水权的净收益减少，会导致自己减少水权出售数量，增加灌溉用水；若灌溉边际费用 c 增加，则其灌溉边际成本增加，灌溉用水会减少。若灌溉水价 P_1、水权交易价格 P_2 和灌溉边际费用 c 下降，则会导致灌溉用水 MC 右移，则灌溉用水会相应增加；若水权交易成本 $\frac{F}{2}$ 下降，会导致其出售水权的净收益增加，其出售的水权数量会增加，自己灌溉用水数量会减少。

2. 水权交易与农户灌溉技术的选择

选择何种灌溉技术，直接影响灌溉费用 C，进而影响灌溉边际费用 c。假设农户采用一项新的灌溉技术导致边际灌溉费用 c 上升，同时也会导致灌溉生产函数 Y 发生变化，进而会影响灌溉边际产出 y。

当农户为水权购买者时，由公式（5）可知，其灌溉用水的边际收益为：$MR = P \cdot y$，其灌溉用水的边际成本为：$MC = P_1 + P_2 + \frac{F}{2} + c$；当选择新的更有效率的灌溉技术时，边际灌溉费用 c 上升，同时灌溉边际产出 y 上升；当其他条件不变时，若 $y > c$，该农户即使在边际灌溉费用增加时也会选择新的灌溉技术，反之则宁愿使用原来低效率的灌溉技术。当农户为水权出售者时，由公式（7）可知，其灌溉用水的边际收益为 $MR = P \cdot y$，其灌溉用水的边际成本为 $MC = P_1 + P_2 - \frac{F}{2} + c$，当其他条件不变时，其结论与农户为水权购买者相同。

当农户是原有灌溉技术水平下的水权购买者。灌溉技术的选择会影响灌溉用水量，假设采用新的灌溉节水会节约用水量，可以使原技术下购买水权的农户不购买水权，但由此导致灌溉费用增加。农户此时如何决策受水权交易价格 P_2 的影响。若水权交易价格 P_2 的下降幅度大于采用新的灌溉技术的单位灌溉费用的增加幅度，即 $|-\Delta P_2| < c$，该农户宁愿选择购买水权满足用水需求也不愿采用新的灌溉技术；反之，则采用新的灌溉技术代替购买水

权。即水权交易价格越低，农户采用新技术节约水量代替购买水权的动机就越弱。当农户为水权出售者时，若其采用新的灌溉技术可以节约更多水量并出售更多水权，但同时会导致其边际灌溉费用增加，若水权交易价格 P_2 的上升幅度大于采用新的灌溉技术的单位灌溉费用的增加幅度，即 $\Delta P_2 > c$，此时，该农户会采用新灌溉技术节水并出售水权。此种情形会产生双重节水效应，根据 $MC = P_1 + P_2 - \dfrac{F}{2} + c$，当采用新的灌溉技术时，$c$ 上升，同时水权交易价格 P_2 上升，均会导致灌溉用水的边际成本曲线 MC 向左移动，其自身使用灌溉用水的数量会大幅度下降，由此导致其出售水权的数量会增加。水权交易价格越高，水权出售者采用新技术节水并出售更多水权的动机就越强。

农户是否选择新的灌溉技术还受到国家水价政策的影响。若水价较高，采用新的灌溉技术节约用水所减少的水费开支会大于采用新技术所增加的成本，此时农户就会积极采用新的灌溉技术。若水价较低，导致采用新的灌溉技术节约用水所减少的水费开支不足以弥补采用新的灌溉技术的成本开支，则采用新技术的激励就弱。

3. 水权交易与农户种植结构的选择

与水权交易对农户选择何种灌溉技术的分析类似，水权交易也会对农户种植结构产生影响。对于农业生产而言，有的作物耗水量大，有的作物耗水量小。若水权交易价格较高，对于原来购买水权的农户而言，在水权交易价格较高时，通过调整种植结构节约用水减少的成本支出就较高，其调整种植结构的动机就较强。对于原来是出售水权的农户而言，通过调整种植结构节约用水的收益就越大，或者水权交易价格较高时，其选择高耗水种植结构的机会成本就越高，所以，其通过调整种植结构节约用水的动机就越强。

农户调整种植结构的动机除了受水权交易价格的影响之外，也会受到国家灌溉水价政策的影响。若水价较高，无论是水权购买者还是水权出售者，为了降低自己的灌溉成本，都会选择调整种植结构节约用水。

4. 基本结论

（1）水权交易价格、灌溉水价、灌溉费用和水权交易成本会对水权交易产生影响。当农户为水权购买者时，水权交易价格、灌溉水价、水权交易成本和灌溉费用越高，其节约用水的动机就越强，购买的水权数量就越少。当农户为水权出售者时，水权交易价格、灌溉水价越高，其节约用水动机就越强，出售的水权数量就多；而水权交易成本越高，其出售的水权数量就越少。

（2）水权交易价格、灌溉水价会影响农户对灌溉节水新技术的选择。若水权交易价格较高，对于原来的水权购买者而言，他采用灌溉新技术节水减少的成本开支数量就较大，其采用新技术的动机就强；若水权交易价格较高，对于原来水权出售者而言，他采用灌溉新技术节约用水出售水权的收益会增加，其采用新技术的动机就强。当然，农户是否采用新技术还受到采用新技术增加成本的影响，若采用新技术增加的成本太高，会抑制其对新技术采用的积极性。国家的灌溉水价政策也会对农户灌溉新技术的采用产生影响，若灌溉水价越高，则农户采用新技术的动机就越强。

（3）水权交易价格和国家水价政策也会影响农民调整种植结构节水的积极性。水权交易价格和水价越高，其调整种植结构节水的动机就越强。

第二节　水权交易正效应的实践验证

一、 东阳—义乌水权交易案例及其正效应分析

（一）东阳—义乌水权交易的背景

浙江东阳和义乌地处金华江上游，两市相邻。两市在水权交易时的水资源基本状况见表 3.1：

表 3.1　　　　　　　　2000 年东阳—义乌两市水资源基本状况

地区	总面积 （平方千米）	总人口	耕地 （公顷）	水资源总量 （亿立方米）	人均水资源量 （立方米）
东阳	1739	78.79 万	25004	16.08	2126
义乌	1103	66.06 万	22912	7.19	1132

　　资料来源：胡从枢.水权交易的经济影响研究——基于东阳—义乌水权交易案例分析［D］.浙江工商大学，2007：29.

　　从表 3.1 可以看出，东阳市水资源相对丰富，其境内有横锦和南江两座大型水库，且可供水量具有较大的开发潜力。义乌市作为全国最大的小商品城，水资源短缺程度严重，当时其市区供水能力仅为 9 万吨/天，难以满足 15 万吨/天的水资源需求。同时义乌当时提出的建成 50 万人以上的城市发展战略也受到了水资源供给瓶颈的约束。特别是义乌工业企业的发展对水质产生了严重影响，导致其本来不足的水资源更加紧张。

　　为解决水资源短缺问题，义乌市经过论证，认为从东阳引水为最佳方案。东阳方面认为，通过梓溪流域的开发和灌区改造工程，可以引水进横锦水库并新增 1.65 亿立方米的可供水量。若将其中的 1/3 转让，不会影响东阳市的用水需求，并可以获得出售水权的收入用以发展本地经济。2000 年 10 月，东阳和义乌达成水权交易协议。

（二）东阳—义乌水权交易内容

　　义乌市一次性出资 2 亿元向东阳市横锦水库购买每年 4999.9 万立方米的水使用权。义乌市每年按照实际供水量每立方米 0.1 元的价格支付综合管理费。水权交易之后水库的所有权仍然归东阳市，水库的日常运行和工程维护由东阳市负责。义乌市负责规划设计和投资建设从横锦水库到义乌的引水管工程，其中东阳市境内的引水工程由东阳市负责，但费用由义乌市承担。

东阳—义乌水权交易开创了我国水权交易先河，证明水资源配置中可以引入市场机制[①]。

（三）东阳—义乌水权交易的正效应

1. 对东阳市的经济影响

第一，水权交易之前，东阳横锦灌区灌溉维护费用按 8 元/亩的标准由各村上缴，水权交易之后，政府取消农业灌溉费用的征收，由政府财政负担灌区的维护费用。

第二，20 世纪 90 年代之前，横锦灌区农业灌溉用水需求量为 8500 万立方米。20 世纪 90 年代到水权交易之前，由于农业生产由原来的每年种植 3 季改为种植 2 季，灌区农业需水量变为 6500 万立方米。水权交易之后灌区调整种植结构，农业用水需求量下降为 4000 万立方米。

第三，通过水权交易，东阳获得了 2 亿元水权交易收入和每年约 500 万元的供水收入，并且每年还可以获得新增发电的售电收入。而节余的 5000 万立方米的交易水权东阳市的成本投入为 3880 万元。

第四，东阳市利用水权交易的收入实施了"十万农民引水工程"项目建设，以改善农民的饮水问题。

第五，水权交易之后，横锦灌区大部分村庄的农业用水可以得到保障，但是有一些农村的用水得不到有效保障，比如横锦灌区的大圆村、上周村等。

2. 对义乌市的经济影响

义乌市以 7 亿元的投资每年从横锦水库购买 5000 万立方米的水权，解决了困扰义乌经济发展的水资源短缺问题。两市水权交易完成后，义乌市的供水能力有了很大提高，形成了日均 15 万立方米的供水能力，有效保障了义乌市的用水需求。二期水权交易之后，可以使义乌的日均供水能力提高到

---

① 郑玲. 对"东阳—义乌水权交易"的再认识 [J]. 水利发展研究，2005（2）：10 - 13.

30 万立方米，充分保障义乌建立国际商贸城的目标。

二、 宁夏水权转换案例及其正效应分析

（一）宁夏水资源基本状况

宁夏地处我国西北内陆干旱地区，水资源匮乏，当地自产水资源量少，过境黄河水是支持宁夏经济社会发展的主要水资源保障。表 3.2 为 2016 年宁夏回族自治区流域分区水资源总量，从表 3.2 可以看出，2016 年，宁夏回族自治区水资源总量 9.584 亿立方米，其中地下水资源量 18.571 亿立方米，天然水地表水资源量 7.472 亿立方米，地下水和地表水资源重复计算量 16.459 亿立方米；2016 年宁夏流域分区水资源总量中，引黄灌区为 2.424 亿立方米，泾河为 2.12 亿立方米，清水河和黄河左岸区间为 1.930 亿立方米和 1.419 亿立方米，其他流域所占比例较小。

表 3.2　　　　　　　2016 年宁夏回族自治区流域分区水资源总量　　单位：亿立方米

流域分区	年降水量	地下水资源量	地表水资源量	重复计算量	水资源总量
宁夏全区	155.927	18.571	7.472	16.459	9.548
引黄灌区	13.277	14.930	1.677	14.183	2.424
祖厉河	2.090	0.029	0.087	0.022	0.094
清水河	42.809	0.854	1.573	0.497	1.930
红柳沟	3.162	0.026	0.062	0.008	0.080
苦水河	14.308	0.082	0.187	0.056	0.213
黄右区间	16.650	0.043	0.180	0.022	0.201
黄左区间	12.880	1.135	0.740	0.456	1.419
葫芦河	12.483	0.358	0.771	0.234	0.859
泾河	21.326	1.114	1.987	0.981	2.120
盐池内流区	16.942		0.208		0.208

资料来源：2016 年宁夏水资源公报。

表 3.3 为 2016 年宁夏回族自治区行政分区水资源量表。从表 3.3 可以看出，2016 年宁夏行政分区水资源总量中，固原市为 3.734 亿立方米，占宁夏全区水资源总量的 39.0%①。

表 3.3　　　　　　　　2016 年宁夏回族自治区行政分区水资源量表　　　单位：亿立方米

行政分区	计算面积（平方千米）	年降水量	地下水资源量	地表水资源量	重复计算量	水资源总量
宁夏全区	51800	155.927	18.571	7.472	16.459	9.584
银川市	7542	19.857	6.234	1.253	5.545	1.942
石嘴山市	4092	7.120	3.658	0.556	3.203	1.011
吴忠市	15999	47.644	3.716	1.109	3.492	1.333
固原市	10583	42.602	1.867	3.248	1.381	3.734
中卫市	13584	38.703	3.096	1.306	2.838	1.564

资料来源：2016 年宁夏水资源公报。

表 3.4 为 2016 年宁夏回族自治区流域分区供水量表。从表 3.4 可以看出，2016 年，宁夏全区供水量 64.891 亿立方米，其中地下水供水量 5.306 亿立方米，黄河水供水量 58.376 亿立方米，分别占总供水量的 1.5% 和 90.0%②。

表 3.4　　　　　　　　2016 年宁夏回族自治区流域分区供水量表　　　单位：亿立方米

流域分区	地下水源供水量	地表水源供水量			污水处理回用量	总供水量
		黄河水	当地地表水	小计		
宁夏全区	5.306	58.376	0.990	59.336	0.219	64.891
黄河灌区	3.436	56.435	0.038	56.473	0.149	60.058
山丘区	1.870	1.941	0.952	1.870	0.070	4.833

——————————

①② 2016 年宁夏水资源公报。

流域分区		地下水源供水量	地表水源供水量			污水处理回用量	总供水量
			黄河水	当地地表水	小计		
其中	祖厉河	0.007					0.007
	清水河	0.527		0.304	0.304	0.009	0.840
	红柳沟	0.034		0.003	0.00		0.037
	苦水河	0.035	0.083	0.013	0.096		0.131
	黄右区间	0.031	1.556	0.013	1.569	0.024	1.624
	黄左区间	0.718	0.245	0.036	0.281	0.030	1.029
	葫芦河	0.163		0.346	0.346		0.509
	泾河	0.184		0.226	0.226	0.007	0.417
	盐池内流区	0.171	0.057	0.011	0.068		0.239

资料来源：2016 年宁夏水资源公报。

根据黄河"87"分水方案，宁夏分得黄河耗水量指标为 40 亿立方米/年，宁夏将这 40 亿立方米水权扣除耗水量差值 3.338 亿立方米/年后又分配给所辖各地级市和农垦系统，具体情况见表 3.5。2009 年，经宁夏回族自治区政府批准，将 40 亿立方米黄河耗水指标作为初始水权全部分配到各市县区。目前，在宁夏引黄灌区初步形成了最严格水资源管理控制指标体系、区市县三级初始水权控制体系和农民用水协会相结合的管理模式。

表 3.5　　　宁夏回族自治区各市黄河初始水权耗水量分配汇总表 单位：亿立方米

地市	干流				支流			总计			
	生活	工业	农业 + 生态		生活	工业	农业 + 生态	生活	工业	农业 + 生态	总计
			引黄水量	扬黄水量							
银川	0.2		9.5	0.155				0.2		9.655	9.855
石嘴山	0.15	0.35	3.79	0.315				0.15	0.35	4.105	4.605
吴忠		0.362	5.6	3.034	0.075	0.06	0.35	0.075	0.422	8.984	9.481

续表

地市	干流				支流			总计			
	生活	工业	农业+生态		生活	工业	农业+生态	生活	工业	农业+生态	总计
			引黄水量	扬黄水量							
中卫			4.14	1.247	0.045	0.03	0.15	0.045	0.03	5.537	5.612
固原				0.789	0.18	0.21	1.9	0.18	0.21	2.689	3.079
农垦系统			3.00	0.30						3.30	3.30
其他			0.73							0.73	0.73
全区合计	0.35	0.712	26.76	5.84	0.3	0.3	2.4	0.65	1.012	35	36.662

注：耗水量差值 3.338 亿立方米（40 - 36.662）为引水口与田间之间输水损失量，该部分水量分别计入各级渠道。

资料来源：水利部黄河水利委员会 . 黄河水权转换制度构建及实践 ［M］. 黄河水利出版社，2008.

由于历史原因和社会经济发展，导致宁夏用水结构和经济社会发展严重不协调，农业灌溉用水比重大且灌溉用水浪费严重。表 3.6 为宁夏回族自治区行政分区用水量表和耗水量表。从表 3.6 可以看出，2016 年宁夏用水总量 64.891 亿立方米，其中农业用水 57.720 亿立方米，工业用水 4.389 亿立方米，城镇生活用水 2.111 亿立方米，农村人畜用水 0.671 亿立方米，农业、工业、城镇生活和农村人畜用水占总用水量的比重分别为 88.9%、6.8%、3.3% 和 1.0%[①]；2016 年宁夏耗水总量 33.485 亿立方米，其中农业耗水量 29.067 亿立方米，工业耗水 3.125 亿立方米，城镇生活耗水 0.622 亿立方米，农村人畜耗水 0.671 亿立方米。农业、工业、城镇生活和农村人畜耗水占总耗水的比重分别为 86.8%、9.3%、1.9% 和 2.0%。如何通过制度创新，提高水资源使用效率并满足工业用水需求是宁夏经济社会发展中必

---

① 2016 年宁夏水资源公报。

须解决的实际问题。

表 3.6　　**2016 年宁夏回族自治区行政分区用水量和耗水量表**　　　　单位：亿立方米

行政分区	总用水量		城镇生活用水量		农村人畜用水量		农业用水量		工业用水量	
	合计	其中地下水	合计	其中地下水	合计	其中地下水	合计	其中地下水	合计	其中地下水
银川市	16.197	2.036	1.151	1.134	0.127	0.127	13.893	0.159	1.026	0.616
石嘴山市	9.911	1.143	0.316	0.294	0.054	0.054	8.651	0.215	0.890	0.580
吴忠市	15.291	0.893	0.315	0.287	0.213	0.138	14.308	0.212	0.455	0.256
固原市	1.461	0.538	0.15	0.037	0.149	0.023	1.081	0.449	0.081	0.029
中卫市	11.907	0.683	0.179	0.164	0.128	0.114	11.192	0.261	0.408	0.144
宁东	1.670	0.013					0.141		1.529	0.013
农垦系统	6.155						6.155			
其他	2.299						2.299			
宁夏全区	64.891	5.306	2.111	1.916	0.671	0.456	57.720	1.296	4.389	1.638
行政分区	总耗水量		城镇生活耗水量		农村人畜耗水量		农业耗水量		工业耗水量	
	合计	其中地下水	合计	其中地下水	合计	其中地下水	合计	其中地下水	合计	其中地下水
银川市	6.761	0.756	0.337	0.332	0.127	0.127	5.690	0.096	0.607	0.201
石嘴山市	4.169	0.445	0.092	0.086	0.054	0.054	3.557	0.129	0.466	0.176
吴忠市	9.138	0.488	0.093	0.085	0.213	0.138	8.604	0.163	0.228	0.102
固原市	1.128	0.402	0.047	0.011	0.149	0.138	0.886	0.359	0.046	0.009
中卫市	7.006	0.407	0.053	0.049	0.128	0.114	6.568	0.197	0.257	0.047
宁东	1.662						0.141		1.521	
农垦系统	2.472						2.472			
其他	1.149						1.149			
宁夏全区	33.485	2.498	0.622	0.563	0.671	0.456	29.067	0.944	3.125	0.535

资料来源：2016 年宁夏水资源公报。

（二）宁夏水权转换的内容

为缓解宁夏工业用水的短缺，2003 年 7 月，宁夏回族自治区向水利部黄河水利委员会报送了《关于请求调整 40 亿立方米黄河用水结构的函》，提出通过灌区节水改造、节水技术推广和农业种植结构调整等措施，从宁夏 40 亿立方米的黄河用水指标中调剂 8 亿立方米的水资源作为工业发展后备用水。但宁夏在无节水措施保障的条件下，仅仅对 40 亿立方米的黄河用水进行调剂，难以解决宁夏经济发展的水资源短缺问题。于是黄河水利委员会建议宁夏通过水权转换来解决经济发展的用水需求。2003 年 9 月，宁夏水利厅向黄河水利委员会报送《关于近期工业项目用水开展水权转换试点工作的请求》，黄河水利委员会及时回复并同意宁夏开展水权转换试点，其水权置换的基本思路是"农业资源节水——水权有偿转让——工业高效用水"，主要依靠工业企业投资农业节水项目置换农业水权。所选水权转换项目主要集中于青铜峡河西灌区、青铜峡河东灌区和卫宁灌区，转换项目主要包括宁夏灵武电厂一期工程、宁夏大坝电厂三期扩建工程和宁东马莲台当电厂一期工程等。

青铜峡灌区是大型自流引水灌区，包括河东灌域和河西灌域。主要有惠农渠、唐徕渠等 18 条总干渠，干渠总长 1066 千米，灌区水权转换之前的基本情况见表 3.7。

表 3.7　　　　　　　　水权转换之前青铜峡灌区自流引水灌区状况

渠系名称	年引水量 （亿立方米）	引水能力 （立方米/秒）	渠道长度 （千米）	砌护长度 （千米）	建筑物数 （座）
1. 河东灌区	13.948	160	222.6	61.8	618
1.1 总干渠	0.050	115	5.0	0.8	17
1.2 秦渠	5.652	65.5	90.9	9.0	219

续表

渠系名称	年引水量 （亿立方米）	引水能力 （立方米/秒）	渠道长度 （千米）	砌护长度 （千米）	建筑物数 （座）
1.3 汉渠	2.743	28.5	56.3	16.0	190
1.4 马莲渠	1.330	21	16.0	3.0	87
1.5 东干渠	4.173	45	54.4	33.0	105
2. 河西灌区	43.245	450	843.4	111.6	2602
2.1 总干渠系	3.418	450	116.1	10.8	306
（1）总干渠	0.526	450	47.1	3.4	19
（2）大清渠	1.495	25	25.0	2.4	151
（3）泰民渠	1.397	16	44.0	5.0	136
2.2 唐徕渠系	15.038	150	298	44.6	1116
（1）干渠	10.341	150	154.6	16.0	541
（2）良田渠	0.953	13	25.7	4.4	200
（3）大新渠	0.644	11	16.4	1.1	116
（4）二农场渠	2.714	30	83.3	20.5	210
（5）东一支干渠	0.386	6	18.0	2.6	49
2.3 惠农渠系	10.595	97	230.0	27.6	684
（1）干渠	5.093	94	139.0	14.5	339
（2）昌傍渠	2.708	35	69	4.6	250
（3）官泗渠	2.794	5	22.0	8.5	95
2.4 汉延渠	7.470	80	86.6	4.0	308
2.5 西干渠	6.724	60	112.7	24.6	188
合计	57.193	610	1066.0	173.4	3220

资料来源：水利部黄河水利委员会. 黄河水权转换制度构建及实践［M］. 郑州：黄河水利出版社，2008.

水权转换之前的青铜峡灌区水利工程标准低，老化失修，配套不全，各级渠道衬砌率低下，导致渠系灌溉用水利用系数低下。同时灌区高耗水作物种植面积较大，经济效益高、用水量少的经济作物和饲草种植面积小。因此，灌区节水潜力大，这为水权转换提供了条件。2003 年 4 月黄河水利委员会同意宁夏开展水权置换试点，试点基本情况见表 3.8。

表 3.8　　2003 年黄河水利委员会批复宁夏黄河水权部分试点项目情况

建设项目	装机容量（兆瓦）	年新增取水量（万立方米）	节水措施	工程投资（万元）
大坝电厂三期扩建	2×600	1500	衬砌青铜峡河东灌区汉渠干渠 32 千米和灵武市 8 条支斗渠共 17.8 千米	4932.7
宁东马莲台电厂工程	4×300	1850	衬砌青铜峡河西灌区惠农灌区 25 千米、平罗县和惠农县的 13 条支斗渠共 32.2 千米	5760.9
灵武电厂一期工程	2×600	1110	衬砌青铜峡河西灌区唐徕渠灌区 13.82 千米，支斗渠 245.65 千米	4464

资料来源：水利部黄河水利委员会. 黄河水权转换制度构建及实践 ［M］. 郑州：黄河水利出版社，2008.

在上述 3 个水权置换试点项目之后，宁夏继续推进水权置换工作，典型的水权置换项目见表 3.9。

表 3.9　　　　　　　近期宁夏部分水权置换项目情况表

项目名称	水权出让方	实施年份	转让水量（万立方米）	水权转让费用（万元）		
				工程建设维护更新改造费用	补偿费	总费用
青铜峡铝业股份有限公司异地改造项目二期工程	七星渠灌域	2010	700.8	6164.1	864.9	7049
中石油宁夏石化分公司 45 万吨合成氨和 80 万吨尿素国产化大化肥项目	汉渠灌域	2011	627.3	7457.2	414	7871.2

续表

项目名称	水权出让方	实施年份	转让水量（万立方米）	水权转让费用（万元）		
				工程建设维护更新改造费用	补偿费	总费用
国电英力特45万吨醋酸乙烯和10万吨聚乙烯醇项目	青铜峡河西灌域	2011	3705	10911.7	1638.4	12550.1
银川中科环保电力有限公司银川生活垃圾焚烧发电项目	泰民渠灌域	2012	138.5	2683.9	197	2880.9
宁夏宝塔联合化工有限公司15万吨·每年电石联产和5万吨·每年二醇和草酸项目	惠农渠灌域	2012	388.8	8122.9	172.2	8295.1
宁东发电有限公司水洞沟电厂二期项目	第二农场区	2013	94.39	1843.4	506.1	2349.5

资料来源：钟玉秀等．灌区水权流转制度建设与管理模式研究——以宁夏中部干旱带扬黄灌区与补灌区为例［M］．北京：中国水利水电出版社，2016.

　　2014年，宁夏被水利部确定为水权改革试点省份，自开展水权试点以来，宁夏通过发放取水许可证、水权证的形式，将水权进一步细化分解到工业和服务业企业、乡镇、农民用水协会和农业用水户。2016年10月，宁夏颁布了《宁夏水资源管理条例》，条例明确了宁夏回族自治区在水资源确权、水资源用途管制和水权交易等方面的条款，为深化水权水市场改革提供了法律依据。《宁夏水权交易管理办法（试行）》《宁夏水权收储管理办法（试行）》和《宁夏水资源使用权用途管制办法（试行）》的印发，为宁夏开展水权收储和水权交易等工作提供了政策依据①。宁夏水权改革试点实施3

---

　　① 裴云云．解锁缺水"魔咒"！3年省水7亿方宁夏水权试点在全国率先通过验收［N］．宁夏日报，2017－11－26.

年来，试点目标顺利完成，农业确权水量为 45.64 亿立方米，工业确权水量 1.27 亿立方米，累计交易水量 1500 多万立方米①。截至 2018 年 1 月，宁夏已开展水权交易项目 20 个，批复转换水量 16992.9 万立方米，实现了工业投资农业节水、农业节水满足工业用水的双赢。

（三）宁夏水权转换的正效应

1. 水权转换提升了宁夏水资源使用效率

工业企业投资农业节水置换水量导致工业企业有偿买水，促使工业企业更加注重用水效率提升。该种水权置换也促进了灌区灌溉工程面貌的改善，减少了灌溉用水渗漏，同时也有助于提升农户节水意识。宁夏通过工业投资农业节水项目置换农业水权等水权制度改革，极大提升了水资源使用效率。《2001 年宁夏水资源公报》显示，2001 年宁夏回族自治区取用水量 84.227 亿立方米，其中引扬黄河水 75.189 亿立方米；在分项用水量中，农业用水量为 78.230 亿立方米，占比达 93.0%；工业用水量 4.322 亿立方米，占比为 5.1%；城镇生活用水量 1.004 亿立方米，占比为 1.2%；人畜用水量 0.631 亿立方米，占比为 0.7%。《2016 年宁夏水资源公报》显示，2016 年宁夏用水总量 64.891 亿立方米，其中农业用水 57.720 亿立方米，工业用水 4.389 亿立方米，城镇生活用水 2.111 亿立方米，农村人畜用水 0.671 亿立方米。2016 年宁夏取用水量比 2001 年减少了 19.336 亿立方米，农业取用水量比 2001 年下降了 20.51 亿立方米，工业用水量比 2001 年增加了 0.067 亿立方米，城镇生活用水比 2001 年增加了 1.107 亿立方米，人畜用水量比 2016 年增加了 0.04 亿立方米。2001 年宁夏人均用水量 1495 立方米，万元地区生产总值（当年价）用水量 2823 立方米，万元工业总产值（当年价）

---

① 朱磊，禹丽敏. 一个缺水省份的节水经（政策解读·聚焦水权改革（下））［N］. 人民日报，2013－01－13.

用水量 132 立方米, 万元农业总产值（当年价）用水量 15839 立方米。2016 年宁夏人均用水量 961 立方米, 万元地区生产总值（当年价）用水量 206 立方米, 万元工业总产值（当年价）11 立方米, 万元农业总产值（当年价）用水量 1851 亿立方米。

2. 水权转换满足了宁夏重点工业用水需求

宁夏水权置换通过充分挖掘农业节水潜力, 解决工业用水需求, 有效解决了工业用水约束, 确保了宁东能源化工基地、石嘴山工业园区等工业项目的开工, 促进了区域经济的快速发展。先后批复了宁夏 3 个试点项目和后续 6 个水权转换项目, 转换水量 9050 万立方米[①]。目前, 包括全国重要的能源化工基地——宁东能源化工基地等 10 余个自治区重点工业项目都通过水权有偿转换获得了用水权。自 2004 年宁夏正式实施水权转换到 2018 年的 14 年间, 宁夏共实施水权转换项目 23 个, 转换黄河原水量 16395 万立方米。其中, 黄河水利委员会批复宁夏水权转换项目 10 个, 转换黄河原水量 7025 万立方米。自治区批复水权转换项目 13 个, 转换黄河原水量 9369 万立方米[②]。截至 2018 年, 宁夏全区累计向工业供水量近 10 亿立方米, 水权转换工业企业实现的工业增加值占自治区工业增加值总量的近 1/3[③]。

3. 有效改善了宁夏引黄灌区灌溉工程质量

宁夏沿黄灌区长期以来存在灌溉工程老化失修、输水跑漏严重等问题, 通过水权转换, 为农业节水和灌区灌溉工程建设筹集了资金, 有效改善了宁夏引黄灌区灌溉工程质量。自 2004 年实施水权置换到 2017 年上半年, 宁夏

---

① 马云, 苏立宁, 马如国. 宁夏水权转换工作进展及水权交易工作设想 [J]. 中国水利, 2015 (12): 32 – 34.

② 通讯员何小红, 光明日报记者王建宏. 3.82 亿元! 宁夏利通区政府向宝丰集团转换水权 1484 万方 [N]. 光明网: 2018 – 10 – 12, 网址: http://difang.gmw.cn/nx/2018 – 10/12/content_31675725.htm.

③ 记者邹欣嫒, 温竞华, 责任编辑李文龙. 宁夏: 水权转换用活 10 亿立方米黄河水 [N]. 宁夏新闻网: 2018 – 10 – 13, 网址: http://www.nxnews.net/wj/xhsknx/201810/t20181013_6060977.html.

水权转换项目节水改造工程完成砌护干渠 127.84 公里、支斗渠 189.11 公里，砌护配套建筑物 3000 余座，投资节水改造资金 24473 万元①。

4. 水权转换提升了宁夏节水社会建设水平

宁夏水权转换主要通过农业节水满足工业有偿用水需求，这种方式不仅有利于促进农业采用节水灌溉技术和调整产业结构节约用水，也有助于工业企业采用节水工艺和节水技术，对宁夏节水社会建设具有重要意义。如宁夏为促进水权交易的顺利进行，在红寺堡、盐环定、固海和固海扩灌四大扬水灌区推行"明晰水权，指标到户"工作，将水权核算到户。农业用水水权确权和水权交易的开展，使宁夏灌区农户明晰了自己的水权，增强了节水意识，改变了过去无序用水的灌溉模式，也改变了种植模式单一和种植高耗水作物的种植模式，激励农户通过调整种植结构节约用水。水权交易也使工业企业增强了水商品和节水意识，让企业逐步意识到必须开展高效节水才能降低自身的运营成本。为支持水权交易顺利进行，宁夏大力发展高效节水灌溉，到 2017 年宁夏节水灌溉面积占总灌溉面积的比重超过 30%，灌溉水利用系数提高到 0.5 以上，农业用水量不断下降。

三、　新疆昌吉州水权交易案例正效应分析

（一）昌吉州水资源基本状况

新疆昌吉回族自治州位于天山北麓、准噶尔盆地东南缘，属于中温带区，为典型的大陆性干旱气候。昌吉回族自治州下辖昌吉市、呼图壁县、玛纳斯县、阜康市、吉木萨尔县、奇台县和木垒哈萨克自治县，全州总面积 7.3 万平方公里。昌吉州属水资源缺乏地区，境内地表水以河流为主，水源

---

① 孟砚岷. 突破"瓶颈"天地宽——来自宁夏水权转换工作的报道 [N]. 中国水势，2017 - 4 - 17.

补给主要来自天山融雪水和山间泉水，长年有水河流 36 条，年径流总量 29.3 亿立方米，可利用量 24.78 亿立方米，地下水补给量 14.86 亿立方米，可开采量 12.98 亿立方米。水资源在空间上为西多东少，西三县（昌吉市、呼图壁县、玛纳斯县）6 条河流平均径流量占全州总径流量的 57%，东面县（阜康市、吉木萨尔县、奇台县和木垒哈萨克自治县）数十条河流年径流量仅占 43%。水资源时空分布的不均衡导致昌吉回族自治州河流径流量随季节性变化较大，地表水体环境容量变化显著，丰水期容量大，平、枯水期明显减少，存在季节性缺水和区域性缺水问题[1]。昌吉回族自治州水资源可利用总量为 27 亿立方米，占全疆可利用总量的 4.6%。人均拥有地表水资源仅为 1597 立方米，低于全疆 5320 立方米的平均水平，也低于全国的平均水平，同时低于国际公认的 1700 立方米的用水紧张标志点。该州单位面积产水量为 38 毫米/平方米，是全疆平均水平的 75%，全国平均水平的 13%[2]。全州高耗水、低产出的农业生产用水量所占的比例过大，农业灌溉用水占国民经济各业用水总量的 95%，灌溉水利用系数仅为 0.49，工业、城市及第三产业用水占全州总用水总量的 5%[3]。水资源紧缺和水资源配置结构不合理已成为制约昌吉州经济社会发展的重要因素。表 3.10 和表 3.11 反映了昌吉州水资源基本状况。

表 3.10　　　　　　　　新疆昌吉州水资源总量及水资源可利用量统计表　　单位：亿立方米

地表水				地下水			
河流数	平均径流量	可利用量	州属	实际年引用量	年补给量	可开采量	州属可开采量	实际开采量
36 条	29.3	24.78	19.28	15.4	14.86	12.98	9.14	12.6

资料来源：昌吉州发改委.关于新疆维吾尔自治区昌吉回族自治州主体功能区规划.昌吉州政府网（http://www.cj.gov.cn/gk/fzgg/gmjjhshfzjg/217766.htm），2017 年 7 月 17 日.

---

①②③　昌吉州发改委，关于新疆维吾尔自治区昌吉回族自治州主体功能区规划，昌吉州政府网（http://www.cj.gov.cn/gk/fzgg/gmjjhshfzjg/217766.htm），2017 年 07 月 17 日。

表 3.11　　　　　　　　　　**新疆昌吉州水资源量统计表**　　　　单位：亿立方米

州县（市）	资源量			
	地表水资源		地下水资源	
	多年平均50%（平）	来水频率75%（偏枯）	补给量	可开采量
玛纳斯县	4.18	3.83	1.96	1.67
呼图壁县	3.02	2.59	1.93	1.53
昌吉市	3.52	3.52	2.09	1.58
昌吉园区			0.13	0.09
阜康市	1.55	1.25	1.09	0.82
吉木萨尔县	2.44	1.99	1.08	0.79
奇台县	4.05	3.27	2.39	2.01
木垒县	0.93	0.74	0.93	0.65
全州	20.28	17.69	11.6	9.14

资料来源：昌吉州发改委. 关于新疆维吾尔自治区昌吉回族自治州主体功能区规划. 昌吉州政府网（http：//www.cj.gov.cn/gk/fzgg/gmjjhshfzjg/217766.htm），2017 年 7 月 17 日.

（二）昌吉州水权交易实施状况

为缓解水资源短缺，提高用水效率，2014 年昌吉州在二轮土地承包的基础上进行水价改革与水权交易试点工作。昌吉州开展了农业用水初始水权分配登记，并赋予了农业初始水权的财产权属性。只有二轮承包土地（包括牧民定居人均分配不少于 5 亩的人工饲草料地、移民安置土地、村集体按相关文件规定不超过 10% 的预留机动地）享有初始水权。按照"定额到地、赋权到户、管理到会"的目标，昌吉州七个县市均制定了农业水权分配方案，并据此将水权逐级分配到协会或农户，再通过发放初始水权使用权证将分配水权常态化、固定化。截至 2017 年 9 月，全州农业用水初始水权确定面积 466.89 万亩，发放初始水权证 14.31 万本，发放率达 100%，核定总水量 16.18 亿立方米①。

在对农业初始水权进行确权登记后，昌吉州进一步开展了水权交易，制定了初始水权节余水量交易管理办法，办法规定，农户合法取得的水权，在采用节水灌溉技术出现节余水量后，节余水量可以进行交易。水权交易可以在农户之间进行，也可以通过水量收储交易平台进行交易，小量水量可在农户之间自主进行，同时政府水权收储交易平台也可以用不低于 3 倍的执行水价回购初始水权定额内的节余水量进行交易。昌吉州农户之间的水权交易，村庄之间的水权交易和灌区之间的水权交易已经成为常态。

昌吉州农户与农户之间的水权交易要在农户用水合作组织或者协会的监管下进行，超过 1000 立方米水量的水权交易要报批水行政主管部门；所属同一渠系的村与村的水权交易经核准后在水利部门的监管下进行，所属不同渠系的村与村之间的水权交易要向双方各自所属渠系管理部门报批，并向流域管理部门缴纳相关费用后交易；灌区与灌区之间的水权交易审批依据交易水量的不同有所不同，20 万立方米以下的水权交易，经流域管理部门核准并向流域管理部门缴纳相关费用后进行交易，20 万立方米以上的水权交易，经流域管理部门核准并向流域管理部门缴纳相关费用后，同时要报县级水利部门审批，方可进行交易②。

（三）昌吉州水权交易的正效应

1. 水权交易有助于降低农户水费负担

从昌吉州水权交易的实践来看，该地区水权交易对于农户水费负担下降具有积极作用。以昌吉州玛纳斯县包家店镇塔西河村为例，该村农民用水协

---

① 田栋（记者），朱玉玲，艾力江（通讯员）. 推进农业水价改革提高用水效益——自治州推进农业水价水价综合改革纪实［N］. 昌吉日报，转载于阜康市人民政府网站（http://www.fk.gov.cn/xwzx/gzxx/800587.htm），转载时间：2017 年 9 月 17 日.

② 杨文光，朱美玲. 农业用水水权交易发展及展望［J］. 2018（7）：34 - 37.

会灌溉服务地面积 91.33 公顷，所辖农户 56 户，灌溉用水定额 6000 立方米/公顷，水价执行标准 0.077 元/立方米，应缴纳水资源费合计 42196 元，户均水资源费 753.5 元。塔西村农户通过节水技术，累计节约用水 13 万立方米，节余水量由政府水管部门按照 6 倍水价标准向用水协会回购，农户向用水协会和水权交易中心缴纳 18% 的灌溉期间应急抢修费用和 4% 的管理费，实际出售水价为 0.3003 元/立方米，通过水权交易获取收入 39039 元，农户实际承担水资源费 3157 元，户均 56.38 元[①]。昌吉州呼图壁县五工台镇龙王庙村村民陈朝侠说："每年最头疼的就是水价太高，我们 130 亩地本来应该缴纳 2 万多元水费，通过水权交易，我们才缴纳 1 万多元"[②]。

2. 有助于为节水提供内生动力

构建节水内生动力机制是节水型社会建设的关键，昌吉州将水权确权与水权交易相结合，为节约用水提供了内生动力。农户通过节约用水，节余的水权份额内的水量，可以在农户之间交易，政府也可以用不低于 3 倍的执行水价进行回购，为节约用水提供经济激励，有助于为节约用水提供内生动力。昌吉州推行农业水权水价综合改革，实施水权交易、推行差异化水价和节水补贴等措施，节水成效明显。全州 2016 年用水总量 30.46 亿立方米，比 2014 年下降了 4.88 亿立方米；2016 年地下水取水量 16.52 亿立方米，比 2014 年下降了 4.03 亿立方米；2016 年农业用水量 27.51 亿立方米，比 2014 年下降了 5.15 亿立方米[③]。

---

①② 马慧. 呼图壁：水权交易让农民得实惠［N］. 昌吉州政府网（www. cj. gov. cn/zgxx/tzxx/xfxx/776317. htm），2017 年 8 月 9 日.

③ 刘荣，曹波. 新疆昌吉：老百姓眼中的水价改革到底是什么［N］. 中国灌溉节水发展中心网站（http：//www. jsgg. com. cn/index/display. asp？newsid = 22098），2017 年 10 月 9 日.

| 第四章 |
水权交易政府规制的
内在逻辑

本章在对政府规制的含义及其分类进行阐释的基础上，从公共资源理论、外部性理论和信息不对称理论等角度论述水权交易政府规制的内在逻辑。从政府在水权交易市场内部组织建设中的作用和水权建设外部环境中的作用两个方面论述政府在水权交易中的作用与功能。

水权是一种具有公权性质的私权，很多国家从本源上强调水资源的公权性质，规定水资源所有权归国家，但是鉴于市场在资源配置中的效率，很多国家同时强调通过对水资源明确产权促进水资源的流转，即把水资源的使用权和流转权赋予组织或个人。制定合理水权制度的关键在于寻找水资源公有产权和私有产权之间的最佳契合点。我国长期以来实行的公用水权制度所导致的水权模糊已经成为制约我国水资源合理利用的障碍，我国水权制度改革的重要方向是明确水资源产权，促进水资源市场交易。但是水权的双重属性决定了政府在建立现代水权中扮演不可替代的角色[1]。在内蒙古沿黄地区可

---

① 李光丽，霍有光. 政府在现代水权制度建设中的作用 [J]. 水利经济，2006 (3)：58 – 61.

交易水权制度构建过程中，政府为了克服水权交易中的市场失灵，提高水权交易的质量和效益，维护水权交易中的公共利益，需要对水权交易进行必要的规制。

第一节　政府规制的含义和分类

一、　政府规制的内涵

"规制"是规制理论和规制经济学中的一个重要概念，不同的学者对于规制的内涵和外延在理解上存在差异。学者们从不同角度对规制内涵进行了分析，并形成了一些观点。

植草益认为规制是按照一定的规则对构成特定社会的个人和构成特定经济的经济主体的活动进行限制的行为，并且从规制主体的角度把规制分为私人规制和公的规制两种，其中公的规制是社会公共机构按照一定的规则对经济活动主体的活动进行限制的行为[①]。丹尼尔·F. 史普博认为规制是由行政机关制定并执行的用以直接干预市场机制或者间接改变企业和消费者供需决策的规则或特殊行为[②]。《新帕尔格雷夫经济学大辞典》把规制定义为政府控制企业的价格、销售和生产而采取的各种行为或规则，如制定价格或者规定产品的质量标准等[③]。萨缪尔森（Samuelson）和斯蒂格利茨（Stigliz）在他们各自著作的《经济学》中对规制的定义也做了分析，萨缪尔森将政府规

---

① 〔日〕植草益. 微观规制经济学〔M〕. 北京：中国发展出版社，1992.

② 丹尼尔·F. 史普博（著），余辉，何帆，钱家骏，周维富（译）. 管制与市场〔M〕. 上海：上海三联书店、上海人民出版社，1999.

③ 约翰·伊特维尔，默里·米尔盖特，彼得·纽曼. 新帕尔格雷夫经济学大辞典〔M〕. 北京：经济科学出版社，1996. 转引自：徐晓慧，王云霞. 规制经济学〔M〕. 北京：知识产权出版社，2009.

制限定在政府对产业行为的限制上，斯蒂格利茨把政府规制外延进行了扩展，认为政府对产业的保护、扶持、产业结构的合理化与产业结构的升级等都是政府规制[1]。尽管学者们对政府规制的定义存在一定程度的差别，但是这些学者都认为政府规制的主体是政府行政机关或社会公共机构，其主要手段是凭借政府权威制定和实施的各种规则与制度，刺激相关利益主体按规则办事。

从规制产生的过程来看，规制是市场经济演进的结果[2]。从经济学发展历程来看，从古典经济学到新古典经济学都主张通过市场这只无形之手调节经济，政府在经济活动中应当充当"守夜人"的角色，无须对经济生活进行干预和调节。不可否认，市场机制的分散决策所导致的资源配置被证明是合理和高效的资源配置方式，但是市场机制不是万能的，市场有其失灵的方面并会因此而引发诸多经济和社会问题。如在市场自由竞争过程中产生的生产和资本的高度集中容易形成垄断，而垄断对社会福利和资源配置会造成负面影响，市场在赋予人们自由竞争权利的同时也赋予了人们垄断的权利，垄断是市场机制自身无法克服的，需要政府必要的规制，规制理论的研究在很大程度上是源于对自然垄断的规制。在现实经济活动中，经济活动所产生的外部性普遍存在，且这种外部性往往不受产业边界的限制，外部性的存在造成社会成本和私人成本、社会收益和私人收益的差异并因此会影响资源配置。由于外部性的存在，某一经济活动对外部所造成的有害或者有利的影响无法通过市场价格反映出来，从而使得价格机制所传递的信息失真，难以引导资源配置达到帕累托最优状态。由于信息不对称的存在，使得某些经济主体在自身私利驱动下，不惜牺牲社会和公众利益，如假冒伪劣、环境污染等，这些行为严重威胁公众健康，损害社会经济有序进行并削弱经济持续增长的能力。

---

① 杨建文．政府规制——21世纪理论研究思潮［M］．北京：学林出版社，2007．
② 谢地．政府规制经济学［M］．北京：高等教育出版社，2003．

由此可见，政府规制是指政府相关机构依据一定的规则对构成特定社会的个人和构成特定经济的市场主体的活动进行限制或鼓励的行为，是基于自由市场机制的失灵并引发的经济和社会问题而产生的，是对市场失灵的制度回应，是政府为实现既定的公共目标和增进社会福利，对微观经济主体进行的规范和制约性政策与措施，主要包括对微观主体的进入、退出、价格以及对涉及公众安全、健康和环境方面的行为进行的必要监督和管理。政府规制是现代市场经济不可或缺的，是对市场缺陷的一种弥补，与市场机制并不相悖，某种程度上，政府规制是为了市场机制更加完善而有效。应当指出的是规制不是强政府的控制，也不是计划经济管制的复归，而是给失灵的市场找回市场机制发挥作用并与现代政府治理相连接的制度安排。所以政府规制不仅是一个政府要不要规制的问题，也是一个政府如何规制的问题，因此，政府规制的质量同样不容忽视①。

二、　政府规制的分类

按照不同的标准，可以将规制分为不同的种类。

（一）私人规制和公共规制

按照规制的主体不同，可以将规制分为私人规制和公共规制两类。私人规制是私人为达到个体目标所进行的规制，最典型的表现如父母对子女的约束和管教，企业对员工的管理和监督；公共规制是由社会公共机构为达到既定公共目标对私人及社会经济主体进行的规制。按照植草益的观点，公共规制主要包括司法机关进行的规制、行政机关进行的规制和立法机关进行的规制②。我们所讲的政府规制属于公共规制范畴。

① 谢地．规制下的和谐社会［M］．北京：经济科学出版社，2008.
② 植草益．微观规制经济学［M］．北京：中国发展出版社，1992. 转引自：徐晓慧，王云霞．规制经济学［M］．北京：知识产权出版社，2009.

（二）经济性规制和社会性规制

按照规制的性质不同可以将规制划分为经济性规制和社会性规制。经济性规制是指对存在自然垄断和信息偏在的领域进行的，为提高资源配置效率、确保需求者对于产品和服务的公平使用，对企业的进入、退出、价格和质量等方面的活动所进行的规制。经济性规制的主要领域是自然垄断领域。经济性规制的主要手段包括许可制、审批制和收费标准规制；社会性规制是以保障安全、健康、卫生、环境保护和防止灾害为目的，对物品和服务的质量及伴随着提供它们而产生的各种活动制定的一定标准并禁止和限制特定行为的规制。

（三）竞争性规制和保护性规制

按照规制的目的不同，可以将规制分为竞争性规制和保护性规制两类。竞争性规制是指政府机构为规范经济主体的行为而采取的对特许权和服务权的分配措施，如国家对电信运营特许权和服务权的分配；保护性规制是指政府机构为维护公共利益而设置的一系列限制私人的行为，如政府为保护消费者权益而规定的禁止企业生产假冒伪劣产品的规定。

（四）直接规制和间接规制

按照规制的手段不同，规制可以分为直接规制和间接规制两类。所谓直接规制是指为防止自然垄断、外部性和社会经济中不期望出现的市场绩效为目的，通过政府认可或许可的法律手段直接介入经济主体的规制；间接规制是不直接介入经济决策主体，为形成和维持良好秩序与有效发挥市场机制职能的规制。

第二节　水权交易政府规制的理论依据

水权交易政府规制源于水权交易中的市场失灵。市场失灵既有微观层面的表现，也有宏观层面的表现。垄断、外部性、公共产品和信息不对称是微观层面市场失灵的表现，而收入分配的不均等、经济的周期性波动等问题则是市场失灵在宏观层面的表现。经济学界在考察市场失灵时较少考察宏观层面的原因，集中分析微观层面的市场失灵，认为市场失灵是指帕累托最优的条件没有得到满足时的情形。本书在分析市场失灵时沿用了理论界通用的传统，主要考虑了微观层面的市场失灵。

一、　公共资源理论

（一）公共资源的内涵

按照消费物品的收益范围和消费者之间的利益关系把物品粗略地划分为公共物品和私人物品。但在现实生活中，有许多物品介于两者之间，因而产品的性质并不像理论描述的那样泾渭分明，公共物品和私人物品其实只构成了全部社会产品的两极。"非竞争性"和"非排他性"构成了公共物品特征的二重特性，但是这二重特性是独立的，"非竞争性"并不一定与"非排他性"相伴随[①]，有些物品只有"非竞争性"而不具有"非排他性"，或者只有"非排他性"却不具有"非竞争性"。

产品的识别首先要看该产品是否具有消费的非竞争性，若具有非竞争

---

① 许彬. 公共经济学导论：以公共产品为中心的一种研究［M］. 哈尔滨：黑龙江人民出版社，2003.

性，则要看该产品从技术上是否具有非排他性，如果不具有排他性或排他的成本太高，则该产品属于纯粹公共物品；若该产品具有消费的竞争性和排他性，则该产品属于私人物品；若该产品不具有竞争性但具有排他性，则该产品属于俱乐部产品；若该产品具有竞争性但不具有排他性，则该产品属于共同资源（公共资源）。

以二维标准（竞争性和排他性）对商品进行识别时，不同学者的结论不尽一致。曼昆（N. Gregory Mankiw）在其《经济学原理》中做了如下划分（见表4.1）。

表4.1　　　　　　　　　　　　　曼昆的产品分类

		竞争性	
		是	否
排他性	是	私人物品	自然垄断产品
	否	共有资源	公共物品

资料来源：N. Gregory Mankiw. 经济学原理（第三版）[M]. 北京：清华大学出版社，2006.

奥斯特罗姆夫妇根据产品消费的共同性与排他性的不同特点，将产品分为私益物品、公益物品、可收费物品和公共池塘资源物品（见表4.2）。

表4.2　　　　　　　　　　　　　奥斯特罗姆的产品划分法

		使用中的共同性	
		分别使用	共同使用
排他性	是	私益物品 （面包、汽车等）	收费物品 剧院、有线电视、图书馆等
	否	公共池塘资源 （地下水、草场资源等）	公益物品 （国防等）

资料来源：许彬. 公共经济学导论：以公共产品为中心的一种研究 [M]. 哈尔滨：黑龙江人民出版社，2003.

公共资源是一种由自然或人为造成的，具有消费主体的非排他性和消费的竞争性的资源。公共资源是一种不完全的公共物品，无论其边际成本还是边际拥挤成本都大于零，或者说公共资源在进入和使用上虽不受限制但却是稀缺的。

按公共资源的进入受限程度，公共资源可以分为公共进入式的公共资源和封闭进入式的公共资源。公共进入式的公共资源是指没有人对该资产拥有受准许的产权，如公共海域的水资源，大气层等。封闭进入式的公共资源是指一个界定良好的由集体共同拥有的财产①；从公共资源的自然性出发，可以将公共资源分为公共自然资源和公共人造资源；从公共资源的再生性出发，可以将公共资源分为可耗竭公共资源和可再生公共资源②。公共自然资源是指自然界天然存在的具有消费的竞争性而不具有消费的排他性的资源，如天然存在的森林、牧场、河流湖泊等。公共自然资源是人类赖以生存和发展的客观物质基础，是人类商品生产的重要原料来源和布局场所。随着社会生产的不断发展，人类对公共自然资源的利用广度和深度不断提高，公共自然资源的拥挤程度和利用中的冲突也在不断提高；公共人造资源是人们在生产和生活实践中通过加工或生产的具有竞争性和非排他性的物品，这些物品人们无法将其私有化，或者由于技术条件或社会目标，人们不能或者不愿将其私有化，在人造公共资源消费中同样会存在消费拥挤的现象；从公共资源的可耗竭程度划分，公共资源可以分为可耗竭的公共资源和可再生的公共资源。可耗竭公共资源是指初始禀赋固定、不具有自我繁殖能力和不能运用自然力增加蕴藏量的自然资源，如矿产资源；可再生公共资源是指能够通过自然力保持其蕴藏量的公共资源。可再生公共资源在合理利用的前提下，可以自我生产，如水资源等。但是可再生公共资源若使用不合理也会枯竭。在现

---

① 孙波. 公共资源的关系治理研究［M］. 中国：经济科学出版社，2009.
② 李善民，李孔岳，余鹏翼，周木堂. 公共资源的管理优化与可持续发展研究［M］. 广州：广东科技出版社，2007.

实世界中，许多公共资源是介于可耗竭和可再生之间的，水资源就是如此。地球上的水资源是由水文系统支配的连续的水循环系统，但这种水循环系统一旦被破坏，水资源就会由于无法进行自我生产而成为可耗竭资源。所以水资源是一种可以进行自我补充但可耗竭的公共资源①。

公共资源与公共物品在非排他性这一点上是一致的。即由于把占用者排除在使用或消费之外或者把潜在的受益者排除在外的成本很高。因此，无论是公共资源还是公共物品都存在着诱使行为主体搭便车的诱惑。公共资源与公共物品在竞争性这一点上存在重大差异。如公共渔场中的鱼等，是用一点少一点，一个占有者多攫取一些，其他占有者就会少占有一些。由于占有者机会主义地"搭便车"的攫取行为，就会使公共资源面临过度使用甚至资源流失、耗竭的危险。再如道路等人造公共资源，若"搭便车"使用的人过多，也会存在拥挤效应。总之，公共资源会因为占用者所攫取或使用的公共资源的单位的稀缺性而产生竞争性，从而使单位公共资源的单位边际成本大于零。公共物品却不具有竞争性。一个人在享用公共物品时不会减少任何其他人享用的水平。环境保护、国防、天气预报等公共服务都具有这一特征。公共物品不会因为使用者的增加而产生资源流失和拥挤效应，其边际使用成本等于零②。

（二）公共资源的"公地悲剧"

哈丁设想了一个对所有牧民免费开放的公共牧场，即牧场作为开放的公共资源具有非排他性，每个牧民通过使自己的畜群在公共牧场上放养而获得自己的收益，其所承担的成本仅仅是由于所有人的过度放牧所造成的损失而已。最终会随时间的推移出现无效率的"公地悲剧"。"公地悲剧是在一个

---

① 李善民，李孔岳，余鹏翼，周木堂.公共资源的管理优化与可持续发展研究［M］.广州：广东科技出版社，2007.

② 孙波.公共资源的关系治理研究［M］.中国：经济科学出版社，2009.

信奉自由使用公地的社会中，牧民在公地上无节制的增加自己的牲畜，每个人在追求他自己的最大利益，毁灭的结果却是所有人的目的地"[1]。

从理论渊源上来讲，霍布斯最早注意到了"公地悲剧"的问题，他从人的自然状态出发，阐释了人们最终会互相残杀的诱因是为了追求自身利益。威廉·福斯特·里奥德（William Foster Lloyd，1977）认为共有财产的使用者不会关心公共财产使用造成的后果。斯考特·戈登（H. S. Gordon，1954）在《渔业：共有产权研究的经济理论》中论述了与哈丁类似的逻辑。他认为："公有财产其实并非所有人都能享有，人们往往不珍惜所有人都可以得到的财富，当人们想使用这些财产时，却发现这些财产已被别人用光"[2]。现代资源经济学的分析得出的结论也基本相似，认为"只要共有产权资源对一部分人开放，资源的利用量就会大于经济上的最优水平。"

"公地悲剧"问题可以用因徒博弈进行说明，假定博弈中有两个参与者，共同使用一块牧场，牧场的牧畜承载量上限为 L。在这个两人博弈模型中，如果两个放牧者各放养 L/2 的牲畜，则为"合作"策略；而每个放牧者都尽量多的放牧牲畜，则为"背叛"策略。在双方"合作"策略下，两个牧羊人的获利各为 10 个单位；在双方均"背叛"策略下，两人各自获利为 0；如一方保持"合作"，而另一方"背叛"，则背叛者获利 11 个单位，而受骗者损失 1 个单位利润。

在无法达成一致约束合约条件下，双方各自选择的结果均为"背叛"策略，而当二者相互"背叛"时，各自获利均为 0，这就是公地悲剧。图 4.1 为"公地悲剧"的博弈分析。

---

①　Hardin Garrett. The Tragedy of the Commons [J]. Science, 1968 (162)：1243 - 1248.

②　Gordon. s. The Economics Theory of a Common Property Resources：The Fishery [J]. J. P. E. 1954 (4)：60 - 62.

		牧羊人1	
		合作	背叛
牧羊人2	合作	10, 10	11, -1
	背叛	-1, 11	0, 0

图 4.1　牧羊人的支付矩阵

　　囚徒困境反映了一个令人深思的问题：个体理性与集体理性的冲突。用经济学的术语来讲，个体理性选择的结果并非帕累托最优，因而不符合集体理性的要求，因为存在帕累托改进的机会[①]。将囚徒困境扩展到同一集体内部的多人博弈，也会存在个人理性与集体理性的冲突。奥尔森指出"只有在一个人数相当少的群体中，或者在强制约束下个人才会为群体的共同利益而行动，否则，追求自身利益的理性个人不会采取行为来实现共同利益"[②]。言外之意，即集体越大，人们"搭便车"的潜能越大，个人提供公共物品的消极性就越强，个人利益与集体利益的冲突就是集体行动的困境。

　　公共资源的使用者常常构成一种集体，他们在开发和使用公共资源时常常会存在集体行动，如抽水竞赛就是这种情况。图 4.2 为抽水竞赛的博弈分析。

		行动者 A	
		抽水	不抽水
行动者 B	抽水	5, 5	0, 10
	不抽水	10, 0	10, 10

图 4.2　抽水竞赛的支付矩阵

---

　　① 卢现祥，陈银娥. 微观经济学 [M]. 北京：经济科学出版社，2008.
　　② Olson, m. Jr, The Logic of Collective Action：Public Goods and the Theory of Groups [M]. Cambridge：Harvard University Press, 1965.

在争相抽取水资源的集体行动中，无论是行动者 A 还是行动者 B，都会选择抽水而不会选择节水行为。

在共有产权制度安排下，水资源是一种较为典型的公共资源，因此，在其开发利用过程中会出现"公地悲剧"，即类似于抽水竞赛的情形，每一个用水主体都会争相使用水资源，造成水资源的浪费和低效使用，最终会影响水资源的可持续利用。因此，需要以政府为主体对水资源界定产权，提高水资源的排他性，并允许水权进行交易，同时政府应该对水权交易进行必要的规制，以保证水权交易的高效和有序进行。

二、 外部效应理论

（一）外部性的含义

外部性（externality）理论起源于英国经济学家马歇尔的"内部经济"和"外部经济"理论和庇古的"外部性"概念。"看不见的手"的原理隐含着一个基本假定：社会上其他主体的福利不会受到微观经济主体（单个消费者或生产者）的经济行为的影响，即"看不见的手"的原理认为经济活动不存在"外部效应"。换句话说，微观经济主体（单个消费者或生产者）所造成的社会成本等于从其经济行为中产生的私人成本，该行为所产生的社会收益等于其所产生的私人收益[①]。但在实际经济中，经济行为不存在"外部效应"的假定往往不能够成立，经济决策主体的经济行为会产生外部效应的现象较为普遍。

外部效应是指那些在决策者的成本和收益之外，额外给他人带来成本和收益的情况。私人决策时产生的私人成本和私人收益是指其付出的成本和得到的收益，该决策所产生的社会成本和社会收益等于私人成本和私人收益分别加上带给他人的额外成本和额外收益。外部效应可以分为负外部效应（某

---

① 梁瑞华. 微观经济学 ［M］. 北京：北京大学出版社，2009.

个经济主体的某项经济行为对他人产生有害影响，而自己却并不支付赔偿）和正外部效应（某个经济主体的某项经济行为对他人产生有利影响，而自己却不能从中获得补偿）。负外部效应会导致社会成本大于私人成本，正外部效应会导致社会收益大于私人收益。外部效应会使资源配置偏离帕累托最优状态，即使完全竞争的经济中，由于外部效应的存在，整个经济也不可能实现资源配置的帕累托最优状态。当存在外部不经济时，私人经济活动的总水平大于社会所要求的最优水平；当存在外部经济时，私人经济活动的总水平小于社会所要求的最优水平。

如图4.3，MR 表示某厂商的边际收益曲线，MC 为其边际成本曲线。由于存在外部不经济，所以社会边际成本大于私人边际成本，从而私人边际成本在社会边际成本曲线的下方，社会边际成本由曲线 MC + ME 表示。社会边际成本与私人边际成本的垂直距离 ME 表示边际外部不经济，即该厂商每变化一单位生产所导致的社会上其他人成本的变化额。该厂商为了最大化自身利润，会把产出确定在 MR = MC 处，此时产出为 Q_1。但社会收益最大时要求 MC + ME = MR，此时产出为 Q_2。因此，当存在外部不经济时，私人经济活动的总水平大于社会所要求的最优水平。

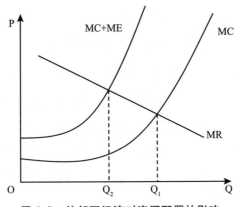

图4.3 外部不经济对资源配置的影响

如图4.4，MR 表示私人边际收益，MR + ME 表示社会边际收益，MC 表示边际成本。社会边际收益与私人边际收益的垂直距离表示边际外部经济，即该厂商每增加一单位生产所引起的社会上其他人所增加的收益。显然，当私人利润最大时的产出水平为 Q_3，而社会所要求的最优产出为 Q_4。因此，当存在外部经济时，私人经济活动的总水平小于社会所要求的最优水平。

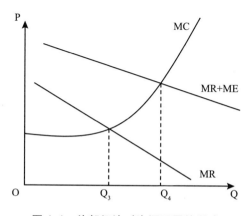

图 4.4 外部经济对资源配置的影响

外部性是市场机制失灵的表现。针对外部性所造成的资源配置失当，管制、庇古税、补贴以及规定产权等措施通常被各国所采取。

（二）水权交易中的外部效应

水权交易中的外部效应是由于水权交易产生的水资源使用的变化，包括水资源用途、使用地点和使用时间的变化等带来的外部效应。水权交易的外部效应分为外部正效应和外部负效应。水权交易对他人产生的有利影响但没有得到应有的补偿被称为水权交易的外部正效应，水权交易给他人带来损失，但交易主体没有为之付出成本被称为水权交易的外部负效应。

水权交易的正外部效应主要包括：水权交易的生态正效应、水权交易的经济正效应和水权交易的技术进步正效应。水权交易的生态正效应主要是指水权交易过程中，特别是下游地区购买上游地区的水权，会增加河道流量从而产生恢复生态和保护物种的作用。如位于内蒙古阿拉善盟额济纳旗境内的曾经水草丰美、物产丰饶的东居延海，由于人类的过度开发与利用，严重破坏了河流生态系统，导致诸多支流干涸。2000 年后通过张掖地区的水权交易和对黑河水量统一调度，东居延海湖区生态系统逐步恢复，地下水位逐渐升高，土壤含水量逐渐增加，东居延海湖区周边如今经常能见到天鹅、灰雁、黄鸭等珍稀动物，曾经消失的黑河尾间特有鱼类大头鱼重现东居延海。东居延海周边植被也大面积恢复。东居延海生态的恢复正是张掖地区水量调度和水权交易的外部正效应的体现。水权交易的当地经济正效应主要是指水权交易带给当地经济发展的有利影响。例如，水权交易使用水者认识到了水资源的重要经济价值，激励节水设施投资，刺激种植结构调整，实现节约用水并满足工业和其他部门的用水需求，实现更高的经济收入和财政收入。在我国西部地区，由于初始水权多数分配给农业，新增工业用水中的相当一部分通过水权交易从农业领域获得，水权交易实现了水资源从低价值使用到高价值使用的转让，可以促进农业节约用水，避免了无偿或低偿使用农业用水带来的损失，还有利于当地产业结构的调整和当地经济的发展。水权交易所带来的技术进步和技术创新共同构成了水权交易的技术进步正效应。例如，农业水权持有者通过对节水设施的投资，种植结构的调整，农业供水设备的改进等措施，刺激农业供水设备和农业节水设施方面的技术创新。再如，为了降低水资源在交易途中的损耗率，水权交易还要求具备完善的干支渠系，该措施有助于促进渠道衬砌技术的不断改进和创新。

　　水权交易的负外部效应主要包括水权交易的水资源供给可靠性负效应、水权交易对农业经济负效应、水权交易的回流水负效应和水权交易的水质负效应等。水资源供给的可靠性是在一定时间内水权持有者获得一定水量的可能性。如果上游或干流的水权持有者将水权转让或交易给消耗型用水户，则可能减少下游或支流水量并恶化水质，降低这些地区用水者水资源的可靠性供给，导致其用水量减少或无水可用。水权交易的当地农民和农业经济负效应主要体现在由于水权交易导致的基于水量的地方经济的衰落。如果水资源在工业部门或其他部门有更高的价值体现，灌区通过水权交易将其所分配的水资源使用权出售给工业或者其他非农业部门，会导致水资源"农转非"加快，长期而言，若灌区水权出售超过一定界限会导致农业产量下降，威胁粮食安全。水权交易的水量回流负效应是指水权交易对水量回流产生的负面影响。水资源在其消费中未被完全使用，则会以水量回流①的方式继续被其他水使用者使用②。自然生态系统需要最小的回流水量来维持。水权交易在提高了水资源的利用效率的同时，也可能引起回流水的减少，威胁流域生态系统。同时水权交易中可能要求开启新的渠道，增加水资源的渗漏和蒸发，导致川流水量的减少。水权交易也可能对水质造成负面影响。一般而言，工业用水所排放出的污水成分复杂，对水质影响较大，有时由于工业污水会对周围动植物造成毁灭性的影响。如果水资源从农业用水交易到工业用水，可能对沿岸的植被和湿地产生负面影响，并恶化下游水质。

　　水权交易的外部效应是由水权交易所导致的水质和水量的变化所引起的。为实现经济社会的健康发展和水资源的持续利用，河流必须维持一定的径流量以维护河道内外的生态环境和河道本身的基本权利。同时必须对河流所容纳的污染物进行控制，若污染物排放超标，会导致水质污染，危害流域其他用水户的利益，也会危害流域动植物的存活，进而危害流域生态环境。因此，水权交易的一个基本原则是水权交易所导致的水质和水量的变化应在确保水资源可持续利用的限度内进行。水权交易的外部效应的矫正需要政府必要的规制。

---

　　① 水量回流是指以某种可以被接受的水质标准进入地表水或地下水，继续被其他水使用者使用的情况。

　　② 刘红梅，王克强，郑策. 水权交易中第三方回流问题研究 [J]. 财经科学，2006（1）：58－65.

三、 信息不对称理论

（一）信息不对称的含义及影响

信息不完全是指市场中的参与者不能获得所需要的全部信息，其产生原因或者是由于人的认识能力有限，或者是因为信息搜寻成本太高。在信息不完全的市场中，市场价格不能灵敏反映市场供求状况，价格机制难以充分发挥其协调供求关系和优化资源配置的功能；信息不对称是信息不完全的一种情况，是指一些人对于某些事情掌握的信息比另一些人对该事情掌握的信息多，其实质是指在相互对应的经济个体之间的信息呈现不均匀和不对称分布的状态。

信息不对称会产生逆向选择。逆向选择与人工选择和自然选择相对应，所谓逆向选择是指由于信息不对称的存在，拥有信息少的一方最终做出不利于另一方的选择行为。例如，在市场上买方并不完全拥有关于商品内在品质的信息，但他们设想卖方会利用信息优势欺骗买者。因此，买者会把所有的商品都作为伪劣产品，导致优质的产品在竞争中会处于劣势，最终退出市场。这种逆向选择不利于生产合格产品的卖者，也不利于整个市场的交易活动。

信息不对称情况下产生的另一问题就是道德风险。道德风险是指交易双方在签订交易契约之后，为追求自身利益最大化，拥有信息优势的一方损害了信息劣势方的利益，但其并不承担由此所造成的后果。交易契约使交易双方建立了一种关系是道德风险产生的原因，因为在这种关系中占据信息优势一方的行为不会被处于信息劣势的一方观察到，最多只能观察到行为产生的不利后果，而且无法确定占据信息优势一方的不当行为与这种不利后果的产生是否有关，所以只能成为这种败德行为的受害者。道德风险的存在不仅会使处于信息劣势的一方遭受损失，而且会带来其他一些不利影响，如使市场上的道德规则遭到践踏、破坏原有市场均衡和导致社会资源配置的低效率等。

（二）水权交易中的信息交流

从人与资源的关系角度来看，水资源的信息主要包括水资源的自然状况和特征及水资源的社会状况和特征。水资源的自然状况和特征是指水资源本身所具有的、客观的事实特征及其表现，如降水量、径流量和水质等。水资源的社会状况和特征是指人与水资源相互作用所表现出的事实、关系和观念，主要包括人们利用水资源的数量、开发利用水资源的方式方法以及在开发利用过程中对水资源的理解和认识等。关于水资源自然方面的信息和社会方面的信息都包含数量与质量两个方面的内容。如河流的水文信息就包括水质和水量两个方面的测量与评价。在社会方面的信息，数量方面的表现反映人与资源相互作用的事实，质量方面的表现反映人们对资源的主观理解。水资源信息还包括水资源问题的状况及其形成原因，这类信息属于较高层次的综合信息，反映资源的现状问题和潜在问题及产生这些问题的原因。水资源问题主要包括开发利用问题和服务供给问题。水资源开发利用的问题即开发行为的外部性问题，主要包括过度开发利用问题、开发利用中的相互影响问题和共同用户内的资源分配问题等；水资源服务供给问题是指维护和保护资源，防止资源退化等所需的投资、劳动和服务等。表4.3归纳了水资源信息的维度和内容。

表4.3 　　　　　　　　　　**水资源信息的主要内容**

信息维度		地表水		地下水	
		数量	质量	数量	质量
计量信息	自然特征	降水量、河流湖泊径流量和水库容量等	地表水水质和成分等	地下水存储量、地下水水位和含水层等	地下水成分、水质和矿化程度等
	社会特征	水文趋势和社会影响分析等	人为作用、卫生影响等	影响地下水位下降的社会因素及社会影响分析	人为作用、卫生影响等

续表

信息维度		地表水		地下水	
		数量	质量	数量	质量
评价信息	自然特征	水资源需求量、可用量、资源分布、开发成本和收益等	水质评价	水资源需求量、可用量、资源分布、开发成本和收益等	水质等级、可饮用标准等
	社会特征	资源需求和利用的社会因素	文化及社会行为特征分析	资源需求和利用的社会因素	文化及社会行为特征分析
占用信息	自然特征	资源要素特征、相互作用	外部性、不确定性	资源要素特征、相互作用	外部性、不确定性
	社会特征	用水户的数量	用水户的特征	用水户的数量	用水户的特征
维护信息	自然特征	维护及其他供给投入需求量	资源退化原因	维护及其他供给投入需求量	资源退化原因
	社会特征	可提供投入的机构和用户数量	提供维护的文化和社会心理分析	可提供投入的机构和用户数量	提供维护的文化和社会心理分析

在水权交易构建过程中，尤其要重视信息的沟通和公布，赋予民众参与水权交易的利益表达权利并建立一定的机制予以保障，惟其如此，才能使水权交易顺利进行。因为在水权转换或交易过程中，会对水资源输出地的生态环境、水质水量和民众生产生活产生影响，当然也会对水资源输入地区的生态和水质等产生一系列影响，同时会对沿岸地区产生外部影响。因此，在水权交易之前，应该对交易产生的影响进行科学评估，并就交易可能产生的实际影响如实向公众公布，做到信息公开、透明，充分尊重民众知情权。但在实际水权交易中，政府或者水权购买者会对水权交易可能给水权出售者造成的负面影响进行信息的隐藏，或者他们也对水权交易可能产生的影响缺乏了解，因此造成事实上的信息不对称或者不充分，会使看似合理的水权交易产生潜在风险。特别是水权交易初期，尚未形成让广大用水者积极参与水权交

易的有效机制，同时，利益相关者缺乏水资源保护和合理利用的意识，导致他们对水权交易产生负面影响的相关信息缺乏主动获取的激励机制。另外，有些水权交易造成的影响在短期内难以显现出来，这样无论是买者还是卖者，甚至是水权交易的规制者，都难以充分了解水权交易未来所造成的各种影响。因此，对水权交易相关影响的评估除了经济效应的评估之外，还应该包括环境评估和社会评估。在评估过程中，除了短期评估之外，还应该包括中长期评估，评估信息应该客观地向利益相关者进行公布。

第三节　政府在水权交易中的角色和作用

政府在水权交易中的角色和作用主要表现在政府在水权交易市场内部组织建设中的作用和政府在水权交易外部环境建设中的作用两个方面。

一、 政府在水权交易市场内部组织建设中的作用

水权交易市场的内部组织结构主要指水权市场的组织结构、组织形式、管理机构及其相互关系，包括水权市场交易主体、交易中介和市场管理者等要素。图 4.5 为水权市场组织结构简图。

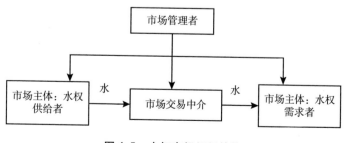

图 4.5　水权市场组织结构

政府在水权交易市场内部组织建设中的作用主要体现在如下方面。

（一）政府是水权交易的主体之一

水权交易可以发生在不同地区政府之间，上下级政府之间、用水户之间以及政府和用水户之间。所以地方政府是水权交易的主体之一。图 4.6 为水权交易市场主体示意图。

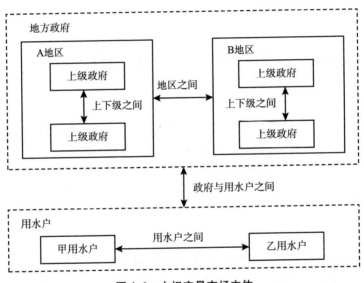

图 4.6　水权交易市场主体

地方政府可以作为水权交易的主体之一的主要原因有：第一，水权制度变迁的需要。水资源的时空分布和利用具有明显的地域特征，为了平衡区域之间的用水竞争，需要明确区域水权，并通过法律形式予以确认，以保证区域用水的稳定性和可预期性。划分区域水权之后，地方政府有资格和能力代表全区域与其他区域进行水利益方面的谈判，其他任何组织和个人无权处理。根据交易费用理论，地方政府作为区域水利益的代表可以节约交易成本。若本区域用水户直接与其他区域用水户进行谈判，就会产生高额的交易成本，而且会导致水资源的掠夺式开发和利用，出现"霍布斯丛林"现象。因此，区域水权是各地方政府代表本区域用水利益为实现区域间用水秩序和用水文明的制度设计。第二，地方政府是代表公共利益的用水户。地方政府在初始水权配置中，出于公共利益的考虑，如生态用水、应急用水和城市公共用水等需要应当分得水权。当公共利益方面的用水增加时，地方政府可以作为水权需求者在水权市场上购进水权以满足公共利益需要。当地方政府用水水权量超过公共利益用水需求时，地方政府也可成为水权供给者以出售水权。第三，地方政府是水权市场的供求调节者。地方政府出于稳定水权交易市场的考虑，有必要参与水权市场的交易，进而调节水权市场供需，稳定水权价格。如政府可以通过水权回购机制对水量和水权交易价格进行调节。

（二）政府是水权交易政策的制定者

水权交易相对发达的国家在水权市场建设方面的重要经验就是在实施水权市场之前建立了一套较为完善的政策措施，以保障水权交易的顺利进行。

我国的水权制度建设是一场自上而下的水资源管理和利用的机制改革。水权交易制度是水权制度的重要组成部分，需要政府进行规划并制定相关政策。政府在水权交易方面的政策法规应当包括如下内容：（1）出台水权交易市场建设的相关实施办法。明确水权流转市场建设、运行和管理的机构，建立水权流转市场运行规则和相关管理、仲裁和监督机制。（2）因地制宜地制定流域各层次水权交易的管理办法。包括对不同层次水权转让的条件、审批程序、权益和责任、交易方式、交易期限、计量方法、交易规则和交易价格等方面的规定。（3）规范水权交易合同文本。主要包括统一交易合同文本格式和内容等。（4）出台相关政策，规范水权交易协商制度。（5）制定相关法规，保障水权交易对第三方受损利益的补偿制度。（6）制定相关法规，规范水权交易公告制度。除水权出让主体对多余水权进行公告外，水权公告制度要规定公告的时间、公告方式、水权的水量和水质、水权转让期限和转让条件等内容。

(三) 政府是水权交易市场建设的发起者

政府是水权交易市场建设的发起者其主要原因在于：第一，水权交易市场建设属于公共产品建设，需要政府部门的参与和提供；第二，水权制度建设是一场自上而下的政府主导型的强制性制度变迁。从我国首例水权交易案例——东阳—义乌水权交易案看，该水权交易具有诱致性制度变迁的特征，但是这并不具有普遍性。我国水资源的国家所有权特征，决定了我国水权制度变迁的主要趋势和变迁特征应当是强制性制度变迁。另外，由于水资源涉及利益较广，诱致性制度变迁由于各方利益群体获取利益的不均衡性，导致诱致性制度变迁并不容易发生，这就需要政府主导进行强制性水权制度变迁。所以，在某个流域或者区域建立水权交易市场时，也需要流域管理机构或者地方政府牵头，承担水权交易市场发起者的责任。

(四) 政府是水权交易市场的管理者和服务者

中央政府、地方政府及其水行政管理部门、流域水资源管理机构和灌区水资源管理机构等是水权交易市场的管理和服务者。不同级别的水权市场管理者承担不同层次水权的管理和服务职能。各层次的水权市场管理者在水权市场建设和运作中的作用是保障各层次水权交易的正常有序进行，政府组织在水权交易中应当独立于水权买卖双方并高于买卖双方。政府的职能主要体现在服务、监督和管理。如制定水权交易的法规和政策，为水权交易双方提供关于水权交易、水价、水量和水质等方面的信息，负责监督水权交易双方执行水权交易合同的落实情况并制定政策对水权交易外部性进行矫正等。

(五) 政府是水权市场运作的调节者

政府在水权交易市场建设中的另一职能是调节市场。若水权交易市场出现较为严重的供大于求或供小于求情形，导致水权交易价格剧烈波动并可能导致水资源不合理配置时，政府可介入水权交易市场，调节市场供求状况，平抑水权交易价格，维护水权交易市场健康运行。政府对水权交易市场的调节可以采取直接介入，也可以利用水银行进行调节。

关于水银行的内涵及功能通常可以从以下两个方面界定：第一，水银行是水的汇集、积聚和储备之所，多指地下含水层蓄水储备。在美国的很多灌区都有地下水回灌工程，在丰水年购买低价水回灌到地下，利用地下水库蓄水，在干旱年缺水时，再抽出来进行农田灌溉。美国把这一做法称作水银行。通过水银行来保障农田灌溉保证率，改善水环境，缓解水资源供需矛盾①。在我国华北和西北地区地下水开采严重，由于地下水位下降形成了很多地下漏斗，因此应该建立类似的水银行在夏季收集雨水进行回灌。第二，水银行是水权交易的中介。水权交易除了水权供求双方之外，还需要类似水银行的水权交易中介。水银行可以将水权从供给者手中集中起来，再出售给水权需求者。在一些情况下，水银行还具有"做市商"的作用，以促进水权交易。事实上，水银行是"水＋银行"组成，见图4.7。

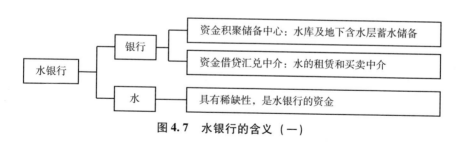

图 4.7　水银行的含义（一）

从水的层面理解水银行，水是水银行的资金。因此，水银行是从反映稀缺水资源的交换关系，从银行资金借贷和汇兑之中介来定义的，见图4.8。

① Esther W. Dungumaro, Ndalahwa F. Madulu. Public participation in integrated water resources management: the case of Tanzania [J]. Physics and Chenistry of the Earth, 2003 (28): 1009 – 1014.

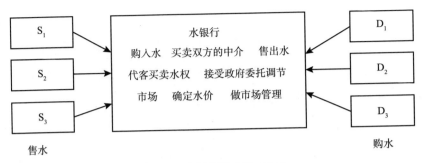

图 4.8　水银行的含义（二）

水银行是一种水权交易市场的中介组织。从水权交易的主体来看，水权交易市场包括流域之间的水权交易、流域内不同地区的水权交易和灌区用水户之间的水权交易等。通常而言，水银行处于水权市场的较高层次。水银行的客户一般是以流域、地区和支流为单位，或者是以用水大户为单位。其参与交易的特点是每笔交易量都比较大，涉及范围较为广泛。处于末端的农业灌溉用水户之间的水权交易可以在用水户之间直接进行交易，一般不通过水银行操作。水银行由政府设立，也有用水户组织设立的情况，一般实行非营利会员制组织形式。

自营业务和代理业务是水银行的两大业务。若水银行是政府设立的，其还有监督管理职能。水银行的自营业务通常以盈利为目标，即在高价时卖出水权，低价时买进水权，通过这种操作赚取水权差价获利。由于水权交易涉及面广、影响大，水银行的这项业务被严格限制。水银行的代理业务包括代理政府买卖水权和代理用水户买卖水权两种。代理政府买卖水权的目的包括两个：其一是为公共利益用水需求进行的水权交易。在实施这项业务时政府和其他用水户一样，是市场的交易主体，要遵守水权交易的相关规则，同时也会与水银行其他客户进行讨价还价，最终在平等自愿的基础上订立交易合同。其二是接受政府委托买卖水权以调节水权交易市场，平衡水权供需，稳定水权交易价格。未来，随着水权衍生物的不断出现，水银行的业务范围也会进一步扩大，可以开展水期权、期货交易业务等水权交易创新业务。

二、 政府在水权交易市场外部环境建设中的作用

水权交易市场建设既包括水权交易市场内部组织建设，也包括水权交易市场外部环境建设。水权交易市场外部环境是指影响水权交易市场供求状况、水权交易价格水平和水权市场运作的各种外部力量、条件和因素的总和，主要包括法制环境、公共管理环境、技术环境及水权交易市场的文化环境等。水权交易市场的外部环境具有复杂性、相关性和变化性等特征。

（一）水权交易的法制环境建设

水权市场法制环境是水权交易市场建设和有效运行的法制保障。在水权交易相对发达的澳大利亚等国都有关于水权交易的相对完善的法制环境。水权交易市场的法制环境要求建设一整套关于水权交易的法律法规体系，主要包括水权市场法律、水资源管理法规、水权和水权交易的规章制度及水权交易管理办法等内容，水权交易法律法规和相关制度需要政府供给，法制环境需要政府完善。水权交易的法制环境建设主要包括：

第一，水权市场法律基础。在我国水资源管理领域有相对健全的法律法规，这些法律法规包括《中华人民共和国宪法》（以下简称《宪法》），《宪法》规定了我国水资源的公权性质，因此通常所讲的水权是指水资源使用权，而非所有权。除《宪法》外，《中华人民共和国水法》（以下简称《水法》）《中华人民共和国环境保护法》《中华人民共和国水污染防治法》《中华人民共和国水土保持法》《中华人民共和国民法通则》等都构成了我国水权制度的法律基础。但是这些法律法规都是原则性法律法规，在水权交易市场建设中，各流域应当结合本流域的实际情况，制定相关细则，从而使各流域、各地区的水权交易法律法规更具有操作性和针对性。

第二，水资源管理法规。水资源管理法规是依据《宪法》和《水法》等相关法律法规，结合流域具体情况制定的。主要包括《流域水资源管理条例》《流域各用水单位用水总量定额》《流域水资源费征收管理条例》《流域水事协调规则》等。其中《流域水资源管理条例》相当于流域水资源管理的"基本法"，其主要内容涉及：水资源管理体制，流域管理体制，流域水资源开发、利用、节约和保护等原则，流域水利工程建设，流域水量配置和调度，水质管理，水费计收和水功能区划等。其目的是实现水资源的合理开发利用，维护流域生态平衡，保障流域内国民经济和社会的可持续发展。

第三，水权和水权交易的法律法规。1993 年颁布实施的《取水许可制度实施办法》为我国水权制度建设奠定了良好基础，但是该实施办法规定"取水许可证不得转让"成为我国建立水权交易制度的障碍。21 世纪初，我国要求建立水权转让制度的呼声越来越高。因此，于 2006 通过的《取水许可和水资源费征收管理条例》对 1993 年的《取水许可制度实施办法》进行了修正，2006 年的《取水许可和水资源费征收管理条例》规定，依法获得取水权的单位或者个人，通过调整产品和产业结构、改革工艺、节约用水等措施节约的水资源，在取水许可的有效期和取水限额范围之内，经原审批机关批准，可以依法有偿转让其节约的水资源。这一规定对我国水权交易制度的建立提供了法律依据。但是该条例是原则性的，各地在开展水权交易时应当充分结合本地区实际情况制定具体的交易办法。

第四，关于水权交易办法的规定。水权交易办法涉及面比较多，如交易的市场准入、竞争秩序、交易程序、交易纠纷的解决和交易外部性问题的补偿等。水权交易办法是水权交易的保障，水权交易按照具体规章制度进行，交易过程就具有可控制性，可以减少随意性，节约交易成本。各地在制定水权交易办法时也应该结合本地的具体情况。具体而言，水权交易办法应当包括《水权交易办法》《水权交易管理办法》《水权转换管理实施办法》《水票制管理办法》《农业用水者协会章程》《水费计收使用管理办法》《水权市场监督管理办法》《水银行实施办法》等相关规定。2016 年，中华人民共和国水利部印发了《水权交易管理暂行办法》，成为我国开展水权交易的重要遵循和保障。

（二）水权交易市场公共管理环境建设

水权交易被置于一定的水资源管理框架之下，包括流域管理、区域管理和基层民主管理三个层次，它们共同构成水权市场的公共管理环境，水权交易市场公共环境建设有些需要政府直接参与，有些需要政府扶持。

第一，流域管理与区域管理。世界上许多国家的水资源管理大体经历了从区域管理向流域管理的发展过程，流域统一管理是水资源行政管理的一种趋势。我国《水法》规定，国家对水资源实行流域管理与行政区域管理相结合的管理体制。流域管理实际上是以水为中心进行管理，区域管理实际上是以人为中心进行管理。实行流域统一管理可以将流域自然系统和河流功能统一起来。从发展趋势看，这种管理也存在一定弊端：（1）流域管理与区域管理之间存在矛盾；（2）相关职能不统一；（3）缺乏民主参与机制；（4）缺乏综合管理。

第二，基层民主管理。基层民主管理就是在灌区或者一个水文单元建立用水者协会（WUA）组织，并且通过用水者协会管理一些水权和水权市场的事务。所谓用水者协会是指一个水文单元内用水户依照国家有关法律法规，通过民主方式组织起来并参与灌溉管理、水权交易、水费征收和用水纠纷调解活动的群众管水组织。用水者协会是世界上一些国家推崇的农民自治管水组织。在智利和墨西哥等水权交易相对发达的国家，其水权交易成功的一个重要条件就是用水者协会发挥了重要作用。在智利有不同层次和不同形式的用水者协会，任何一个水权主体必须加入其中一个或者几个用水者协会。智利的用水者协会可以根据用水户的水权数额进行配水，新建、管理、维护和更新水利基础设施，负责征收水费。在解决用水户之间的水事纠纷方面，用水者协会也发挥了巨大作用。用水者协会在法律和管理上的职能调解了大部分用水纠纷，提高了水权交易纠纷解决的时效性，降低了解决水权交易纠纷的成本①。用水者协会多以渠系为单位，在此范围内的灌溉用户若有加入协会的意愿，拥护协会章程，经过用水者协会提出申请、协会审查和批准加入等程序后正式成为该协会会员。加入协会的会员具有选举权，推荐、选举和被选举为会员代表的权利，提出建议和要求的权利；会员也要履行一定的义务，如按期缴纳水费，遵守协会决议和各项规章制度，维修和保护水利工程，节约用水等。

（三）水权交易工程设施和技术环境建设

水权交易工程设施和技术环境建设是水权市场建设的硬件条件，也是政府在水权交易外部环境建设中需要强化供给的领域。

1. 工程计量设施

水资源只有经过工程设施才可以被利用，工程设施对于水权转让的意义在于：其一，蓄水输水设施是水权交易的外部条件，也是水权交易的硬件。建立水权交易制度，需要完善的蓄水和输水工程设施的保障。蓄水输水设施不完善，来水量忽高忽低，会导致用水地区及用水者在水权登记上的额度和灌溉农户手中的水票价值变得捉摸不定。其二，水利工程设施可以提高用水效率，促进节约水量交易。通过工程设施改善提高用水效率可以实现节约用水，将节约下来的水权进行交易。东阳—义乌水权交易、宁夏水权交易都是通过一系列节水工程建设，提高水资源利用效率，减少了水资源的无效损耗，稳定并扩大了可转让水权的来源，使水权转让得以顺利实施。其三，水资源计量设施是加强取水管理，构建现代水权制度的重要基础。水资源取水

---

① Aaron Waller, Donald Meceod & David Taylor. Conservation Opportunities for Securing In-Stream Flows in the Platte River Basin: A Case Study Drawing on Casper, Wyoming's Municipal Water Strategy [J]. Environmental Management, 2004 (34): 620–633.

计量设施及管理系统是实行国家最严格水资源管理制度、加强区域计划用水管理和促进企业节水的重要措施，主要建设内容包括管道流量自动监测站、河道（明渠）流量自动监测站、水位自动监测站等。我国西部地区建立节水型社会的试点工作就暴露出计量设施的匮乏，成为推行现代水权制度的"瓶颈"。由此可见，工程设施，包括输水设施、储水设施和计量设施等手段，是水权交易的前提和重要保障。

2. 科技手段

水权交易市场的科技手段主要是信息化手段，建设"数字流域"工程。数字流域工程作为水权市场建设的科技手段，便于掌握水情和社会经济发展状况，便于掌握水权市场供需状况和水量调度，增强水权市场的可控制性和实效性。

三、 政府规制与水权交易政府服务能力指标

水权交易的健康发展需要相应的制度保障，需要从交易程序、交易中介、交易纠纷处理、交易资金保障等方面进行逐步完善，以降低水权交易成本，充分发挥水权市场的积极功能。水权交易市场的完备性可以从水权市场法制规范性、市场中介组织发展状况、水权交易纠纷处理能力、水权金融市场规模等方面衡量，具体衡量指标包括符合交易程序的水权交易比例、合同履约率、水权交易中介组织数量、水权交易中介组织的经营额、水权交易纠纷处理结案率、水权交易市场的融资金额等，见表4.4。

表4.4　　　　　　　　　水权交易市场完备性指标体系

指标	指标内容	指标作用
符合交易程序的交易比例	在水资源管理部门登记的水权交易汇总中，其交易过程合乎交易程序要求，合同条款涵盖交易必须内容的水权交易比例	市场法制规范性

指标	指标内容	指标作用
合同履约率	可以按照合同要求完成水权交易的比例	市场法制规范性
水权交易中介组织数量	从事有关水权交易的信息沟通、协调、公正、评价、监督等服务的流域水服务机构、用水者协会等服务经营机构的数量总和	中介组织的规模
水权交易中介组织的经营额	从事有关水权交易的信息沟通、协调、公正、评价、监督等服务的流域水服务机构、用水者协会等服务经营机构的营业收入总和	中介组织经营状况
水权交易纠纷处理结案率	在水资源管理部门备案的有关水权交易纠纷案件，达成和解或由涉案人达成共同认可处理结果的案件比例	水权交易纠纷处理能力
水权交易市场的融资金额	通过水权抵押、水权回购、水权债券、水权远期合约、水权期权合约等形式获得的资金数量的总和	水权金融市场规模

水权的交易程序主要包括交易意向的达成，水权交易的申请，水资源管理部门对于水权交易申请的登记并对水权交易的资格和可行性及其第三方影响进行评估，交易内容的公示，变更水权登记。水权交易的合同文本应该包括交易水量和水质，交易价格，交易用途，交易期限，违约责任和争议裁决，第三方责任等内容。水权交易中介组织是指为提高水权交易运作效率，在政府和用水户之间从事水权交易信息沟通、水权交易合同公证，水权交易价格评价，水质评估等服务活动的组织。水权交易中介组织可以为交易双方提供相关信息服务，有助于降低水权交易成本。成熟的水权交易市场应当及时解决交易纠纷，交易纠纷的处理可以用结案率来反映。水权交易市场形成后，金融机构可以通过水权银行抵押，水权市场回购，水权长期债券等金融工具为水权交易提供资金融通，促进水权交易的进一步发展。

目前，我国强调政府从"管理型"政府向"服务型"政府转变，政府对市场的调控能力和服务能力是政府工作效率的重点体现。政府在水权交易管理方面：一方面要强调和注重政府规制作用，发挥管理作用；另一方面要注重政府机构内部工作效率的提升，积极服务水权交易。

政府在水权交易调控方面的主要内容包括：根据区域经济社会发展状况和水资源特征，确定适当的产业发展政策，使产业发展既可以充分利用现有水资源，同时不破坏水资源的再生能力，依据水资源的利用规划和经济发展规划，确定区域或流域初始水权分配方案。从"提高用水效率"和"公开成本"两个方面促进水价改革，使水价在提高水资源利用效率方面充分发挥经济杠杆调节作用。对于通过节水措施将节余水权用于水权交易的用水户，提供相关的交易信息、政策规定和水权交易程序方面的咨询。大力发展用水者协会，鼓励和引导用水者协会参与初始水权分配和水权交易价格制定，参与水权交易决策和监督过程。

政府在水权交易方面的规制与服务可以促进水权交易市场有效运作，在利用水市场调节水资源利用的同时，可以有效克服水权交易中的市场失灵。在水权交易方面，反映政府规制能力的具体指标包括：水权交易相关部门管理人员总数、在岗职工工资总额占地方财政支出的比重、水权交易行政管理费用、水权交易项目政府投资、用水相对经济年增长指数、万元GDP取水量降低率等指标。在水权交易方面，对于水权交易中政府服务能力的评价指标应当侧重提高水权交易和水权交易市场运作方面的公正性和程序化，特别是满足贫困群体用水安全和基本生活用水权利，注重公众对水权交易政策变化的反映。在这方面可以选择公众对水权交易信息公开满意度、对弱势群体用水补偿金总额、对弱势群体用水补偿金比例和因水权交易发生的上访次数等指标来反映。表4.5归纳了水权交易政府调控于服务能力指标。

表 4.5 水权交易政府调控与服务能力指标

指标	指标内容	指标作用
相关部门管理人员数量	水权交易涉及的供水、需水、防洪、排涝、污水处理等各项职能管理人员总数	水权管理人员投入
管理人员工资支出比重	水权交易相关管理部门在岗职工年工资总额占地方财政支出的比重	水权管理财政投入
水权交易行政管理费	国家行政机关或者政府授权履行水权交易行政管理职能的单位、为加强和改善水权管理所收取的费用	水权交易成本之一
水权交易项目政府投资	政府为推动区域经济发展，满足水资源需求，以政府为实际投资主体，以财政性资金为资金来源的水权交易固定资产投资总额	政府对水权交易的支持力度
水权交易评估率	对已发生的水权交易进行生态环境评估、经济影响评估的数量占全部水权交易评估数量的比率	水权交易影响评估水平
用水相对经济年增长指数	区域用水年增长率与区域经济年增长率之比	反映区域节水效果
万元 GDP 取水量降低率	基期与报告期万元 GDP 取水量之差与基期万元 GDP 取水量之比	反映区域节水效果
水权交易信息公开的满意度	公众通过水权交易信息所感知的效果与其期望值相比较后所形成的感觉状态，是公众对其需要被满足程度的感受	政府水权信息公开程度
上访次数	因水权交易引起的到各级机关上访备案的人数	纠纷解决能力
补贴金额总数	对贫困群体基本生活用水的权利和用水安全进行补贴的金额总和	政府对弱势群体资助力度
补贴金额比例	获得对贫困群体基本生活用水的权利和用水安全补贴占需要补贴人群的比例	政府对弱势群体资助的覆盖度

第五章

内蒙古沿黄地区水资源开发利用状况

内蒙古沿黄盟市包括阿拉善盟、乌海市、巴彦淖尔市、鄂尔多斯市、包头市和呼和浩特市，本章主要介绍内蒙古沿黄盟市自然地理状况、社会经济发展状况和水资源开发利用总量情况、结构特征及灌区灌溉工程基本状况等内容。

第一节　内蒙古沿黄地区自然地理和经济发展状况

一、　内蒙古沿黄盟市自然地理状况

（一）内蒙古沿黄盟市地形地貌

内蒙古阿拉善盟地处内蒙古自治区最西部，西与甘肃省毗邻、东南与宁夏回族自治区相接，北部与蒙古国相接，东与内蒙古巴彦淖尔市、鄂尔多斯市和乌海市毗邻，总面积 27.02 万平方千米，平均海拔 900～1400 米。阿拉善盟地形呈南高北低状，主要地貌类型有沙漠戈壁、低山丘陵、山地、湖盆

和起伏滩地等。巴丹吉林沙漠、腾格里沙漠和乌兰布和沙漠横贯阿拉善盟全境，面积约7.8万平方千米，占阿拉善盟全盟总面积的29%。阿拉善盟北部戈壁分布较广，约占全盟总面积的34%。东南部和西南部有贺兰山、合黎山、龙首山、马鬃山等环绕。

乌海市位于内蒙古西南部，西与内蒙古阿拉善盟相接、南与宁夏回族自治区毗邻，东北与内蒙古鄂尔多斯市相接，总面积0.17万平方千米。乌海市有着较为复杂的地质背景和多山多荒漠的地貌格局，域内地貌主要为构造侵蚀中低山地、剥蚀丘陵区、山前堆积冲洪积扇区和黄河冲积堆积阶地。乌海市平均海拔1150米，境内桌子山、岗德格尔山、五虎山呈南北走向，三山之间形成了两个狭长低平的谷地，形成乌海市"三山两谷"的地形格局。

巴彦淖尔市位于内蒙古自治区西部，北依阴山与蒙古国接壤，南临黄河与鄂尔多斯市相望，东与内蒙古包头市相邻，西与阿拉善盟和乌海市毗邻，处于华北与西北的连接带，总面积6.44万平方千米。巴彦淖尔地形地貌多元，北部为高原，中部为山地、丘陵，南部为平原。高原位于巴彦淖尔市北部，南至阴山北麓，北至国界，属内蒙古高原，由南向北倾斜。阴山山地横贯巴彦淖尔中部及东南部，主要有狼山、色尔腾山和乌拉山三部分。阴山北麓至国界海拔1020～1400米，阴山以南至黄河为河套平原，海拔1020～1050米，分为乌兰布和沙漠、后套平原和三湖河平原。

鄂尔多斯市位于内蒙古西南部，西接阿拉善盟、乌海市，西南接宁夏回族自治区，东南接陕西省，东接山西省、包头市和呼和浩特市，北部与巴彦淖尔市相接，总面积8.66万平方千米，海拔1000～1500米，地形起伏不平，中部隆起，四周递减，总体趋势西北高东南低。鄂尔多斯市东北西三面被黄河环绕，南与黄土高原相连。鄂尔多斯主要地形地貌有北部黄河冲积平原区，面积约0.5万平方千米，占其总面积的6%；东部丘陵沟壑区，面积约2.6万平方千米，占其总面积的30%左右；中部库布其、毛乌素沙区，总面积约 3.5 万平方千米，占其总面积的 40% 左右；西部坡状高原区，总面积约 2.1 万平方千米，占其总面积的 24% 以上。

包头市位于内蒙古自治区中西部，黄河北岸，西接巴彦淖尔市、西南接鄂尔多斯市、东南接呼和浩特市、东接乌兰察布市，北部与蒙古国相接，总面积 2.77 万平方千米，包头市由中部山岳地带、山北高原草地和山南平原三部分组成，呈中间高、南北低、西高东低的地势。

呼和浩特市位于内蒙古中部偏南地区，西北与包头市相接，东北与乌兰察布市相接，南部与山西省毗邻，西南与鄂尔多斯市相接，总面积 1.72 万平方千米，呼和浩特市主要有山地地形和平原地形两种，其中山地地形主要为北部大青山和东南部蛮汉山，海拔 1100~2300 米；平原地形主要是南部及西南部的土默川平原海拔 980~1100 米。

（二）内蒙古沿黄盟市气候特征

内蒙古沿黄盟市属于典型的中温带大陆性气候，四季分明，干旱少雨、降水时间分配不均，日照时间长。越往西部降水量越少，蒸发量越大，日照时间越长，干旱程度越严重。

阿拉善盟为干旱半干旱草原区向干旱极干旱荒漠过渡区，属于典型的中温带大陆性气候，干旱少雨，风大沙多。阿拉善盟降水量少，蒸发量大，雨量多集中在 7~9 月，降雨量从东南部的 200 多毫米向西北部递减至 40 毫米以下，蒸发量从东南部的 2400 毫米左右向西北部递增到 4200 毫米左右，夏季炎热冬季寒冷，年日照时数达 2600~3500 小时。

乌海市属于中温带大陆性气候。春季干旱，夏季高温炎热，秋季气温剧降、冬季少雪。乌海市多年平均降水量约 160 毫米，多年平均蒸发量约 3300 毫米，年日照时间约为 3100 小时。

巴彦淖尔市属中温带大陆性季风气候，四季分明，降水量少，蒸发量大，热量丰富，光照充足，风大沙多。巴彦淖尔市年平均降水量约 160 毫米，其中乌拉特高原多年平均降水量为 100～200 毫米，河套平原多年平均降水量 130～285 毫米，阴山山地多年平均降水量为 200～300 毫米，雨量多集中在 7～9 月，多年平均年蒸发量为 2000～3200 毫米。巴彦淖尔市日照时间充足，年日照时间达 3300 小时。

鄂尔多斯市属于温带大陆性气候，四季分明，降水量少，蒸发量大，东部地区多年平均降水量为 300～400 毫米，西部地区多年平均降水量为 190～350 毫米，多年平均蒸发量约 2500 毫米，降水多集中于 7～9 月，年日照时间为 2700～3200 小时。

包头属中温带大陆性季风气候，春季干旱多风，夏季炎热且雨水集中，秋季霜冻早，冬季寒冷雨雪少，多年平均降水量约 300 毫米，降水量自西北向东南逐渐递增，年蒸发量在 2200～2800 毫米之间，与年降水量的分布相反，多年均日照时间约 3000 小时。

呼和浩特属中温带大陆性气候，春季干燥多风，夏季炎热少雨，秋季降温迅速，冬季严寒少雪。呼和浩特大部分地区降水量在 150～450 毫米，南部多北部少、山地多平原少，降水量年内分布不均，集中在 7～8 月。多年蒸发量在 1600～2500 毫米，蒸发量与降水量分布规律相反。多年平均日照时间 2800 小时。

（三）内蒙古沿黄盟市地区水文状况

阿拉善盟河流水系主要以内陆河水系为主，东部有黄河过境，西部有黑河流入，黄河从宁夏回族自治区石嘴山市进入阿拉善盟，流经阿左旗的乌索图、巴彦木仁苏木，境内流程 85 千米，流域面积 31 万平方千米，多年平均径流量 315 亿立方米。阿拉善盟地区水资源贫乏，地表径流极缺，发源于祁连山北麓的额济纳河是阿拉善盟的季节性内陆河流，额济纳河流至巴彦宝格德水闸分为东西两支。西为西河（又称木仁高勒），注入西居延海；东为东河（又称鄂木钠高勒），注入东居延海、古居延海和沙日淖尔。在阿拉善盟三大沙漠中分布着面积约 1.1 万平方米的大小不等的湖盆。

　　乌海市境内常年有水的河流是黄河和都思兔河，黄河从宁夏回族自治区进入乌海境内，流经乌海 105 千米，于碱柜出境，多年平均径流量约 270 亿立方米，平均河宽 250～500 米。发源于鄂托克旗的都思兔河为黄河一级支流，全程 100 余千米，流域面积约 4100 平方千米，流经乌海市长度 23 余千米，流量大小随季节而异，1～2 月为枯水期，8 月流量最大。乌海市境内有其他山区季节性汇洪沟谷，这些水流平时断流，仅在降水时产生，泥沙含量大。乌海市地下水资源稳定开采量约 11200 万立方米，可利用水量约 9500 万立方米，并同黄河形成自然互补系统。

　　巴彦淖尔市阴山山脉以南为黄河水系，阴山以北为内陆河水系，山地属产流区，北部高平原和河套平原属不产流区。黄河自西向东横贯巴彦淖尔市，流经磴口县、杭锦后旗、临河区、五原县、乌拉特前旗，境内全长 345 千米，多年平均过境水流量为 315 亿立方米。巴彦淖尔市黄河水系流域面积 3.4 万平方千米，占全市总面积的 52%。内陆河水系流域面积 3.10 万平方千米，约占全市总面积的 48%。全市地下水综合补给量约 32 亿立方米，可开采储量约为 18 亿立方米。全市引黄河水量 40 亿立方米，引黄灌溉面积约 58 万公顷。巴彦淖尔市有大小湖泊 300 多个，多数分布于河套灌区，面积约 4.7 万公顷。河套灌区面积在 100 公顷以上的湖泊 10 个，后套平原东端的乌梁素海面积约 3 万公顷。

　　鄂尔多斯市东、北、西三面被黄河环绕，全市除窟野河和无定河常年有清流水外，其余多数为季节性河流，水量难以进行有效控制和利用。全市地表水系由闭流水系和外流水系构成，闭流水系主要分布于鄂尔多斯中西部，外流水系主要分布在南部毛乌素沙漠、东部黄土丘陵沟壑区、北部十大孔兑和西部草原区。黄河从乌海市北端进入鄂尔多斯市鄂托克前旗蒙西镇，于准格尔旗马栅镇出境，境内过境全长 728 千米，多年平均过境水量 310 多亿立方米，内蒙古自治区分配给鄂尔多斯市黄河初始水权 7.0 亿立方米。鄂尔多斯地下水主要靠大气降水和沙漠凝结水进行补给，在沿黄河河谷平原区，黄河水侧渗也是其地下水补给的重要来源。

包头市境内河流多为山谷季节性河流，分属黄河水系和内陆河水系。黄河流经包头境内 214 千米，年平均径流量为 260 亿立方米，包头黄河水系流域面积近 9000 平方米，境内分布有大小 70 多条河流，由北向南汇入黄河。黄河水系的河流中昆都仑河、五当沟、水涧沟、美岱沟基本处于常年有水状态，其余河沟为季节性时令沟。包头内陆河水系流域面积约为 20000 平方米，主要分布在达茂旗和固阳县，较大的河流有艾不盖河和查干布拉河等。

呼和浩特市河流分属黄河和内陆水系，大黑河、红河、杨家川为注入黄河的一级支流，艾不盖河支流巴拉干河、塔布河及支流中后河、耗赖河等为呼和浩特市主要内陆河水系。主要水面有哈素海，面积约 30 平方千米。黄河流经呼和浩特市南部边缘 102.5 千米。呼和浩特市地下水分布不均，水量由北而南，由东向西逐渐减少。

二、 内蒙古沿黄地区社会经济发展概况

表 5.1 为 2016 年内蒙古沿黄盟市和非沿黄盟市行政面积和人口数量表，从表中可以看出：内蒙古沿黄 6 盟市行政总面积 46.8 万平方千米，占内蒙古自治区全区行政总面积的 39.40%；截至 2016 年底，内蒙古沿黄 6 盟市年末常住人口 1048.87 万人，其中市镇人口 760.61 万人，乡村人口 288.26 万人；截至 2016 年底，内蒙古沿黄 6 盟市常住人口占自治区年末常住人口总数的 41.62%，市镇人口占自治区市政人口总数的 49.32%，乡村人口占自治区乡村人口总数的 29.47%。

表 5.1   2016 年内蒙古沿黄盟市和非沿黄盟市行政面积和人口数量

盟市		行政面积（万平方千米）	人口（万人）		
			年末常住人口	市镇人口	乡村人口
沿黄盟市	阿拉善盟	27.02	24.57	18.96	5.61
	乌海市	0.17	55.83	52.83	3.00
	巴彦淖尔市	6.44	168.32	89.93	78.39
	鄂尔多斯市	8.68	205.53	151.15	54.38
	包头市	2.77	285.75	237.09	48.66
	呼和浩特市	1.72	308.87	210.65	98.22
	小计	46.8	1048.87	760.61	288.26
非沿黄盟市	呼伦贝尔市	25.30	252.76	180.77	71.99
	兴安盟	5.98	160.14	75.87	84.27
	通辽市	5.95	312.48	148.55	163.93
	赤峰市	9.00	430.52	207.90	222.62
	锡林郭勒盟	20.26	104.69	67.57	37.12
	乌兰察布市	5.50	210.67	100.81	109.86
	小计	71.99	1471.26	781.47	689.79
全区合计		118.79	2520.13	1542.08	978.05

资料来源：2017 年内蒙古统计年鉴。

表 5.2 为 2016 年内蒙古沿黄盟市和非沿黄盟市总产出和人均产出表，从表中数据可以看出：2016 年内蒙古沿黄 6 盟市国内生产总值 13289.17 亿元，其中第一产业产值 492.09 亿元，第二产业产值 6182.29 亿元，第三产业产值 6614.96 亿元，人均国内生产总值 126700 元；同期内蒙古非沿黄盟市国内生产总值 8010.36 亿元，其中第一产业产值 1664.4 亿元，第二产业产值 10074.01 亿元，第三产业产值 9561.28 亿元，人均国内生产总值 84518 亿元；2016 年内蒙古沿黄 6 盟市国内生产总值占自治区国内生产总值的 62.39%；2016 年内蒙古沿黄 6 盟市三次产业比重为 3.7∶46.5∶49.8，同期内蒙古非沿黄盟市三次产业比重为 14.6∶48.6∶36.8。

表 5.2　　　　2016 年内蒙古沿黄盟市和非沿黄盟市总产出和人均产出

盟市		生产总值（亿元）				人均 GDP（元）
		总量	第一产业	第二产业	第三产业	
沿黄盟市	阿拉善盟	342.32	12.67	227.16	102.49	139951
	乌海市	572.32	4.88	323.76	243.58	102725
	巴彦淖尔市	915.38	158.41	463.41	293.83	54480
	鄂尔多斯市	4417.93	107.60	2461.38	1848.95	215488
	包头市	3867.63	95.04	1822.15	1950.44	136021
	呼和浩特市	3173.59	113.49	884.43	2175.67	103235
	小计	13289.17	492.09	6182.29	6614.96	126700
非沿黄盟市	呼伦贝尔市	1620.86	248.43	724.02	648.40	64140
	兴安盟	522.46	125.61	207.46	189.39	32649
	通辽市	1949.38	262.64	977.68	709.06	62424
	赤峰市	1933.28	292.41	908.57	732.30	44936
	锡林郭勒盟	1045.51	115.30	613.71	316.50	100073
	乌兰察布市	938.87	127.92	460.28	350.67	44517
	小计	8010.36	1172.31	3891.72	2946.32	54446
全区合计		21299.53	1664.4	10074.01	9561.28	84518

资料来源：2017 年内蒙古统计年鉴。

　　图 5.1 为 2016 年内蒙古自治区各盟市地区生产总值柱状图，图 5.2 为 2016 年内蒙古各盟市地区生产总值占比图。从图 5.1 和 5.2 可以看出，2016 年地处内蒙古沿黄地区的"呼包鄂"三地，其地区生产总值远远超过其他盟市；2016 年鄂尔多斯市地区生产总值 4417.93 亿元，占内蒙古地区生产总值的 20.74%，是内蒙古自治区地区生产总值最大的盟市；2016 年包头市地区生产总值 3867.63 亿元，占内蒙古地区生产总值的 18.16%，是内蒙古地区生产总值总量第二位的盟市；2016 年呼和浩特市地区生产总值 3173.59 亿元，占地区生产总值的 14.90%；是内蒙古地区

生产总值第三位的盟市。

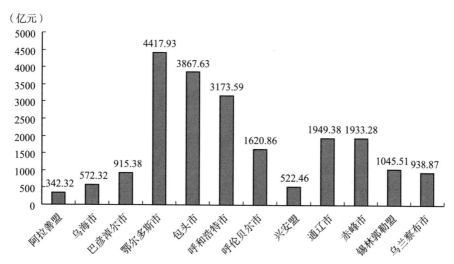

图5.1　2016年内蒙古自治区各盟市地区生产总值

资料来源：2017年内蒙古统计年鉴。

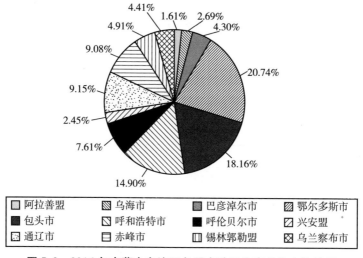

图5.2　2016年内蒙古自治区各盟市地区生产总值占比情况

资料来源：根据2017年内蒙古统计年鉴数据资料计算。

第二节 内蒙古沿黄地区水资源开发利用现状

一、 内蒙古沿黄地区水资源数量分析

（一）内蒙古沿黄地区降水量状况

内蒙古沿黄盟市属于干旱—半干旱地区，降水量较少。呼和浩特市多年平均降水量在300～400毫米之间，包头市和鄂尔多斯市多年平均降水量在200～300毫米，巴彦淖尔市和乌海市多年平均降水量在100～200毫米之间，阿拉善盟多年平均降水量不足85毫米。降水量少造成内蒙古沿黄地区水分严重亏缺。表5.3为2011～2016年内蒙古沿黄盟市和非沿黄盟市降水量对比表，从表5.3数据可以得出：2011～2016年内蒙古沿黄盟市年平均降水量为705.25亿立方米，同期非沿黄盟市年平均降水量为3284.80亿立方米；2011～2016年，内蒙古沿黄6盟市年均降水量占全区年均降水量的17.68%，内蒙古非沿黄盟市年均降水量占全区年均降水量的82.32%。

表5.3　　　　　2011～2016年内蒙古沿黄盟市和非沿黄盟市降水量对比

单位：亿立方米

地区		年份					
		2011	2012	2013	2014	2015	2016
沿黄地区	阿拉善盟	183.20	234.94	150.68	166.34	227.81	211.10
	乌海市	2.30	3.94	2.36	4.80	3.50	4.39
	巴彦淖尔市	66.00	151.72	75.92	97.00	95.01	91.56

地区		年份					
		2011	2012	2013	2014	2015	2016
沿黄地区	鄂尔多斯市	202.70	322.23	262.56	262.93	233.79	357.49
	包头市	58.10	89.97	63.23	68.92	61.68	68.03
	呼和浩特市	41.40	87.99	75.31	65.23	56.49	80.86
小计		553.70	890.79	630.06	665.22	678.28	813.43
非沿黄地区	呼伦贝尔市	985.10	1075.97	1551.5	1166.79	998.34	958.67
	兴安盟	240.00	293.15	301.61	244.13	275.67	225.12
	通辽市	184.50	278.28	196.47	214.37	224.49	259.17
	赤峰市	263.20	362.67	272.49	312.67	281.67	324.65
	锡林郭勒盟	413.80	596.85	543.71	497.81	526.63	505.16
	乌兰察布市	100.90	173.1	153.86	137.60	149.35	187.84
小计		2187.50	2780.02	3019.64	2573.37	2456.15	2460.62
合计		2741.20	3670.81	3649.70	3238.59	3134.43	3274.05

资料来源：2011～2016 年内蒙古水资源公报。

（二）内蒙古沿黄地区地表水资源状况

表 5.4 为 2011～2016 年内蒙古沿黄盟市和非沿黄盟市地表水资源对比表，从表 5.4 数据可以得出：2011～2016 年内蒙古沿黄盟市地表水资源年平均量为 10.52 亿立方米，非沿黄盟市地表水资源年平均量为 411.01 亿立方米；2011～2016 年内蒙古沿黄 6 盟市年均地表水资源量占全区年均地表水资源量的 2.50%，内蒙古非沿黄盟市年均地表水资源占全区地表水资源的 97.5%。

表 5.4 　　　2011~2016 年内蒙古沿黄盟市和非沿黄盟市地表水资源对比

单位：亿立方米

地区		年份					
		2011	2012	2013	2014	2015	2016
沿黄地区	阿拉善盟	0.37	0.37	0.37	0.37	0.37	0.37
	乌海市	0.12	0.12	0.12	0.12	0.12	0.12
	巴彦淖尔市	0.95	1.63	1.33	0.65	0.38	1.11
	鄂尔多斯市	4.46	4.98	3.17	1.44	0.23	10.56
	包头市	1.85	1.76	1.69	1.31	1.02	2.27
	呼和浩特市	2.55	3.68	2.85	1.53	2.01	6.75
小计		10.3	12.54	9.53	5.42	4.13	21.18
非沿黄地区	呼伦贝尔市	246.38	254.83	703.72	340.79	335.47	189.83
	兴安盟	17.38	47.41	58.94	30.28	42.53	20.72
	通辽市	3.44	4.35	5.03	3.33	3.9	6.61
	赤峰市	15.70	17.82	22.92	10.21	10.64	21.24
	锡林郭勒盟	2.14	8.00	9.47	6.84	3.75	4.90
	乌兰察布市	2.82	4.29	3.91	0.74	1.71	4.04
小计		287.86	336.70	803.99	392.19	397.99	247.33
合计		298.16	349.24	813.52	397.61	402.12	268.51

资料来源：2011~2016 年内蒙古水资源公报。

（三）内蒙古沿黄地区地下水资源状况

表 5.5 为 2011~2016 年内蒙古沿黄盟市和非沿黄盟市地下水资源对比表，从表 5.5 数据可以得出：2011~2016 年内蒙古沿黄盟市地下水资源年平均量为 53.42 亿立方米，非沿黄盟市地下水资源年平均量为 179.61 亿立方米。2011~2016 年内蒙古沿黄 6 盟市年均地下水资源量占全区年均地表水资源量的 22.93%，内蒙古非沿黄盟市年均地表水资源占全区地表水资源的 77.03%。

表 5.5　　　　2011～2016 年内蒙古沿黄盟市和非沿黄盟市地下水资源对比

单位：亿立方米

地区		年份					
		2011	2012	2013	2014	2015	2016
沿黄地区	阿拉善盟	4.44	5.12	4.22	4.73	4.94	4.73
	乌海市	0.32	0.36	0.32	0.38	0.55	0.55
	巴彦淖尔市	10.76	10.87	10.8	10.67	8.13	8.29
	鄂尔多斯市	17.09	24.11	19.86	19.68	19.62	28.13
	包头市	6.39	8.18	6.88	7.17	5.54	5.94
	呼和浩特市	9.03	12.60	11.19	10.30	8.3	10.35
小计		48.03	61.24	53.27	52.93	47.08	57.99
非沿黄地区	呼伦贝尔市	71.10	74.58	88.6	78.75	70.79	71.02
	兴安盟	17.93	19.83	19.52	18.02	17.05	15.74
	通辽市	29.33	41.49	31.73	33.90	3.9	40.67
	赤峰市	20.16	23.26	21.06	20.97	20.42	21.59
	锡林郭勒盟	20.74	30.43	28.31	26.30	26.42	33.53
	乌兰察布市	6.08	7.55	6.84	5.39	7.04	7.63
小计		165.34	197.14	196.06	183.33	145.62	190.18
合计		213.37	258.38	249.33	236.26	224.57	248.17

资料来源：2011～2016 年内蒙古水资源公报。

（四）内蒙古沿黄地区水资源总量及人均水资源量状况

1. 内蒙古沿黄地区水资源总量状况

水资源总量由地表水总量和地下水总量扣除地表水和地下水重复计算量
得到。表 5.6 为 2011～2016 年内蒙古沿黄盟市水资源基本情况表，表 5.7
为 2011～2016 内蒙古非沿黄盟市水资源基本情况表，从表 5.6 和表 5.7 数
据可以得到：2011～2016 内蒙古沿黄 6 盟市年均水资源总量 50.41 亿立方
米，同期非沿黄盟市年均水资源总量 509.33 亿立方米；2011～2016 年内蒙

古沿黄 6 盟市年均水资源量占全区年均水资源量的 9.0%，内蒙古非沿黄盟市年均地表水资源占全区地表水资源的 91.0%。2016 年内蒙古沿黄 6 盟市水资源总量占内蒙古自治区水资源总量的 16.14%，同期其地区生产总值占全区地区生产总值的 62.39%。

表5.6　　　　2011~2016 年内蒙古沿黄盟市水资源基本情况　　　单位：亿立方米

水资源状况	年份					
	2011	2012	2013	2014	2015	2016
地表水总量	10.3	12.54	9.53	5.42	4.13	21.18
地下水总量	48.03	61.24	53.27	52.93	47.08	57.99
地表水和地下水重复计算量	15.60	14.64	15.54	14.61	10.46	10.32
水资源总量	42.73	59.14	47.26	43.74	40.75	68.85

资料来源：2011~2016 年内蒙古水资源公报。

表5.7　　　　2011~2016 年内蒙古非沿黄盟市水资源基本情况　　　单位：亿立方米

水资源状况	年份					
	2011	2012	2013	2014	2015	2016
地表水总量	287.86	336.70	803.99	392.19	397.99	247.33
地下水总量	165.34	197.14	196.06	183.33	145.62	190.18
地表水和地下水重复计算量	76.93	82.73	87.50	81.47	79.26	79.87
水资源总量	376.27	451.11	912.55	494.05	464.35	357.64

资料来源：2011~2016 年内蒙古水资源公报。

内蒙古水资源分区一级区包括松花江、辽河、海河、黄河和西北诸河。表5.8 为 2016 年内蒙古水资源分区水资源量表，从表5.8 数据可以看出 2016 年内蒙古水资源分区水资源总量情况为：松花江 235.58 亿立方米、辽河 73.51 亿立方米、海河 3.58 亿立方米、黄河 65.22 亿立方米、西北诸河 48.62 亿立方米。

表 5.8　　　　　2016 年内蒙古水资源分区水资源量　　　　单位：亿立方米

一级区	二级区	降水量	地表水资源量	地下水资源量	重复计算量	水资源总量
松花江	额尔古纳河	462.51	76.34	38.80	24.82	90.31
	嫩江	732.98	135.07	47.23	37.07	145.27
辽河	东辽河	0.29	0.01	0.05	0.01	0.06
	西辽河	487.37	21.59	54.88	12.54	63.93
	辽河干流	42.97	3.13	5.60	0.37	8.37
	东北沿黄渤海诸河	14.12	0.92	0.56	0.34	1.15
海河	滦河及冀东沿海	30.71	1.78	1.11	0.92	1.97
	海河北系	26.95	0.97	0.95	0.32	1.61
黄河	兰州至河口镇	283.87	11.07	32.57	8.12	35.52
	河口镇至龙门	129.24	8.37	10.44	1.02	17.79
	内流河	137.63	1.91	10.00	0.00	11.91
西北诸河	内蒙古内陆河	721.55	7.02	41.88	2.97	45.94
	河西走廊内陆河	203.85	0.32	4.10	1.74	2.68
	全区	3274.05	268.51	248.17	90.18	426.50

资料来源：2016 年内蒙古水资源公报。

　　图 5.3 为 2016 年内蒙古水资源分区水资源量占比情况图，图中数据显示：2016 年松花江区、辽河区、海河区、黄河区和西北诸河区水资源量占全自治区水资源总量的比重分别为 55.2%、17.2%、0.8%、15.3%、11.4%。

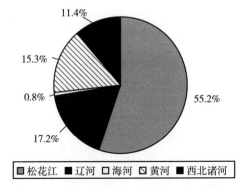

图 5.3　2016 年内蒙古水资源分区水资源量占比

资料来源：2016 年内蒙古水资源公报。

2. 内蒙古沿黄地区人均水资源量状况

表 5.9 为 2016 年内蒙古沿黄盟市和非沿黄盟市人均水资源量和每平方千米水资源量情况表，从表 5.9 数据可以看出，2016 年内蒙古沿黄 6 盟市人均水资源量为 655 立方米，同期内蒙古非沿黄盟市人均水资源量为 2431 立方米，非沿黄盟市人均水资源量为沿黄盟市的 3.17 倍；2016 年内蒙古沿黄 6 盟市每平方千米水资源量为 14669 立方米，同期内蒙古沿黄盟市每平方公里水资源量为 35905 立方米，非沿黄盟市每平方公里水资源量为沿黄盟市的 2.45 倍。

表 5.9　　2016 年内蒙古沿黄盟市和非沿黄盟市人均水资源量和每平方千米水资源量情况

地区		水资源状况				
		水资源总量（亿立方米）	年末人口数（万人）	行政面积（万平方千米）	人均水资源量（立方米）	每平方千米水资源量（立方米）
沿黄地区	阿拉善盟	3.36	24.57	27.02	1368	1244
	乌海市	0.32	55.83	0.17	57	18824

地区		水资源状况				
		水资源总量 （亿立方米）	年末人口数 （万人）	行政面积 （万平方千米）	人均水资源量 （立方米）	每平方千米 水资源量 （立方米）
沿黄 地区	巴彦淖尔市	5.33	168.32	6.44	317	8276
	鄂尔多斯市	37.20	205.53	8.68	1810	42857
	包头市	7.29	285.75	2.77	255	26318
	呼和浩特市	15.36	308.87	1.72	497	89302
	小计	68.85	1048.87	46.8	655	14669
非沿黄 地区	呼伦贝尔市	205.41	252.76	25.30	8127	81190
	兴安盟	30.23	160.14	5.98	1888	50552
	通辽市	41.85	312.48	5.95	1339	70336
	赤峰市	34.41	430.52	9.00	799	38233
	锡林郭勒盟	35.52	104.69	20.26	3393	17532
	乌兰察布市	10.23	210.67	5.50	486	18600
	小计	357.65	1471.26	71.99	2431	49681
	合计	426.51	2520.13	118.79	1692	35905

资料来源：根据2016年内蒙古水资源公报和2017年内蒙古统计年鉴相关资料计算。

　　按照联合国组织衡量水资源短缺程度的标准：人均水资源在500立方米为极度缺水状态，500～1000立方米为重度缺水状态，1000～2000立方米为中度缺水状态，2000～3000立方米为轻度缺水状态。内蒙古沿黄地区地处我国西北缺水区，人均水资源数量少，属于重度缺水地区。

　　图5.4为2016年内蒙古自治区各盟市人均水资源量柱状图，从图5.4可以看出，2016年内蒙古人均水资源量最大的盟市为呼伦贝尔市，人均水资源8127立方米，人均水资源量最少的盟市为乌海市，人均水资源仅为57立方米，二者相差143倍。

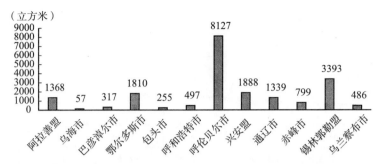

图 5.4　2016 年内蒙古自治区各盟市人均水资源量情况

资料来源：根据 2016 年内蒙古水资源公报和 2017 年内蒙古统计年鉴相关资料计算。

二、　内蒙古沿黄地区水资源结构分析

（一）供水结构现状

按照自然条件和水系不同，内蒙古自治区供水区域主要有阴山南麓河套平原黄河水系区；海河、滦河水系区；大兴安岭西麓黑龙江水系地区；大兴安岭东麓山地丘陵嫩江水系区；辽河水系区；呼伦贝尔高平原内陆水系区；鄂尔多斯高原水系区；西部荒漠内陆水系区。黄河区供水是内蒙古供水最重要的来源，按水资源分区统计，黄河区是内蒙古供水量最大的区域。表 5.10 为 2011～2016 年内蒙古自治区黄河区供水量占全区供水量比重表，从表 5.10 可以看出，2011～2016 年黄河区供水量占内蒙古自治区总供水量的平均比重为 47.93%。

表 5.10　　　　　2011～2016 年内蒙古自治区黄河区供水量占全区供水量比重

单位：亿立方米

供水情况	年份					
	2011	2012	2013	2014	2015	2016
全区总供水量	184.70	184.35	183.22	182.01	185.78	190.29
黄河流域供水量	91.09	85.99	87.20	87.96	90.67	89.51
黄河流域供水量占比	49.30%	46.60%	47.60%	48.30%	48.80%	47.00%

资料来源：根据 2011～2016 年内蒙古水资源公报计算。

表5.11为2011～2016年沿黄盟市和非沿黄盟市供水数量情况表，从表5.11可以得出：按行政分区划分，2011～2016年内蒙古沿黄6盟市年均供水98.70亿立方米，同期内蒙古非沿黄盟市年均供水86.36亿立方米，沿黄盟市供水占全区供水的平均比重为53.33%。

表5.11　　　　2011～2016年沿黄盟市和非沿黄盟市供水数量情况

单位：亿立方米

地区		年份					
		2011	2012	2013	2014	2015	2016
沿黄地区	阿拉善盟	9.06	9.10	9.38	10.02	10.14	13.28
	乌海市	3.13	3.09	3.12	2.75	2.64	2.57
	巴彦淖尔市	50.51	46.86	47.88	49.15	50.67	49.70
	鄂尔多斯市	16.58	15.69	15.96	15.69	15.68	15.66
	包头市	10.88	10.37	10.25	10.28	10.61	10.72
	呼和浩特市	10.06	10.19	10.06	9.86	10.34	10.29
小计		100.22	95.3	96.65	97.75	100.08	102.22
非沿黄地区	呼伦贝尔市	14.32	16.74	18.71	14.28	16.18	17.50
	兴安盟	12.36	13.27	12.70	12.40	12.95	14.13
	通辽市	29.21	29.22	26.77	28.06	27.38	27.42
	赤峰市	18.88	19.04	19.72	19.24	18.94	18.69
	锡林郭勒盟	3.95	4.15	3.76	4.76	4.61	4.72
	乌兰察布市	5.76	6.64	4.91	5.52	5.63	5.61
小计		84.48	89.06	86.57	84.26	85.69	88.07
合计		184.70	184.35	183.22	182.01	185.78	190.29

资料来源：2011～2016年内蒙古水资源公报。

表5.12为2016年内蒙古沿黄地区和非沿黄地区供水量结构情况表，从表5.12可以得出：2016年内蒙古沿黄6盟市地表水供水量69.9亿立方米、

地下水供水量 29.96 亿立方米，其他水源供水量 2.36 亿立方米，地表水供水量占总供水量的比重为 68.38%，地下水供水量占总供水量的比重为 29.31%；同期内蒙古非沿黄 6 盟市地表水供水量 98.29 亿立方米，地下水供水量 88.84 亿立方米，其他水源供水量 3.19 亿立方米，地表水供水量占总供水量比重为 51.64%，地下水供水量占总供水量比重为 44.68%。

表 5.12　　　　　2016 年内蒙古沿黄地区和非沿黄地区供水量结构情况

单位：亿立方米

地区		地表水	地下水	其他水源		合计
				小计	其中污水处理回用量	
沿黄地区	阿拉善盟	10.45	2.76	0.07	0.07	13.28
	乌海市	1.21	1.14	0.22	0.22	2.57
	巴彦淖尔市	41.90	7.58	0.22	0.22	49.7
	鄂尔多斯市	5.91	9.01	0.74	0.74	15.66
	包头市	6.49	3.71	0.52	0.48	10.72
	呼和浩特市	3.94	5.76	0.59	0.59	10.29
小计		69.9	29.96	2.36	2.32	102.22
非沿黄地区	呼伦贝尔市	11.55	5.86	0.09	0.09	17.50
	兴安盟	8.00	6.13	0.01	0.01	14.13
	通辽市	0.52	26.68	0.22	0.22	27.42
	赤峰市	7.06	11.30	0.34	0.34	18.69
	锡林郭勒盟	0.81	3.84	0.08	0.08	4.72
	乌兰察布市	0.45	5.07	0.09	0.09	5.61
小计		28.39	58.88	0.83	0.83	88.1
合计		98.29	88.84	3.19	3.15	190.32

资料来源：2016 年内蒙古水资源公报。

（二）用水结构现状

用水结构主要指农田用水、林果地用水、草场用水、牲畜鱼塘用水、工

业用水、城镇公共用水、居民生活用水和生态用水占比。表 5.13 为 2011～
2016 年内蒙古沿黄 6 盟市分行业用水情况表,从表 5.13 可以得出:2011～
2016 年内蒙古沿黄 6 盟市年均用水 98.70 亿立方米,农田灌溉年均用水
66.58 亿立方米,林牧渔畜年均用水 8.33 亿立方米,工业年均用水 10.35
亿立方米,城镇公共年均用水 1.17 亿立方,居民生活年均用水 3.11 亿立方
米,生态年均用水 9.17 亿立方米。

表 5.13   **2011～2016 年内蒙古沿黄 6 盟市分行业用水情况**   单位:亿立方米

用水类型	年份					
	2011	2012	2013	2014	2015	2016
农田灌溉	70.92	63.60	63.58	66.92	68.34	66.12
林牧渔畜	6.25	7.05	9.15	8.93	9.44	9.14
工业	11.83	11.36	11.39	9.51	9.13	8.87
城镇公共	1.27	1.26	1.25	1.14	1.06	1.04
居民生活	2.68	3.05	3.05	3.11	3.27	3.47
生态	7.28	8.98	8.23	8.14	8.82	13.58
合计	100.22	95.3	96.65	97.75	100.08	102.22

资料来源:根据 2011～2016 年内蒙古水资源公报整理。

表 5.14 为 2011～2016 年内蒙古沿黄 6 盟市分行业用水结构占比情况
表,从表 5.14 可以得出:2011～2016 年内蒙古沿黄 6 盟市农业灌溉用水占
该区域总用水量的平均比重为 67.46%,林牧渔畜用水占该区域总用水量的
平均比重为 8.44%,工业用水占该区域用水总量的平均比重为 10.35%,城
镇公共用水占该区域总用水量的平均比重为 1.19%,居民生活用水占该区
域总用水量的平均比重为 3.15%,生态用水占该区域总用水量的平均比重
为 9.29%。

表 5.14　　　2011～2016 年内蒙古沿黄 6 盟市分行业用水结构占比情况　　　单位：%

用水类型占比	年份					
	2011	2012	2013	2014	2015	2016
农田灌溉	70.76	66.74	65.78	68.46	68.29	64.72
林牧渔畜	6.24	7.40	9.47	9.14	9.43	8.94
工业	11.80	11.92	11.78	9.73	9.12	8.68
城镇公共	1.27	1.32	1.29	1.17	1.06	1.02
居民生活	2.67	3.20	3.16	3.18	3.27	3.39
生态	7.27	9.42	8.52	8.33	8.81	13.29

资料来源：根据 2011～2016 年内蒙古水资源公报整理计算。

（三）工农业用水收益现状

表 5.15 为 2016 年内蒙古沿黄 6 盟市工农业万元地区生产总值用水量统计表，根据表 5.15 可以得出：2016 年内蒙古阿拉善盟万元农业总产值用水量 1886 立方米，万元工业总产值用水量 30 立方米；乌海市万元农业总产值用水量 1619 立方米，万元工业总产值用水量 28 立方米；巴彦淖尔市万元农业总产值用水量 3002 立方米，万元工业总产值用水量 25 立方米；鄂尔多斯市万元农业总产值用水量 1060 立方米，万元工业总产值用水量 12 立方米；包头市万元农业总产值用水量 701 立方米，万元工业总产值用水量 16 立方米；呼和浩特市万元农业总产值用水量 576 立方米，万元工业总产值用水量 21 立方米。2016 年，内蒙古阿拉善盟每立方米水资源农业产值 5.3 元，每立方米水资源工业产值 328.8 元；乌海市每立方米水资源农业产值 6.2 元，每立方米水资源工业产值 355.5 元；巴彦淖尔市每立方米水资源农业产值 3.3 元，每立方米水资源工业产值 404.9 元；鄂尔多斯市每立方米水资源农业产值 9.4 元，每立方米水资源工业产值 838.5 元；包头市每立方米水资源农业产值 14.3 元，每立方米水资源工业产值 619.8 元；呼和浩特市每立方

米水资源农业产值 17.4 元，每立方米水资源工业产值 475 元。

表 5.15　　　2016 年内蒙古沿黄 6 盟市工农业万元地区生产总值用水量统计

盟市	阿拉善盟	乌海市	巴彦淖尔市	鄂尔多斯市	包头市	呼和浩特市
农业总产值（亿元）	12.67	4.88	158.14	107.60	95.04	113.49
工业总产值（亿元）	203.84	280.86	388.72	2180.04	1586.79	679.30
农业用水量（亿立方米）	2.39	0.79	47.47	11.41	6.66	6.54
工业用水量（亿立方米）	0.62	0.79	0.96	2.60	2.56	1.43
万元农业总产值用水量（立方米）	1886	1619	3002	1060	701	576
万元工业总产值用水量（立方米）	30	28	25	12	16	21
每立方米水农业产值（元）	5.3	6.2	3.3	9.4	14.3	17.4
每立方米水工业产值（元）	328.8	355.5	404.9	838.5	619.8	475.0

资料来源：根据 2016 年内蒙古水资源公报和 2017 年内蒙古统计年鉴计算而得。

三、　内蒙古沿黄地区灌区灌溉工程基本状况

内蒙古沿黄地区大型灌区有河套灌区、黄河南岸灌区、磴口扬水灌区、民族团结灌区、麻地壕灌区和大黑河灌区。表 5.16 为截至 2015 年内蒙古沿黄灌区大型灌区基本情况表，从表 5.16 可知：截至 2015 年底，内蒙古沿黄大型灌区设计灌溉面积 1263.16 万亩，农田有效灌溉面积 1162.1 万亩，实际灌溉面积 1193.38 万亩，节水灌溉面积 937.46 万亩；截至 2015 年底，内蒙古沿黄大型灌区骨干渠道实有长度 11640.77 千米，已衬砌长度 3559.6 千米，实有建筑物 23962 座；截至 2015 年底，内蒙古沿黄大型灌区骨干沟渠实有长度 3159.45 千米，实有建筑物 3322 座。

表 5.16　　　　　　　**2015 年内蒙古沿黄灌区大型灌区基本情况**

单位：面积（万亩），长度（千米），建筑物（座）

灌区名称	设计灌溉面积	农田有效灌溉面积	实际灌溉面积	骨干渠道			骨干沟渠		节水灌溉面积
				实有长度	已衬砌长度	实有建筑物	实有长度	实有建筑物	
河套灌区	861.54	822.14	872.27	7644.2	1227.6	7111	2995.25	3171	659.61
黄河南岸灌区	139.62	119.62	110.41	1841.84	1841.84	13634	152	140	110.41
磴口扬水灌区	67.00	54.50	52.65	617.48	85.70	710	0.00	0	33.74
民族团结灌区	31.18	31.00	30.09	379.95	100.69	180	0.00	0	16.00
麻地壕灌区	78.32	63.00	63.00	487.3	153.8	837	0.00	0	62.11
大黑河灌区	85.50	71.84	64.96	670	149.97	1490	12.20	11	55.59
合计	1263.16	1162.1	1193.38	11640.77	3559.6	23962	3159.45	3322	937.46

资料来源：内蒙古自治区新增四个千万亩高效节水灌溉实施方案（2016～2020 年）。

　　表 5.17 为截至 2015 年内蒙古沿黄灌区中型灌区基本情况表，从表 5.17 可知：截至 2015 年底，内蒙古沿黄地区有重点中型灌区 21 处，一般中型灌区 53 处，中型灌区设计灌溉面积 336.16 万亩、农田有效灌溉面积 175.33 万亩、田间节水灌溉面积 155.08 万亩。

表 5.17　　　　　　　**2015 年内蒙古沿黄盟市中型灌区现状情况**

盟市	灌区类型	灌区数量（处）	设计灌溉面积（万亩）	农田有效灌溉面积（万亩）	骨干工程		田间节水灌溉面积（万亩）
					实有渠道、沟道长度（千米）	实有渠沟系建筑物（座）	
呼和浩特	合计	14	90.32	47.06	679.50	1747	26.67
	重点中型	5	69.58	35.56	534.50	1353	18.57
	一般中型	9	20.74	11.50	145.00	394	8.10

续表

盟市	灌区类型	灌区数量（处）	设计灌溉面积（万亩）	农田有效灌溉面积（万亩）	骨干工程		田间节水灌溉面积（万亩）
					实有渠道、沟道长度（千米）	实有渠沟系建筑物（座）	
包头市	合计	18	57.94	41.33	485.88	389	26.58
	重点中型	4	35.20	27.73	300.15	170	14.00
	一般中型	14	22.74	13.60	185.73	219	12.58
乌海市	合计	4	8.80	8.02	87.70	167	9.44
	重点中型	1	5.50	5.20	40.00	120	5.24
	一般中型	3	3.30	2.82	47.70	47	4.20
鄂尔多斯	合计	18	81.64	49.58	1006.57	3785	31.42
	重点中型	4	31.14	28.37	572.00	2332	20.07
	一般中型	14	50.50	21.21	434.57	1453	11.35
巴彦淖尔	合计	4	34.90	29.34	1152.78	1759	22.97
	重点中型	3	20.10	17.54	86.78	300	17.07
	一般中型	1	14.80	11.80	1066.00	1459	5.90
阿拉善盟	合计	16	62.56	0.00	1665.43	195	38.00
	重点中型	4	38.60	0.00	1650.58	195	23.56
	一般中型	12	23.96	0.00	14.85	0	14.44

资料来源：内蒙古自治区新增四个千万亩高效节水灌溉实施方案（2016～2020）。

表5.18 为截至2015年内蒙古沿黄灌区小型灌区基本情况表，从表5.18可知：截至2015年底，内蒙古沿黄盟市小型灌区农田有效灌溉面积540.78万亩，林果地灌溉面积60.41万亩，饲草料地灌溉面积178.40万亩，节水灌溉面积554.88万亩。

表 5.18 　　　　　　　　 **2015 年内蒙古沿黄盟市小型灌区现状情况** 　　　　　单位：万亩

盟市	农田有效灌溉面积	林果地灌溉面积	饲草料地灌溉面积	节水灌溉面积
呼和浩特	148.72	4.96	0.00	124.49
包头市	64.63	7.07	19.95	78.54
乌海市	2.57	12.75	0.00	2.36
鄂尔多斯	197.25	16.94	114.52	250.06
巴彦淖尔	127.61	3.78	21.23	89.41
阿拉善盟	0.00	14.91	22.70	10.02
合计	540.78	60.41	178.40	554.88

资料来源：内蒙古自治区新增四个千万亩高效节水灌溉实施方案（2016～2020 年）。

| 第六章 |

内蒙古沿黄地区水权交易构建
基础与发展现状

本章主要从黄河流域水资源总量控制刚性约束、初始水权界定、工农业用水矛盾突出、农业节水潜力大等角度论述内蒙古沿黄地区水权交易的现实基础；从 2003 年黄河水利委员会批准内蒙古沿黄地区水权置换试点以来对内蒙古沿黄地区水权交易发展状况进行全面梳理，并对内蒙古沿黄地区水权交易的基本特征进行阐释，认为内蒙古沿黄地区交易方式相对单一，以点对点和面对面水权交易为主，属于政府主导型的水权交易，是取水权的有限期交易，受让企业以能源化工企业为主。

第一节　内蒙古沿黄地区水权交易构建的现实基础

一、黄河流域水资源总量控制的刚性约束

中华人民共和国成立之后，随着黄河流域及其相关地区经济发展对黄河

水资源需求的不断增加，黄河水资源分配问题日益引起各方重视。1954 年在编制黄河流域规划时首次对黄河流域各省区引黄水量进行了评估。1984 年编制的《黄河水资源开发利用预测》中提出了沿黄各省区水量分配方案。1987 年国务院颁布《关于黄河可供水量分配方案的报告》，该方案充分考虑了黄河最大可能供水量，将 370 亿立方米黄河耗水量指标在沿黄各省区进行了分配。表 6.1 为"87 分水"方案引黄各省（区、市）干支流配水指标表，青海省黄河干流配水指标 7.49 亿立方米，支流配水指标 6.61 亿立方米；四川省黄河支流配水指标 0.4 亿立方米；甘肃省黄河干流配水指标 14.95 亿立方米，支流配水指标 15.45 亿立方米；宁夏回族自治区黄河干流配水指标 36.02 亿立方米，支流配水指标 3.98 亿立方米；内蒙古自治区黄河干流配水指标 55.29 亿立方米，支流配水指标 3.31 亿立方米；陕西省黄河干流配水指标 9.06 亿立方米，支流配水指标 28.94 亿立方米；山西省黄河干流配水指标 27.83 亿立方米，支流配水指标 15.27 亿立方米；河南省黄河干流配水指标 35.67 亿立方米，支流配水指标 19.73 亿立方米；山东省黄河干流配水指标 65.03 亿立方米，支流配水指标 4.97 亿立方米；河北省和天津市黄河干流配水指标 20 亿立方米。

表6.1　　　　"87 分水"方案引黄各省（区、市）干支流配水指标 单位：亿立方米

省区市	青海	四川	甘肃	宁夏	内蒙古	陕西	山西	河南	山东	河北天津	合计
干流	7.49	0	14.95	36.02	55.29	9.06	27.83	35.67	65.03	20.00	271.34
支流	6.61	0.40	15.45	3.98	3.31	28.94	15.27	19.73	4.97	0	98.66
合计	14.1	0.4	30.4	40.0	58.6	38.0	43.1	55.4	70.0	20.0	370.0

资料来源：水利部黄河水利委员会（编）. 黄河水权转换制度构建及实践 [M]. 郑州：黄河水利出版社，2008.

作为方案编制的技术支撑，相关业务部门进行了分河段水量平衡演算并提出了不同部门配水指标，见表 6.2。从表 6.2 可以看出，兰州以上农业需

耗水量指标为 22.9 亿立方米，城市生活和工业需耗水量指标为 5.8 亿立方米，合计耗水量为 28.7 亿立方米；河口镇以上农业需耗水量指标为 118.8 亿立方米，城市生活和工业需耗水量指标为 8.3 亿立方米，合计耗水量为 127.17 亿立方米；三门峡以上农业需耗水量指标为 189.5 亿立方米，城市生活和工业需耗水量指标为 32.9 亿立方米，合计耗水量为 222.4 亿立方米；花园口以上农业需耗水量指标为 210.7 亿立方米，城市生活和工业需耗水量指标为 37.9 亿立方米，合计耗水量为 248.6 亿立方米；利津以上农业需耗水量指标为 291.6 亿立方米，城市生活和工业需耗水量指标为 78.4 亿立方米，合计耗水量为 370.0 亿立方米。

表 6.2　　"87 分水"方案黄河流域不同河段不同部门需耗水量　　单位：亿立方米

断面	农业需耗水量	城市生活、工业需耗水量	合计需耗水量	备注
兰州以上	22.9	5.8	28.7	供水保证率：农业 75%，工业和城市生活用水 95%
河口镇以上	118.8	8.3	127.1	
三门峡以上	189.5	32.9	222.4	
花园口以上	210.7	37.9	248.6	
利津以上	291.6	78.4	370.0	

资料来源：水利部黄河水利委员会. 黄河水权转换制度构建及实践 ［M］. 郑州：黄河水利出版社，2008.

"87 黄河分水方案"明确了沿黄各省区引黄用水的权益，成为黄河水资源统一调度和管理的依据。

20 世纪 90 年代以来，随着黄河下游断流问题的加剧，1998 年 12 月原国家计委、水利部会同各相关部门和地区制订了《黄河可供水量年度分配及干流水量调度方案》，该方案明确了《黄河可供水量分配方案》的年内逐月分配指标。为加强黄河取水许可总量控制管理，规范建设项目取水许可申请审批，2002 年黄河水利委员会制定了《黄河取水许可证总量控制管理办法

(试行)》。2006 年 8 月国务院颁布《黄河水量调度条例》，该条例为黄河水量统一调度和统一管理提供了法律保障。《黄河水量调度条例》颁布之后，黄河水利委员会组织各省区开展取水许可证总量控制指标细化工作，以总量控制和定额管理相结合的原则将《黄河可供水量分配方案》分配给沿黄各省区的年耗水量指标细化到各地市（盟市）。

2012 年 1 月 12 日，国务院发布了《国务院关于实行最严格水资源管理制度的意见》，明确提出强化用水总量控制。随着黄河水资源供需矛盾的尖锐和黄河水资源统一调度管理体系的完善及监控手段的逐渐严格，以《黄河可供水量分配方案》为总量控制的水资源管理成为黄河取水的刚性约束。水资源总量控制的刚性约束要求逐步变革水资源管理模式，提高水资源使用效率，促进节约用水。

二、 内蒙古沿黄地区初始水权界定的进展

初始水权界定是可交易水权制度构建的前提，黄河水利委员会分配给内蒙古自治区的耗水量指标为 58.6 亿立方米/年，内蒙古自治区又把这一耗水量指标分配给沿黄各盟市，明确了沿黄各盟市的黄河初始水权（见表6.3）。内蒙古沿黄地区黄河初始水权分配为该地区水权交易提供了前提。

表6.3　　　　　　　内蒙古黄河灌区黄河初始水权分配　　　　单位：亿立方米

盟市	灌区和工业生活	初始水权数量	小计
呼和浩特市	大黑河灌区	0.200	5.1
	沿黄小灌区	0.060	
	麻地壕灌区	2.400	
	哈素海灌区	0.700	
	工业生活	1.740	

续表

盟市	灌区和工业生活	初始水权数量	小计
包头市	磴口灌区	2.200	5.5
	民族团结灌区	1.220	
	沿黄小灌区	0.019	
	工业生活	2.061	
鄂尔多斯市	南岸灌区	6.200	7.0
	沿黄小灌区	0.016	
	工业生活	0.784	
巴彦淖尔市	河套灌区	40.00	40.0
乌海市	农业灌区	0.500	0.5
阿拉善盟	滦井滩灌区	0.500	0.5
小计	农业	54.015	
	工业生活	4.585	
合计		58.60	58.6

资料来源：内蒙古自治区水利水电设计院：内蒙古自治区黄河水权转换总体规划报告。

内蒙古自治区将"87分水"方案中分得的58.6亿立方米/年的耗水量指标按用水类别分，其中的54.015亿立方米/年分配给农业灌溉，占年总耗水量指标的92.18%；其中的4.585亿立方米/年分配给工业生活，占年总耗水量指标的7.82%。按行政区划分，呼和浩特市分得其中的5.1亿立方米/年，占年总耗水量指标的8.70%；包头市分得5.5亿立方米/年，占年总耗水量指标的9.34%；鄂尔多斯市分得7.0亿立方米/年，占年总耗水量指标的11.95%；巴彦淖尔市分得40亿立方米/年，占总耗水量指标的68.26%；乌海市分得0.5亿立方米/年，占年总耗水量指标的0.85%；阿拉善盟分得0.5亿立方米/年，占年总耗水量指标的0.85%。内蒙古沿黄地区黄河初始水权分配为该地区工农业水权置换和跨盟市水权交易提供了前提。

三、 内蒙古沿黄地区工农业用水结构矛盾突出

黄河是内蒙古中西部沿黄地区地表水取水的主要来源，但内蒙古黄河水资源长期以漫灌形式用于农业灌溉。以取水量和耗水量指标考察（见表6.4），2011～2016年内蒙古黄河地表水年均取水量74.81亿立方米，其中农田灌溉占年均耗水量比重的85.97%；2011～2016年内蒙古黄河地表水年均耗水量58.90亿立方米，其中农田灌溉占年均耗水量比重的84.49%。农田灌溉用水在内蒙古黄河地表水分行业用水中所占比重最大。

表6.4　　　　2011～2016年内蒙古黄河地表水分行业利用情况统计 单位：亿立方米

年份	项目	合计	农田灌溉	林牧渔畜	工业	城镇公共	居民生活	生态环境
2011	取水量	75.51	67.10	2.00	4.16	0.22	0.52	1.51
	耗水量	61.50	54.07	1.50	3.75	0.15	0.52	1.51
2012	取水量	67.35	58.99	2.06	4.21	0.20	0.52	1.37
	耗水量	53.94	46.19	1.76	3.96	0.14	0.52	1.37
2013	取水量	78.35	69.40	2.94	4.52	0.40	0.90	0.19
	耗水量	62.75	54.55	2.68	4.14	0.34	0.85	0.19
2014	取水量	78.36	66.36	3.25	5.23	0.40	0.91	2.21
	耗水量	62.00	50.71	3.05	4.83	0.34	0.86	2.21
2015	取水量	73.86	62.01	3.34	5.25	0.40	0.90	1.96
	耗水量	58.03	46.91	3.12	4.85	0.34	0.85	1.96
2016	取水量	70.95	61.71	2.01	4.27	0.30	0.80	1.86
	耗水量	55.20	46.62	1.81	3.92	0.24	0.75	1.86

资料来源：2011～2016年黄河水资源公报。

表6.5为2011～2016年内蒙古黄河地下水分行业利用情况统计表，从表6.5可知：2011～2016年内蒙古黄河地下水年均取水量28.45亿立方米，其中农田灌溉地下取水占年均地下取水量比重的54.36%。2011～2016年内

蒙古黄河地下水年均耗水量 21.82 亿立方米，其中农田灌溉地下水耗水量占年均地下水耗水量比重的 56.69%。农田灌溉用水在内蒙古黄河地下水分行业用水中所占比重最大。

表 6.5　　　2011～2016 年内蒙古黄河地下水分行业利用情况统计　　单位：亿立方米

年份	项目	合计	农田灌溉	林牧渔畜	工业	城镇公共	居民生活	生态环境
2011	取水量	28.79	16.40	3.28	5.24	0.64	2.33	0.90
	耗水量	21.64	13.12	2.62	3.23	0.41	1.44	0.82
2012	取水量	30.06	13.98	3.78	7.83	1.10	2.69	0.68
	耗水量	22.57	11.18	3.21	5.10	0.68	1.77	0.63
2013	取水量	29.45	15.30	5.36	4.29	1.15	2.55	0.80
	耗水量	22.70	12.24	4.53	2.80	0.71	1.68	0.74
2014	取水量	28.00	16.54	3.82	3.87	0.77	2.30	0.70
	耗水量	21.67	13.24	3.25	2.53	0.48	1.52	0.65
2015	取水量	27.39	15.44	4.69	3.35	0.74	2.44	0.73
	耗水量	21.31	12.35	4.02	2.19	0.46	1.61	0.68
2016	取水量	27.01	15.13	4.49	3.09	0.69	2.60	1.01
	耗水量	21.03	12.10	3.81	2.03	0.43	1.72	0.94

资料来源：2011～2016 年黄河水资源公报。

　　但由于灌溉设施年久失修和灌溉方式不合理等原因，内蒙古沿黄地区农业灌溉水利用效率不高，水资源浪费严重。表 6.6 反映了河套灌区渠系水利用效率情况。

表 6.6　　　　　　　　河套灌区渠系水利用效率情况　　　　　　单位：%

渠道类别	农渠	斗渠	支渠	分干渠	干渠	总干渠
渠道水利用效率	94.16	92.84	89.76	78.92	82.41	94.05
渠系水利用效率	渠系加权连乘：48.00；灌溉面积加权：47.77					

资料来源：杨晓. 河套灌区渠系水利用效率评价与节水潜力评估［D］. 内蒙古农业大学，2015：53.

与此同时，内蒙古中西部地区工业企业用水难以得到保障。以鄂尔多斯为例，该地区是内蒙古煤化工企业最多且产业规模最大的地区，工业需水量大。而鄂尔多斯水资源严重短缺，黄河作为该地区唯一过境水源，分配给鄂尔多斯的黄河用水指标仅为 7.0 亿立方米/年，农业和工业争相竞争黄河用水指标。

四、 内蒙古沿黄地区节水潜力大

通过节约用水的节余水权是内蒙古沿黄地区水权交易的主要客体，内蒙古沿黄地区农业节水潜力是该区域开展工农业水权交易的重要支撑。内蒙古沿黄地区节水灌溉取得了显著成绩，但未来其节水潜力依然较大。

"十二五"期间，内蒙古自治区积极争取国家资金和政策扶持，加大节水灌溉工程建设力度，全区节水灌溉建设取得了快速发展。

"十二五"时期，内蒙古自治区加快实施大型灌区续建配套与节水改造工程，总投资 27.42 亿元（其中中央投资 21.94 亿元，自治区配套 2.98 亿元，盟市配套 2.5 亿元），比"十一五"投资增加 15.62 亿元。表 6.7 为 2015 年底内蒙古沿黄地区大型灌区基本现状情况表，从表 6.7 可知：截至 2015 年底，内蒙古沿黄地区大型灌区设计灌溉面积 1263.16 万亩，实际灌溉面积 1193.38 万亩，农田有效灌溉面积 1162.1 万亩；骨干渠道实有建筑物 23962 座，实有长度 11640.77 千米，已衬砌长度 3559.6 千米，已衬砌长度占实有长度的 30.58%；骨干沟道实有建筑物 3322 座，实有长度 3159.45 千米；节水灌溉工程面积 937.46 万亩，占设计灌溉面积的 74.22%。

表 6.7　　　　2015 年底内蒙古沿黄地区大型灌区基本现状情况表

单位：面积（万亩）/长度（千米）/建筑物（座）

灌区名称	有效灌溉面积	实际灌溉面积	设计灌溉面积	骨干渠道			骨干沟道		节水灌溉工程面积
				实有建筑物	已衬砌长度	实有长度	实有建筑物	实有长度	
大黑河灌区	71.84	64.96	85.50	1490	149.97	670	11	12.20	55.59
麻地壕灌区	63.00	63.000	78.32	837	153.8	487.3	0	0	62.11
民族团结灌区	31.00	30.09	31.18	180	100.69	379.95	0	0	16.00
磴口扬水灌区	54.50	52.65	67.00	710	85.7	617.48	0	0	33.74
黄河南岸灌区	119.62	110.41	139.62	13634	1841.84	1841.84	140	152.00	110.41
河套灌区	822.14	872.27	861.54	7111	1227.6	7644.2	3171	2995.25	659.61
合计	1162.1	1193.38	1263.16	23962	3559.6	11640.77	3322	3159.45	937.46

资料来源：内蒙古自治区新增"四个千万亩"高效节水灌溉实施方案（2016~2020 年）的通知。

　　"十二五"时期，内蒙古自治区发展节水灌溉面积 1631 万亩，新增年节水能力 12 亿立方米。全区农田有效灌溉面积和饲草料地灌溉面积年均增长 2.1%，农田有效灌溉面积年均增长 2.4%，节水灌溉面积年均增长 10%；渠道防渗灌溉面积占总节水灌溉面积的比例由 2011 年的 45% 下降到 2015 年的 32%，低压管道由 2011 年的 31% 下降到 2015 年的 22%，喷灌由 2011 年的 16% 提高到 2015 年的 20%，微灌由 2011 年的 8% 提高到 2015 年的 25%。表 6.8 为 2015 年底内蒙古沿黄盟市有效灌溉面积和节水灌溉面积表，从表 6.8 可知：截至 2015 年底，内蒙古沿黄盟市灌溉面积 2131.32 万亩，其中农田有效灌溉面积 1863.09 万亩，饲草料灌溉面积 245.19 万亩；节水灌溉面积 1634.78 万亩，节水灌溉面积占灌溉面积的 76.70%，其中微灌 117.19 万亩，占节水灌溉面积的 7.17%；喷灌 176.97 万亩，占节水灌溉面积的 10.83%；低压管道 254.65 万亩，占节水灌溉面积的 15.85%；渠道防渗 1083.07 万亩，占节水灌溉面积的 66.25%；其他工程 2.69 万亩，占节水灌溉面积的 0.18%。

表 6.8   2015 年底内蒙古沿黄盟市有效灌溉面积和节水灌溉面积   单位：万亩

盟市	灌溉面积			节水灌溉面积					
	农田有效灌溉面积	饲草料	合计	微灌	喷灌	低压管道	渠道防渗	其他工程	合计
呼和浩特市	315.51	0.00	315.51	10.37	29.27	28.17	190.38	0.26	258.44
包头市	191.46	25.35	216.81	25.98	12.89	39.38	76.62	0.00	154.86
乌海市	10.59	0.00	10.59	1.84	0.20	1.32	6.24	0.00	9.59
鄂尔多斯市	366.45	136.07	502.52	34.10	132.41	71.43	151.26	2.70	391.89
巴彦淖尔市	979.08	35.75	1014.83	37.92	0.77	99.17	634.13	0.00	771.98
阿拉善盟	0.00	48.02	71.06	6.98	1.43	15.18	24.44	0.00	48.02
合计	1863.09	245.19	2131.32	117.19	176.97	254.65	1083.07	2.96	1634.78

资料来源：内蒙古自治区新增"四个千万亩"高效节水灌溉实施方案（2016～2020 年）的通知。

2017 年内蒙古自治区人民政府颁布自治区水利厅等 7 部门制定的《内蒙古自治区新增"四个千万亩"高效节水灌溉实施方案（2016～2020 年)》（以下简称《实施方案》），方案以水利灌溉设施配套为基础，以节水改造为重点，以强基稳粮促牧增效为目标，把农牧业节水作为一项战略工程全面推进。自治区新增"四个千万亩"高效节水灌溉工程总体建设任务是 1330 万亩。其中，完成 1079.83 万亩现有灌区节水改造任务、208 万亩新发展节水建设任务。通过新增"四个千万亩"高效节水灌溉工程的实施，实现到 2020 年节水灌溉总规模达到 5000 万亩，其中：滴灌 1779.19 万亩，喷灌 1232.21 万亩，低压管道灌溉 829.26 万亩，渠道防渗 1159.34 万亩；到 2020 年农业灌溉水有效利用率达到 0.55 以上，农牧业灌溉用水总量控制在 150 亿立方米内，农业用水基本实现零增长，地下水超采区用水实现负增长。

农牧业节水灌溉建设分为改造面积和新增面积两部分内容。改造面积是对现有灌区实施节水改造建设，这部分内容不仅不需要增加灌溉用水量，而且通过节水措施的实施，可以提高现有灌区的灌溉用水效率，灌溉用水量会减少。根据《实施方案》，内蒙古自治区在实施新增"四个千万亩"高效节水灌溉后，到2020年黄河流域可以节约用水3.453亿立方米/年，其中地表水节水量0.185亿立方米/年，地下水节水量3.268立方米/年。通过节水灌溉节约的黄河水量是内蒙古沿黄地区开展水权交易的重要水权保障。表6.9反映了内蒙古自治区实施2016～2020年农村牧区现有灌区高效节水改造之前的用水情况，从表6.9可以看出：实施2016～2020年农村牧区高效节水改造之前内蒙古黄河区农牧区地下水用水量8.535亿立方米，地表水用水量0.669亿立方米，总用水量9.204亿立方米。

表6.9　　内蒙古自治区2016～2020年农村牧区现有灌区高效节水改造前用水量

单位：亿立方米

| 流域及盟市 | 改造前用水量 | | | | | |
| | 农牧区合计 | | 农区 | | 牧区 | |
	地下水	地表水	地下水	地表水	地下水	地表水
内陆河	1.295	0.085	1.281	0.081	0.014	0.004
乌兰察布市	0.982	0.034	0.982	0.034		
锡林郭勒盟	0.313	0.051	0.299	0.047	0.014	0.004
黄河	8.535	0.669	8.359	0.634	0.139	0.035
阿拉善盟	0.690	0.190	0.600	0.167	0.090	0.023
乌海市	0.009		0.009			
巴彦淖尔市	3.272	0.068	3.354	0.063	0.018	0.005
鄂尔多斯市	2.237	0.173	2.205	0.165	0.031	0.008
包头市	0.974	0.146	0.974	0.146		
呼和浩特市	1.354	0.093	1.354	0.093		
辽河	5.554	2.606	5.239	2.527	0.315	0.079
赤峰市	1.605	0.744	1.512	0.721	0.092	0.023
通辽市	3.949	1.862	3.726	1.807	0.223	0.056
嫩江/额尔古纳	2.671	2.239	2.647	2.223	0.024	0.006

流域及盟市	改造前用水量					
	农牧区合计		农区		牧区	
	地下水	地表水	地下水	地表水	地下水	地表水
兴安盟	1.116	1.406	1.110	1.404	0.006	0.002
呼伦贝尔市	1.556	0.834	1.537	0.829	0.018	0.005
合计	18.031	5.594	17.562	5.476	17.562	5.476

资料来源：内蒙古自治区新增"四个千万亩"高效节水灌溉实施方案（2016～2020年）的通知。

表6.10反映了内蒙古自治区实施2016～2020年农村牧区现有灌区节水改造之后的用水情况，从表6.10可以看出：实施2016～2020年农村牧区高效节水改造之前内蒙古黄河区农牧区地下水用水量5.226亿立方米，地表水用水量0.484亿立方米，总用水量5.751亿立方米。

表6.10　内蒙古自治区2016～2020年农村牧区现有灌区高效节水改造后用水量

单位：亿立方米

流域及盟市	改造后用水量					
	农牧区合计		农区		牧区	
	地下水	地表水	地下水	地表水	地下水	地表水
内陆河	0.775	0.064	0.764	0.062	0.010	0.003
乌兰察布市	0.569	0.026	0.569	0.026		
锡林郭勒盟	0.205	0.038	0.195	0.036	0.010	0.003
黄河	5.266	0.484	5.165	0.459	0.101	0.025
阿拉善盟	0.419	0.120	0.355	0.104	0.064	0.016
乌海市	0.005	0.000	0.005	0.000		
巴彦淖尔市	1.893	0.051	1.880	0.048	0.013	0.003
鄂尔多斯市	1.516	0.134	1.492	0.128	0.024	0.006
包头市	0.612	0.107	0.612	0.107		

续表

流域及盟市	改造后用水量					
	农牧区合计		农区		牧区	
	地下水	地表水	地下水	地表水	地下水	地表水
呼和浩特市	0.822	0.072	0.822	0.072		
辽河	3.697	1.970	3.459	1.910	0.239	0.060
赤峰市	0.998	0.417	0.928	0.454	0.070	0.017
通辽市	2.669	1.499	2.530	1.456	0.169	0.042
嫩江/额尔古纳	1.912	1.753	1.893	1.748	0.018	0.005
兴安盟	0.773	1.055	0.729	1.054	0.005	0.001
呼伦贝尔市	1.178	0.698	1.165	0.694	0.014	0.003
合计	11.650	4.271	11.282	4.179	0.368	0.092

资料来源：内蒙古自治区新增"四个千万亩"高效节水灌溉实施方案（2016~2020年）的通知。

表6.11为内蒙古自治区2016~2020年农村牧区现有灌区高效节水改造前后节水量情况表，从表6.11可以看出，实施2016~2020年农村牧区现有灌区高效节水改造，预期可以使黄河流域的呼和浩特市、包头市、鄂尔多斯市、巴彦淖尔市、乌海市、阿拉善盟6个盟市现有农牧区实现节水量3.453亿立方米，其中节约地表水0.185亿立方米，节约地下水3.268亿立方米。

表6.11　内蒙古自治区2016~2020年农村牧区现有灌区高效节水改造前后节水量

单位：亿立方米

盟市	农牧区总节水量		
	地下水	地表水	合计
内陆河	0.521	0.021	0.542
乌兰察布市	0.413	0.008	0.421
锡林郭勒盟	0.108	0.013	0.120
黄河	3.268	0.185	3.453

盟市	农牧区总节水量		
	地下水	地表水	合计
阿拉善盟	0.270	0.069	0.340
乌海市	0.004		0.004
巴彦淖尔市	1.379	0.017	1.396
鄂尔多斯市	0.721	0.038	0.759
包头市	0.362	0.039	0.401
呼和浩特市	0.523	0.022	0.553
辽河	1.857	0.636	2.439
赤峰市	0.607	0.273	0.879
通辽市	1.250	0.364	1.614
嫩江/额尔古纳	0.760	0.486	1.246
兴安盟	0.383	0.350	0.723
呼伦贝尔市	0.377	0.136	0.513
合计	6.384	1.323	7.704

资料来源：内蒙古自治区新增"四个千万亩"高效节水灌溉实施方案（2016~2020年）的通知。

第二节 内蒙古沿黄地区水权交易发展历程

在水利部和黄河水利委员会的大力支持下，内蒙古从2003年开展黄河流域水权转让试点工作。内蒙古的水权转换是在水量总量控制的情况下，通过工业投资农业节水改造工程，将农业节水水权向缺水工业项目进行转换，实现农业、工业和水资源利用的"三赢"。

一、 鄂尔多斯一期水权置换项目

内蒙古水权转换试点项目主要集中在鄂尔多斯黄河南岸灌区，灌区始建于 20 世纪 60 年代，为自流引水灌区，通过黄河三盛公水利枢纽工程引水，工程控制面积 2146 平方千米，由总干、分干、支、斗、农五级渠系组成。在水权转换之前，灌区供水配套程度低，节水潜力大。表 6.12 为水权转换前鄂尔多斯黄河南岸灌区典型灌域渠系及其情况表。

表 6.12　　　　水权转换前（2003）鄂尔多斯黄河南岸灌区渠系情况

渠道名称	渠系基本情况
总干渠	总干渠全长 148 千米，总干渠上有 2 条分干渠和 3 条退水干渠。分干渠总长度 68.4 千米，退水干渠总长度 11.0 千米，水权转换实施之前总干渠未采取任何节水工程措施
昌汉白灌域	该灌区通过扬水站和引水渠进行灌溉。固定扬水站建于 1989 年，安装总功率 620 千瓦的 4 台机组，总扬程 23.0 千米，灌溉面积 2.67 万亩，各级渠道均未采取节水工程措施
巴拉亥灌域	灌域通过 9 条引水支渠从总干渠引水，支渠总长度 54.98 千米，灌溉面积 6.32 万亩，未采取任何节水工程措施。灌域主要以粮食作物为主
牧业灌域	灌域灌溉面积 5.12 万亩，全部为牧草和林地，干渠长 40.0 千米，总干渠上有 3 条支渠和 20 条干斗渠，支渠总长度 3.35 千米，干斗渠总长度 45.65 千米。水权转换之前灌域未采取任何节水工程措施
建设灌域	该灌域分布在总干渠中部，沿总干渠长度 76.7 千米，灌域分干渠总长度 28.4 千米，建有 29 条支渠，总长度 166.4 千米，灌溉面积 17.89 万亩。该灌域工程设施运行良好

资料来源：水利部黄河水利委员会．黄河水权转换制度构建及实践［M］．黄河水利出版社，2008.

2003 年 4 月开始，经黄河水利委员会批准，在内蒙古鄂尔多斯黄河南岸灌区等地开展水权置换试点，2006 年以前，黄委会批复内蒙古鄂尔多斯市 6 个水权置换项目，即达电四期、鄂绒电厂、亿利 PVC 项目、准旗大饭铺电厂（一期）、魏家峁电厂、新奥化工项目，转换水量为 0.7748 亿立方米，总

— 173 —

投资为 4.05 亿元。截至 2006 年底，这 6 个水权转换项目中灌区节水改造工程全部结束，共完成鄂尔多斯市黄河南岸灌区 126 公里总干渠的衬砌任务，并对 1 万亩农田的干支斗农毛渠道进行衬砌改造。在总结上述 6 家工程实施经验的基础上，实施了鄂尔多斯市政府提出的统一组织节水工程建设方案，水权交易方式从"点对点"改为"点对面"。2007 年底，该项目节水工程已按照批复实施完毕，共完成投资 3.15 亿元，衬砌总干渠 7.33 公里，分干渠 19.8 公里，支渠 137.52 公里，农渠 708 公里及配套建筑物等，单方水工程造价约为 6.01 元。鄂尔多斯市水权转让一期节水改造工程累计完成投资 6.9 亿元，转让水量 1.3 亿立方米①。表 6.13 为鄂尔多斯一期水权转换部分试点项目情况表。

表 6.13　　　　　　　鄂尔多斯一期水权转换部分试点项目情况

建设项目	项目规模	节水措施	年节约水量（万立方米）	年新增取水量（万立方米）
达拉特发电厂四期扩建工程	4×600 兆瓦	衬砌鄂尔多斯黄河南岸灌区总干渠 55 千米	2275	2043
鄂尔多斯电力冶金有限公司电厂一期工程	4×330 兆瓦	衬砌鄂尔多斯黄河南岸灌区总干渠 42 千米	2173	1880
朱家坪电厂和青春塔煤矿	2×600 兆瓦	衬砌鄂尔多斯黄河南岸灌区总干渠 7.2 千米	810	762
魏家峁煤电联营一期工程	4×600 兆瓦	衬砌鄂尔多斯黄河南岸灌区总干渠 21.8 千米	1350	1250
亿利烧碱、PVC 和电厂项目	4×630 兆瓦	衬砌鄂尔多斯黄河南岸灌区总干渠 15.7 千米	1801.5	1705
北方杭锦电厂一期工程	2×600 兆瓦	衬砌鄂尔多斯黄河南岸灌区牧业灌域分干渠 20.05 千米	669	615

---

① 内蒙古日报，内蒙古开展水权转让走出水资源制约瓶颈，发布时间：2015 - 2 - 4。

续表

建设项目	项目规模	节水措施	年节约水量 （万立方米）	年新增取水量 （万立方米）
内蒙古大饭铺电厂	2×300 兆瓦	衬砌鄂尔多斯黄河南岸灌区建设灌域支渠 15.3 千米	221.24	221
新奥甲醇、二甲醚项目	60 万 T 40 万 T	衬砌鄂尔多斯黄河南岸灌区巴拉亥灌域斗渠 50.35 千米，农渠 140.12 千米	709	648.8
鄂尔多斯鲁能煤制甲醇转烯烃项目	180 万 T	衬砌鄂尔多斯黄河南岸灌区建设灌域支渠 15.3 千米	1718	1636
国电建投内蒙古长滩电厂一期工程	2×1000 兆瓦	衬砌鄂尔多斯黄河南岸灌区牧业灌域和沙壕支渠 4 条支渠 34.6 千米，16 条斗渠 22.32 千米，50 条农渠 51 千米	635	577

资料来源：水利部黄河水利委员会．黄河水权转换制度构建及实践［M］．黄河水利出版社，2008.

二、鄂尔多斯二期水权置换项目

鄂尔多斯在一期水权转换的基础上，于 2009 年开始实施二期水权转换。按照批复，鄂尔多斯二期水权转换工程年可转换水量 9960 万立方米，年节约水量 1.36 亿立方米，工程规划总投资 14.22 亿元，涉及鄂尔多斯辖区杭锦旗和达拉特旗沿河的 13 个乡镇。工程涉及杭锦旗境内自流灌溉面积 32 万亩，达拉特旗及杭锦旗境内扬水灌溉面积 62.2 万亩，总灌溉面积 94.2 万亩。鄂尔多斯市二期水权转换采取了严格的节水措施，主要包括工程性节水措施和非工程性节水措施。工程性节水措施主要是对扬水灌域现有提水泵站进行整合，衬砌扬水灌区内的骨干渠道，并将灌区内部分农田由渠灌改为喷灌和滴灌。根据不同灌溉形式和农业机械化作业需求，在灌区内改造畦田；

非工程性节水措施主要是优化引黄灌区农田的种植结构，主要是调整粮、经、草的种植比例，从而实现节水目的，见表 6.14。

表 6.14　　　　　　　鄂尔多斯市二期水权转换工程节水措施情况

节水类型	节水措施
工程性节水	（1）将扬水灌域内 33 座提水泵站按自然地块条件整合为 10 个独立运行的浮船式泵站；（2）对扬水灌域内 470 条总长度为 986.7 公里的骨干渠道进行衬砌；（3）将灌区内 24.92 万亩农田由渠灌改为喷灌，将 10.08 万亩农田由渠灌改为滴灌；（4）在灌区内改造畦田 44.92 万亩，井渠双灌面积 14.28 万亩
非工程性节水	优化引黄灌区 90.2 万亩农田的种植结构，将粮、经、草比例由现状扬水灌区的 65∶25∶10 和自流灌区的 64∶26∶10 调整为 40∶30∶30

由于二期工程投资偏高，鄂尔多斯市财政配套 5 亿元补贴水权转让费用；出台了《鄂尔多斯市二期水权转换工程实施管理办法》，建立了黄河南岸灌区节水补贴奖励机制，对实施喷灌、滴灌、畦田改造的农田进行节水奖励，滴灌每亩每年奖励 25 元、喷灌每亩每年奖励 15 元、畦田改造每亩每年奖励 8 元、滴灌带更新每亩每年补助 80 元，所需资金由用水企业所在旗区政府承担。

三、 内蒙古黄河沿岸地区其他水权交易

内蒙古在阿拉善地区开展了类似于鄂尔多斯地区的水权交易，该地区水权转让主要项目是乌斯太电厂一期工程，水权出让方为孪井滩扬水灌区支渠和农渠。工程计划年节水量 319 万立方米，计划年新增取水量 263 万立方米。第一批工程于 2009 年 9 月开工建设，第二批工程于 2011 年 11 月开工建设，第三批工程 2012 年 7 月开工建设，整个工程于 2013 年 4 月全部完

工。实际支渠防渗衬砌长度 11.584 公里，农渠防渗衬砌长度 307.04 公里，衬砌渠道内续建配套各级渠系建筑物 14294 座。完成建设投资 1850.84 万元。工程建设已经通过黄河水利委员会和内蒙古自治区水利厅验收①。内蒙古还在镫口扬水灌区进行了包铝东河发电厂、华电土右电厂和华电包头河西电厂等项目的水权交易。在乌达扬水灌区开展了华电乌达电厂二期工程水权转换工程。表 6.15 为内蒙古沿黄地区其他典型水权交易案例实施情况表。

表 6.15　　　　　　内蒙古沿黄地区其他典型水权交易案例实施情况

项目名称	节水工程	拟转让水量	典型受让企业/项目
包头水权置换项目	衬砌磴口土右灌区、民族团结灌区 153.86 千米干渠、358.62 千米支渠、482.9 千米斗渠、1335.2 千米农渠	年转让 5208.95 万立方米水量	包头海平面神华神土右煤矸石电厂泛海能源化工等
巴彦淖尔市水权置换项目	衬砌河套地区丰济干渠 20.162 千米和北边分干渠 5.628 千米；配套建设渠道建筑物 82 座	年转换 1915.0 万立方米水量	大中矿业铁矿采选项目
阿拉善盟水权置换项目	衬砌孪井滩扬水灌区 17.33 千米支渠、249 千米农渠	年转让水量 263.0 万立方米	乌斯太电厂一期工程

资料来源：根据李晓春，杜卿，冯传杰. 内蒙古五盟（市）水权转让实施情况［J］. 水资源开发与管理，2016（1）：82－84，7，整理得到。

目前，内蒙古盟市内水权转换进展总体顺利，解决了 50 多个工业项目用水，筹集了 30 多亿元资金用于沿黄灌区节水改造。通过水权转换，内蒙古取得了"多赢"的效果，形成了以农业节水支持工业发展用水，以工业发展反哺农业，经济社会、资源环境协调发展的良性运行机制。水权交易正在成为缓解内蒙古水资源短缺，特别是工业项目水资源短缺的重要途径。

---

① 中国水利网站，2014 年 11 月 15 日，网址：http：//www.chinawater.com.cn/newscenter/df/nmg/201411/t20141115_361251.html.

四、 内蒙古水权交易的新进展

2014 年 7 月，内蒙古被水利部列入水权制度建设试点，试点的重点内容就是积极开展水权交易。主要内容包括：

（1）开展跨盟市水权交易。通过采取渠道防渗衬砌、畦田改造及畦灌改地下水滴灌等措施，完成河套灌区沈乌灌域节水改造工程建设，拟实现灌区节水量 2.3489 亿立方米，可转让水量 1.2 亿立方米的目标。对于灌区节约的 1.2 亿立方米可转让水权指标，由自治区人民政府向鄂尔多斯和阿拉善盟配置。受让地区政府结合自治区和地区经济发展规划及产业布局，提出工业项目具体配水方案，经自治区水利厅审查后，报自治区人民政府批准，报送黄河水利委员会备案。自治区水权收储转让中心按照有关规定收储和交易闲置的水指标。探索实行水资源有偿使用制度，工业企业在缴纳水资源使用权利金后，取得具有产权属性的水资源使用权。按照企业投资、农业节水、有偿转让的原则，在巴彦淖尔市与鄂尔多斯市、阿拉善盟之间开展盟市间水权转让。依托自治区水权收储转让中心三方签订水权转让合同，转让河套灌区沈乌灌域节约的用水指标。

（2）建立健全水权交易平台。2014 年 1 月内蒙古专门组建了水权收储转让的交易平台—自治区水权收储转让中心，该中心的组建，开启了我国水利行业通过专门机构实施水权转换试点的先河。在内蒙古自治区成立由水务投资集团牵头组建的水权收储转让中心的基础上，进一步完善组织机构设置，明确职责，建设交易场所和水权交易信息管理系统。探索交易平台运作机制和方式。建立水权交易信息发布、交易协商、价格形成、费用支付、交易监管、风险控制、纠纷调解等机制，保障水权交易公开公正和规范有序。探索建立多层次、多形式的水权交易平台。根据实际需要，探索在盟市、旗县等地区以及灌区管理单位、农业用水者协会等组织中建立不同层次和多种形式的水权交易平台。地方可在辖区范围内因地制宜开展水权转让工作。

（3）开展水权交易制度建设。推动出台《内蒙古自治区水权转让管理办法》，明确水权转让的主体、条件、程序、价格、期限、第三方影响评价补偿、监督管理和法律责任等，出台《自治区闲置取用水指标处置实施办法》《水权收储转让项目资金管理办法》和《试点地区水权转让项目田间工程的建设管理办法》等政策文件，明确闲置取用水指标的认定和处置，规范水权收储转让项目资金的管理和使用，规范水权转让节水工程的建设和管理，为水权收储转让提供制度保障。建立健全自治区水权收储转让中心运作规则，规范交易申请和受理、交易主体合规性审查、交易协商与签约、转让资金和交易手续费结算、争议调解等。探索建立影响评价与利益补偿机制。研究水权交易对灌区管理单位、农民、水生态环境等的影响，开展地下水水位和水质监测，探索建立影响评价机制及补偿办法。

（4）积极探索水权交易相关改革。探索开展农业水价综合改革，逐步建立反映水资源稀缺程度和供水成本的水价形成机制，促进农业节水、提高农业用水效率，为灌区水权转让创造条件。选择有条件的灌区，探索开展水资源使用权确权登记，建立确权登记数据库；在确权登记的基础上，进一步探索开展多种形式的水权交易。推进灌区灌溉制度改革，缩短行水时间，减少输水损失，提高用水效率，促进节约用水。

按照水利部关于我国水权改革的建设要求和总体任务，内蒙古自治区积极推进跨盟市水权转让工程建设。2014年1月内蒙古自治区政府批转了《内蒙古自治区盟市间黄河干流水权转让试点实施意见（试行）》，决定通过对巴彦淖尔市河套灌区进行节水改造工程建设实现农业节水，并将农业节约水量转给沿黄工业项目。内蒙古自治区在巴彦淖尔市进一步开展灌区水权综合改革试点工作。内蒙古盟市间水权转让的重点试点地区为河套灌区的沈乌灌域。

内蒙古黄河干流跨盟市水权转让试点工作的开展，将进一步优化了黄河流域的水资源配置，通过跨盟市水权转让将进一步加快内蒙古农业特别是重点农业地区节水改造的步伐。通过农业节水改造结余水量也将解决内蒙古沿黄地区工业企业的新增用水需求。目前，黄河干流跨盟市水权转让节水改造一期工程已经开工建设，预计转换水量 1.2 亿立方米。按照工程进度，2014 年底前完成水权转让一期工程总投资的 50%，2015 年完成 80% 以上。此外，内蒙古黄河干流跨盟市水权转让二期工程已开展前期工作。在黄河干流跨盟市水权转让节水改造一期工程中，内蒙古黄河干流水权盟市间转让沈乌灌域试点工程完成后，沈乌灌域保留 3.06 亿立方米的黄河取水许可指标，指标内节水量 1.44 亿立方米，按照农业向工业转让不同保证率的换算，盟市间可转让给工业的水权指标为 1.2 亿立方米。其中鄂尔多斯市置换水权1.15 亿立方米，阿拉善盟置换 0.05 亿立方米。

2016 年 11 月 30 日，内蒙古自治区黄河干流盟市间水权转让一期试点2000 万立方米/年水权交易在中国水权交易所全部签约，标志着全国水利改革和水权制度建设又迈出了重要一步。内蒙古自治区黄河干流水权转让试点1.2 亿立方米转让水量指标已分配给沿黄有关盟市。按《内蒙古自治区闲置取用水指标处置实施办法》，自治区水利厅收回未履行转让合同和相关规定企业的水指标 2000 万立方米/年，并于 2016 年 11 月 21 日网上挂牌。鄂尔多斯市、乌海市、阿拉善盟等多家企业积极应牌，经中国水权交易所、内蒙古水权收储转让中心协调，最终内蒙古荣信化工有限公司、乌海神雾煤化科技有限公司等 5 家企业达成受让意向，2000 万立方米/年水权交易 2016 年11 月 30 日全部签约。交易期限 25 年，首付价格 0.6 元/立方米，交易金额人民币 3 亿元。由内蒙古水权收储转让中心通过中国水权交易所交易平台进行公开交易并获得成功，标志着内蒙古自治区黄河干流盟市间水权试点工作市场运行机制进一步完善[1]。2016 年 12 月内蒙古水权收储转让中心官网正

① 王立彬. 内蒙古黄河水 2000 万立方米/年水权交易成交 [N]. 2016 - 11 - 30，http: // www. gov. cn/xinwen/2016 - 11/30/content_5140693. html.

式运行，不同水权交易类型的挂牌公示、交易竞价、交易确立等功能均可在网上进行。

2017 年 2 月《内蒙古自治区水权交易管理办法》（以下简称《办法》）经由内蒙古自治区人民政府印发，该《办法》是内蒙古首个水权交易的规范性文件，《办法》规定了水权交易程序、交易类型、交易范围、交易费用和交易期限等内容。该《办法》出台使内蒙古水权转让工作有法可依、有章可循，为规范水权交易提供了有力保障。2017 年 11 月，内蒙古水权收储转让中心、内蒙古河套管理总局和 7 家企业举行内蒙古跨盟市水权转让签约仪式，协议转让共涉及 28 家企业。通过水权置换，内蒙古为近 60 个大型工业企业项目解决了新增用水问题，涉及约 2600 亿元工业增加值，为沿黄灌区筹集节水改造资金 60 多亿元①。

第三节　内蒙古沿黄地区水权交易实施原则及特点

一、内蒙古沿黄地区水权交易实施原则

水权交易应该在相应的实施原则指导下进行，这些原则是开展水权交易的基本准则，也是保障水权交易高效顺利运行的基本准则，根据国内外水权交易的经验和内蒙古沿黄地区水权交易的实践，内蒙古沿黄地区水权交易的实施原则如下。

（一）总量控制原则

内蒙古自治区水权转让所在盟市以及水权转让双方要服从黄河水利委员

---

① 张枨. 以水权转让为主要措施　内蒙古减少引黄耗水量［N］. 人民日报，2017 年 11 月 24 日 23 版.

会和内蒙古自治区水利厅关于年度水量调度的相关要求，确保自治区年度黄河水量调度和内蒙古头道拐断面的下泄流量不超过黄河水利委员会分配的年度用水计划。转让水量按节水量的 2/3 控制。各盟市可转让总量原则上以《内蒙古自治区人民政府关于进一步调整黄河用水结构有关事宜的函》分配给各盟市的指标进行控制。

（二）遵循可持续发展原则

内蒙古沿黄地区的水权交易应当符合国家产业政策，水权转换项目受让方应当采用先进的节水措施和工艺。用水项目必须符合国家和自治区确定的区域产业布局和项目准入条件，且应采用先进的节水技术，用水定额必须满足《内蒙古自治区行业用水定额标准》的要求，污水排放必须满足水功能区管理的相关要求。

（三）政府调控与市场调节相结合原则

水权交易是在水权管理体系中引入市场经济手段，而水市场只能是一个准市场，需要政府加强宏观调控，规范交易的秩序，维护用水户的利益。在内蒙古沿黄地区水权交易中，应坚持政府调控与市场调节相结合原则。自治区统筹水权转让指标，优先促进优势产业集聚和经济高质量发展，优先保障自治区重点项目用水，切实保障水权转让所涉各方合法权益，保护生态环境，地方各级人民政府水行政主管部门应按照公平、公开、公正的原则，加强试点工作的监督管理和统筹。要求水权转让节水改造工程的布局、建设调控标准和进度安排等应与大型灌区续建配套和节水改造规划相衔接，水权转让不能对灌区正常情况下用水造成影响。积极发挥市场机制在水资源配置中的作用，鼓励水权有偿转让，引导黄河水资源向高效益、高效率、低耗水、低污染行业转移。

（四）动态管理原则

内蒙古自治区根据各盟市水权转让进度、指标使用情况等，在自治区黄河流域内统筹配置盟市内和盟市间水权转让指标。地级市人民政府和盟行政公署将自治区的水权分配指标配置给受让方（用水企业）。若受让方不能按规定履责，自治区将收回其转让指标并通过市场化方式重新配置。

（五）统筹协调原则

内蒙古沿黄地区的水权交易要考虑统筹配置黄河水资源，统筹生活、生产、生态用水。水权转让工程建设要统筹协调推进，即统一组织进行前期工作和工程建设，统一水权转让单方水价格，综合考虑资金到位情况、项目核准进度与项目需水、节水工程节水量，虚拟划分企业水权转让所对应的地块或节水工程建筑物。

二、　内蒙古沿黄地区水权交易特点

（一）水权交易方式相对单一

按照水权交易主体、交易涉及产业等标准进行划分，水权交易可以分为：（1）以交易主体划分可以分为政府与政府之间的水权交易，政府与厂商之间的水权交易，厂商与厂商之间的水权交易。我国已经发生的水权交易中东阳—义乌水权交易可以看作是政府与政府之间的水权交易，甘肃张掖地区的水票交易可以看作是厂商与厂商之间的水权交易（这里的厂商是按照微观经济学中的生产者理论来界定，可能是企业也可能是农户）。（2）按照水权交易涉及产业划分可以分为产业内水权交易和产业间水权交易。产业内水权交易是指在同一产业内部，如工业部门或者农业部门内部，由于用水效率、节水技术等差异而发生的水权交易。甘肃张掖地区的水票交易属于产业内部水权交易；产业间水权交易主要发生在农业与工业之间。由于农业用水数量大且用水效率低下，通过农业节水可以将农业水权转让给工业部门，宁夏水权转让属于产业间水权转让。

内蒙古已经发生的水权交易都是属于产业间的水权交易，其基本方式是工业企业投资农业节水工程，主要通过衬砌灌溉渠系、发展喷灌滴灌、鼓励调整种植结构等节水措施节约农业用水，进而置换农业水权。图6.1为内蒙古沿黄地区水权交易机制示意图。

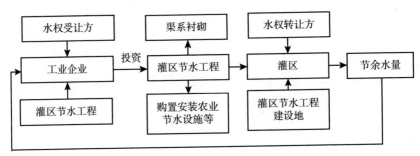

图6.1 内蒙古沿黄地区水权交易机制示意

（二）水权转换基本上以"点对点"和"点对面"方式为主

内蒙古的水权转换以"点对点"式的水权转换为主，即选定依法取得黄河取水权的灌区为水权出售方，具体工业项目为水权受让方。2006年以前，黄委会批复鄂尔多斯市6个项目，即达电四期、鄂绒电厂、亿利PVC项目、准旗大饭铺电厂（一期）、魏家峁电厂、新奥化工等项目均属于"点对点"水权转换方式。内蒙古鄂尔多斯的水权转换除了"点对点"这一方式外，还有"点对面"方式，即由政府统一组织进行前期工作和工程建设，再把省出来的水权"卖"给企业。

由"点对点"方式向"点对面"方式的转变是内蒙古水权转换过程中

的创新，得到了内蒙古自治区政府的支持。"点对面"方式由政府对通过节水改造节约的水权进行统一配置，政府将综合考虑工业项目核准进度、项目需水、资金到位、节水量等情况确定或调整水权转换的受让方。对于已经投入节水改造资金但是没有得到核准的项目，由市政府重新将工程节水水权配置给其他符合国家产业政策并经过核准的用水申请企业，市政府负责通过置换、招标等方式返还原申请企业的本金并支付利息，从而可以保证投资节水改造工程企业的权益。

由"点对点"向"点对面"的转变和调整具有如下优点：（1）解决了资金到位滞后问题；（2）解决了节水工程建设进展不一致问题。从而可以保证节水工程的顺利进行并保证了节水衬砌的完整性，可以发挥灌区节水工程的整体节水效益。

（三）政府主导的水权交易

目前在内蒙古进行的水权交易是政府主导下的水权交易行为，是比较初级的水权交易形式，政府在整个水权转换中既是市场推动者，也是调控者、监督者和参与者，与市场主体平等自主参与的水权交易方式还有较大差距。

内蒙古的水权交易是政府主导型的水权交易的主要原因在于：（1）水作为商品进入市场流通不同于普通商品的市场流通。水资源是经济资源，同时也是人类生存必需的基础性资源，也是重要的生态资源。水资源的属性决定了政府在积极培育水市场的同时还需要政府的调控和引导。（2）水权交易涉及的利益相关者多，影响面广。水权交易涉及政府、农户、企业等多方利益，决定了水权交易市场应该是需要政府调控和监管的准市场。（3）内蒙古农村发展的实际决定了水权交易转让主体多数为灌区。水权市场的发育要受到当地实际情况的制约。中国包括内蒙古的基本情况是农业生产是小规模农户分散经营模式，土地经营规模不足。在水权交易发达的澳大利亚，农户平均经营土地数量为3000公顷，在美国农户平均经营土地数量也达到250

公顷，而我国这一数字不足 0.5 公顷。土地经营数量的差别决定了在澳大利亚和美国这样的国家建立以农户为单位的水权交易模式具有规模经济效益。内蒙古地缘辽阔，但是很多地区不适合进行耕种，人均耕地面积较小。土地经营的方式和总体特征决定了内蒙古地区以农户为单位的水权交易不具有规模经济效益，所以水权交易的受让方只能以灌区为主开展。

（四）水权受让主体多数为能源化工企业

内蒙古的水权转换主要发生在我国能源重化工基地的鄂尔多斯市、乌海市和阿拉善盟等地区，其方式通过工业企业投资农业节水项目置换农业水权，其水权受让主体多数为能源化工企业。其主要原因是：（1）内蒙古沿黄地区具有发展能源化工产业的优势，且水资源短缺严重。内蒙古沿黄地区的鄂尔多斯市、乌海市和阿拉善盟，是我国重要的能源化工基地，在我国能源发展中具有重要地位。以鄂尔多斯为例，鄂尔多斯市探明煤炭储量 2102 亿吨，2017 年原煤生产量 6.2 亿吨，是我国煤炭产量最高的地级市，占全国的六分之一。鄂尔多斯市是国家现代煤化工产业示范区之一，已构建起了煤制油气、煤制醇醚、煤制烯烃等多条产业链，是国内重要的现代煤化工试验示范项目集中区，已形成煤化工产能 1428 万吨，在建煤化工总规模 500 万吨以上①。但鄂尔多斯地处水资源短缺地区，其能源化工企业发展由于水资源短缺而受到制约，同时该地区农业用水效率低下，这种现实激发了当地开展水权制度改革，进行水权交易的动力。（2）农业节水工程投资巨大，能源化工企业具有投资能力。灌区农业节水改造工程所需资金巨大，动辄几千万甚至上亿，这样的投资规模一般工业企业难以承受，而能源化工企业规模大，资金实力相对雄厚，具有投资灌区农业节水工程的能力。

---

① 郑彬，周玉然. 内蒙古鄂尔多斯着力打造现代能源经济体系［N］. 光明网，2018 年 8 月 16 日.

（五）水权转换是取水权的有限期限转让

内蒙古的水权交易属于黄河水权转换工作的实践和探索，黄河水权的分配和研究在全国处于领先地位。1987 年国务院批准的黄河"87 分水"方案，即《黄河可供水量分配方案》明确了沿黄各省份的水权指标，是规范沿黄各省份取水行为的基础，为黄河水权的宏观管理提供了基础。但黄河"87 分水"方案分配的水权方案是耗水指标而非取水许可。1993 年自国务院颁布《取水许可制度实施办法》以来，黄河水利委员会对黄河水资源实行取水许可管理。黄河取水许可管理是以《黄河可供水量分配方案》为基础，对从河道开口引水的用水户按照取水权指标进行管理。黄河取水管理制度为沿黄省份实行用水总量控制和用水户水权明确提供了基础。

目前内蒙古进行的水权转换是指依法取得黄河取水权的灌区农业用水通过节水改造将节余水权转让给工业企业，这个过程代表取水权的权属主体发生了变化。2002 年我国《水法》规定："直接从江河、湖泊或者地下取用水资源的单位和个人，应当按照国家取水许可证制度和水资源有偿使用制度的规定，向水行政主管部门或者流域管理机构申请领取取水许可证，并缴纳水资源费，取得取水权"。按照该规定，将黄河水权转换的水权定义为取水权是有法律依据的，依法取得取水权并具有了水资源使用权。这与一般意义上的水权侧重水资源使用权是一致的。从这个意义上来讲，内蒙古的水权转让属于典型的水权交易。

内蒙古沿黄地区水权转换是通过节水工程为依托实施的，考虑到节水工程使用期限，水权受让方设备使用寿命以及水权转让可能对灌区和生态产生的影响，目前内蒙古沿黄地区的水权转换期限为 25 年。所以内蒙古的水权转换是取水权的有限期限转让。

| 第七章 |

内蒙古沿黄地区水权交易的
正效应与潜在风险

本章主要从水权交易改善水权出让方灌溉工程建设状况、拓宽内蒙古沿黄地区水利工程建设融资渠道、提高内蒙古沿黄地区节水型社会建设步伐、保障内蒙古沿黄地区重点工业企业用水需求、降低农户灌溉水费开支等角度论述内蒙古沿黄地区水权交易的正效应；从工业用水挤占农业水权的风险、水权交易与水资源超用并存风险、水权交易生态环境负外部性风险、变相鼓励高污染高耗能企业发展的风险、水权转让利益相关者利益受损风险和水权交易道德风险等角度论述内蒙古沿黄地区水权交易潜在风险；从工农业用水收益差异和农业水权保障制度落后容易导致工业用水挤占农业水权、黄河分水方案缺乏动态调整容易导致水权交易与水资源超用并存的风险、缺乏农民广泛参与可能导致农业水权流失风险、缺乏生态水权的明确界定，以及水权交易生态影响评价机制不健全，容易导致环境负效应风险与水权交易补偿机制不健全，容易导致利益相关者利益受损风险等角度论述内蒙古沿黄地区水权交易潜在风险存在的原因。

第一节 内蒙古沿黄地区水权交易的正效应

一、 水权交易改善了水权出让方灌溉工程状况

内蒙古水权转换依托工业企业投资农业节水改造工程的实施，通过节水改造工程建设使灌区农业灌溉工程得到了明显改善，主要表现是优化了渠道过水断面，提高了输水能力，减少了渗漏损失、降低了灌溉定额，减少了渠道糙率，增大了水流速度，缩短了灌溉周期。表7.1列举了鄂尔多斯一期水权置换部分项目节水改造工程建设情况，从表7.1可以看出，渠道衬砌是水权鄂尔多斯一期水权置换节水工程建设的主要内容，通过渠道衬砌可以极大改善农业灌溉工程状况，实现农业节水目标。

表7.1 鄂尔多斯市一期水权置换部分项目工程节水改造工程建设情况

项目名称	项目期限	节水工程建设内容
达拉特电厂四期扩建节水改造工程水权转换项目	2005年8月6日~2005年9月30日	完成45千米干渠改造，完成总干渠农桥1座、测流桥2座
鄂尔多斯电力冶金有限公司电厂一期工程水权转换项目	2004年10月10日~2005年9月20日	完成南岸灌区总干渠渠道衬砌42.117千米，建成生产桥3座，总干渠测流桥5座，支渠进水闸衬砌段内续建配套建筑物9座
大饭铺电厂一期工程水权转换项目	2005年7月15日~2005年9月25日	完成广茂支渠、白音支渠衬砌6.94千米，8条斗渠衬砌6.283千米，农渠衬砌4.413千米，毛渠衬砌23.782千米。支渠进水闸2座，支渠节制闸3座、斗渠进水闸7座、节制闸13座，农区进水闸14座、节制闸14座，毛渠进水闸84座、节制闸220座

项目名称		项目期限	节水工程建设内容
亿利 PVC 水权转换项目	一期	2005 年 8 月 20 日 ~ 2005 年 9 月 30 日	完成 17.677 千米干渠衬砌，渠系建筑物完成农桥 1 座，测流桥 2 座
	二期	2006 年 5 月 1 日 ~ 2006 年 9 月底	完成 46.883 千米支渠衬砌，27.305 千米斗渠衬砌，49.94 千米农渠衬砌

资料来源：根据水利部黄河水利委员会. 黄河水权转换制度构建及实践 ［M］. 黄河水利出版社，2008：170 – 171，资料整理.

以内蒙古鄂尔多斯市达拉特旗水权转换为例，2010 年，该旗在一期水权转换的基础上开展了黄河二期水权转换项目，规划整合全旗 8 个苏木镇沿河地区的一级浮体扬水站（由原来的 43 座整合为 9 座），并在沿河地区开展农田节水改造工程建设（涉及基本农田 49.81 万亩）。二期水权转换项目采取的具体节水设施包括：整合与调整现有泵站和渠道，完善配套渠系节水改造工程、发展设施农业、引进先进的喷滴灌高效节水技术设备、改造畦田等。该旗通过节水工程建设，降低了渠道水量渗漏，减少土地盐碱化程度。2013 年达拉特旗已完成吉格斯太镇、恩格贝、王爱召、昭君等地区的渠道衬砌和泵站工程，共完成一级扬水泵站 6 座、二级扬水泵站 7 座、三级扬水泵站 4 座，完成投资总额 7.16 亿元。据达拉特旗水利部门工作人员陈述，二期水权转换工程全部完成之后，可以实现每亩节水 185 立方米的目标，灌溉水利用效率将得到很大提高。

二、 水权交易拓宽了内蒙古沿黄地区水利基础设施融资渠道

长期以来，内蒙古沿黄灌区水利基础设施建设落后，导致灌溉用水效率低下。灌区水利基础设施建设需要大量资金，完全依靠政府财政资金兴建灌区水利设施压力巨大，因此，必须拓宽灌区水利设施建设的投资渠道，逐步

形成民间资本进入灌区水利设施建设领域的多元投资格局。通过水权转换，水权受让方对内蒙古沿黄灌区进行节水改造投资，拓宽了灌区水利设施投资的渠道，同时有效缓解了财政投资灌区水利设施建设的压力，有效促进了灌区基础设施建设的步伐，也促进了灌区水资源的高效利用。以内蒙古杭锦旗水权转换为例，自 2005 年至 2007 年，杭锦旗水权转换共投入资金 6.9 亿元，节水改造工程完成了 133 千米总干渠、32.46 千米分干渠、213.16 千米支渠、297.72 千米斗渠、770.7 千米农渠和 23.782 千米毛渠的衬砌任务。然而，杭锦旗 2007 年的财政收入仅为 2.3 亿元，按照当时的财政收入水平，该旗即使将全部财政收入资金投到修渠工程，也需要 3 年才可以完成。再比如 2016 年自治区水利厅收回了盟市间水权转让过程中未履行水权转让合同企业的 2000 万立方米闲置水指标，由内蒙古水权收储转让中心通过中国水权交易所进行公开交易，及时收回了 5 亿元水权转让合同资金，推动内蒙古河套灌区节水工程的建设。

三、　水权交易提高了内蒙古节水型社会建设步伐

内蒙古的水权转换也极大提高了公众节水意识和加快了节水型社会建设步伐。水权转换之前，内蒙古沿黄地区农业灌溉以漫灌为主，工业用水的重复利用率低下，水资源浪费严重，这与内蒙古沿黄地区水资源短缺形成了矛盾。通过水权转换，作为水权受让方的企业需要花钱买水权，必然促进其进行成本核算，节约用水，发挥水资源的最大效益。例如，国家重点工程内蒙古鄂尔多斯市达拉特电厂，其一期到三期工程建设用水是国家划拨的水价非常低的水，而其四期 4×600 兆瓦工程建设使用的是通过水权转换购买的水权，是达拉特电厂投资 1.26 亿元用于灌区节水改造购买到的使用期限为 25 年的用水指标。在 25 年的水权置换中，该电厂还需要每年花费 200 万元用于干渠的维护和管理。面对花钱购买水权的窘境，达拉特电厂加大了企业内

部节水改造步伐，其四期工程采用的就是先进的空冷方式而非之前传统的湿冷方式，这样就极大降低了企业的单位耗水量。水权转换也树立了农民的水资源商品观念，促进了农村种养殖结构和产业结构的调整，鼓励农户积极采用灌溉节水技术，提高水资源使用效率，促进节约用水。表 7.2 描述了鄂尔多斯黄河南岸灌区一期水权转换前后的引水量、用水量和泄水量对比情况。

表 7.2　　鄂尔多斯黄河南岸灌区一期水权转换前后引水、泄水和用水量情况对比

年份	引水量（亿立方米）	用水量（亿立方米）	泄水量（亿立方米）
1995～2004 年平均量	3.60	2.67	0.93
2005 年	2.53	2.17	0.36
2006 年	2.32	1.84	0.48
2007 年	1.94	1.60	0.34

资料来源：内蒙古自治区鄂尔多斯市黄河南岸灌区近期水权转换实施效果评估报告，鄂尔多斯水利网，网址：http://www.ordossl.gov.cn/slgc/sqzh/200910/t20091029_93566.html.

表 7.3 描述了鄂尔多斯黄河南岸灌区一期水权转换工程节水情况，例如鄂绒硅电水权转换项目理论节水量 2173 万立方米，实测节水量 2260.1 万立方米；达电四期水权转换项目理论节水量 2277 万立方米，实测节水量 2788.51 万立方米；大饭铺水权置换项目理论节水量 279.5 万立方米，实测节水量 287.84 万立方米；其他水权转换项目也不同程度实现了节水效果。

表 7.3　　　　鄂尔多斯黄河南岸灌区一期水权转换工程节水情况

项目名称	水权转换量（万立方米）	理论节水量（万立方米）	实测节水量（万立方米）
鄂绒硅电	1880	2173	2260.1
达电四期	2043	2277	2788.51
大饭铺电厂	221	279.5	287.84

续表

项目名称	水权转换量 （万立方米）	理论节水量 （万立方米）	实测节水量 （万立方米）
亿利 PVC 一期 亿利 PVC 二期	1704	1894.69	1116.17 1088.17
华能魏家峁电厂项目	1250	1350.87	1286.9
新奥集团煤化工项目	648.8	717.3	776.46
合计	7747.8	8697.36	9604.18

资料来源：内蒙古自治区鄂尔多斯市黄河南岸灌区近期水权转换实施效果评估报告，鄂尔多斯水利网，网址：http://www.ordossl.gov.cn/slgc/sqzh/200910/t20091029_93566.html.

实施水权转让前鄂尔多斯南岸灌区引黄耗水量为 4.1 亿立方米，近年来该指标下降为 2 亿立方米左右，水权转让取得了积极的节水效果①。

四、 水权交易保障了内蒙古部分重点工业项目用水需求

我国的能源供应主要以煤炭为主，鄂尔多斯市的煤炭产量和储量在我国煤炭储量和产量中占有重要地位，具有发展煤化工和火力发电等项目的优势，同时鄂尔多斯市天然气等能源产品储量巨大。但鄂尔多斯地处我国严重缺水地区，水资源短缺是制约其能源产业发展的重要瓶颈。

内蒙古鄂尔多斯市承担保障京津、服务华北、面向全国输出能源的重要地位，是我国的"能源聚宝盆"。鄂尔多斯市要实现经济转型，必须实现其能源从"粗粮"向"细粮"的转变，制造、输出清洁能源，必须突破其水资源瓶颈的约束。为此，鄂尔多斯开展工农业水权转让项目，鼓励用水企业投资农业节水工程。鄂尔多斯市一期水权转让工程共转让水量 1.3 亿立方米，目前工程

---

① 赵清，刘晓旭，蒋义行. 内蒙古水权交易探索及工作重点［J］. 中国水利，2017（13）.

已实施完毕,二期水权转让工程转让水量 0.996 亿立方米。鄂尔多斯一期和二期水权转换极大缓解了其境内一些重点工业项目的用水需求。内蒙古盟市内水权转让工作共转让水权指标 3.32 亿立方米,为 55 个大型工业项目解决了取用水指标,有力保障了工业发展对水资源的需求[1]。2014 年内蒙古自治区被水利部确定为水权试点省份后,自治区人民政府积极推动盟市间黄河干流水权转让,试点首期转让水权 1.2 亿立方米,用于满足鄂尔多斯市、阿拉善盟和乌海市 10 多个工业项目。

五、 水权交易有助于降低灌区农民灌溉水费开支

水权转换项目的节水工程完成后,给农民所带来的好处之一就是减轻了劳动强度,缩短了灌溉时间,降低了农民的水费支出。若按照当时现状农业用水价格,内蒙古自流灌区 5.3 分/立方米,扬水灌区 5.4 分/立方米,2008 年之前内蒙古在南岸灌区、镫口扬水灌区、李井滩扬水灌区、乌达扬水灌区规划实施的 15 个水权转换项目,每年共减少农民水费支出 853.38 万元,其中南岸灌区农民年均减少水费支出 655.17 万元,镫口扬水灌区年均减少150.20 万元,李井滩扬水灌区年均减少 17.23 万元,乌达扬水灌区年均减少30.78 万元。根据黄河南岸灌区管理局对农民水费支出的对比监测,2006 年较2005 年农民亩均水费支出减少了 10.69 元,亩均水费减少 60%,见表 7.4。

表 7.4   2005~2006 年内蒙古黄河南岸灌区万亩示范区夏灌亩均水费支出对比

单位:元

协会支渠名称	2006 年	2005 年	差值
光兴协会二斗	6.85	15.88	9.03
白音协会一斗	6.28	17.71	11.43

---

① 赵清,刘晓旭,蒋义行. 内蒙古水权交易探索及工作重点 [J]. 中国水利,2017 (13):20-22.

协会支渠名称	2006 年	2005 年	差值
五苗树左二斗	6.41	15.52	9.11
光贸协会右一斗	9.12	22.32	13.20
平均	7.17	17.86	10.69

资料来源：水利部黄河水利委员会. 黄河水权转换制度构建及实践〔M〕. 黄河水利出版社，2008.

例如，在杭锦旗麻迷图村，村民们反映：假如是 100 亩耕地，需要找人帮工进行灌溉，以前 100 亩地浇一次水需要半个月时间，水权转让节水工程建设后，缩短到七八天。由于灌溉时间的缩短，劳动强度的减轻，农民灌溉所需帮工费用自然会下降。同时，由于水权转换项目所进行的灌区节水改造工程，明显改善了灌区渠道条件，减少了灌溉用水损耗浪费，加上土地整理的综合效应，杭锦旗的农业灌溉用水定额明显下降，水权转换之前的农业灌溉用水定额为 1100 立方米/亩，水权转换后该定额下降到了 500 立方米/亩。按照一个生长季计算，农民每亩均灌溉水费可以降低 25 元左右。达拉特旗王爱召镇的西社村也是水权转换的受益村，该村有 800 多农户，其新增的 5000 多亩的水浇地就是通过水权转换改造出来的。不仅如此，据村民反映，水权转让节水工程建设后，该村浇一亩地需要花费 20 多元，而以前需要 40 多元。

第二节　内蒙古沿黄地区水权交易潜在风险

一、 工业用水挤占农业水权的风险

农业水权对于稳定粮食产量、保证粮食安全至关重要。内蒙古沿黄地区的水权交易多以工业投资农业节水工程置换农业水权。理论上讲，这种水权交易客体是农业节余水权，即将多余水权出售后不影响农业产量。但到底如何界定多余水权，在理论上和水权交易实际操作中均没有明确界定，这就容易导致在水权交易中潜在地存在工业用水挤占农业水权问题，即使现在不存在，难以保证将来不会出现这种情形。

黄河流域乃至全国至今没有从权属上界定农业水权。虽然在内蒙古沿黄地区发生的工业置换农业水权过程暂时没有冲击农民权益，但是也没有充分考虑农业用水的机会成本问题，即若农业用水暂时不转让，将来转让，则收益有可能更高。另外从实践层面而言，目前关于农业水权的基础性工作非常薄弱，甚至连农业用水权的内涵都没有形成共识。农业水权需要一系列基础性支撑工作，如农业用水权法律支撑、确认方法、分配技术、监管制度、交易制度、评估技术等。这些基础工作的落后不利于充分保障农业水权。

我国农民水权意识薄弱，容易出现水权"农转非"情形。随着工业水权需求的不断增加，人们开始将用水问题的解决聚焦工农业用水。农业用水权是农业生产的基础、是农民增收的重要资源。为维护国家粮食安全和农民权益，国家和农民都应该高度重视农业水权。重视农业水权不是鼓励农业浪费水资源，而是在保障粮食安全的前提下，通过农业节水，将节余水资源适当转移给工业部门，以提高水资源使用效率，增加社会总福利。

工农业水权交易出现后，可能会导致农民将大量水权出售而压缩农业灌溉面积和种植面积，造成农业和农村社区的萎缩。近年来，内蒙古沿黄地区盟市内水权转让工作共转让水权指标 3.32 亿立方米，盟市间预计转换水量 1.2 亿立方米，将来水权转让规模可能进一步扩大，特别是未来水权转让的重点地区为内蒙古河套灌区，该灌区是我国重要的商品粮生产基地，保障灌区农业用水需求是未来水权转让重点需要考虑的问题。表 7.5 反映了鄂尔多斯黄河南岸灌区不同保证率下工业挤占农业水量测算。

表7.5　　　鄂尔多斯黄河南岸灌区不同保证率下工业挤占农业水量测算

保证率（%）		50	75	95	97
内蒙古黄河南岸灌区引水量 （万立方米）		14000.00	35260.00	28290.00	26650.00
应分水量 （万立方米）	农业用水	34557.84	29724.18	23848.47	22465.95
	工业用水	6442.16	5535.82	4441.53	4184.05
实分水量 （万立方米）	农业用水	34557.84	28817.84	21847.84	20207.84
	工业用水	6442.16	6442.16	6442.16	6442.16
工业挤占农业用水量 （万立方米）		0.00	906.34	2000.63	2258.11

资料来源：冯峰，殷会娟，何宏谋. 引黄灌区跨地区水权转让补偿标准的研究［J］. 水利水电技术，2013（2）：102－105.

二、　水权交易与水资源超用并存风险

水资源总量控制及初始水权的明晰界定是水权交易的前提条件。落实最严格水资源管理制度是建立水权制度的基础。黄河流域通过建立省（自治区、直辖市）、市、县三级用水总量控制指标体系，明确各区域取用水总量和权益，强化水权确权登记，可以为水权交易提供基础。但目前黄河流域的初始水权分配依然以"87"分水方案确定的指标作为总量控制基础，这一分配方案明显过时，且有些地区实际耗水量超出该方案规定的指标控制，如表7.6所示，在2010～2016年，甘肃、内蒙古和山东等省份均出现过不同程度的实际耗水量超出"87"分水方案规定的耗水量指标的情况。

表7.6　　　2010～2016年沿黄各省区地表水耗水量情况统计　　　单位：亿立方米

省区市	青海	四川	甘肃	宁夏	内蒙古	陕西	山西	河南	山东	河北 天津
核定指标	14.10	0.40	30.40	40.00	58.60	38.00	43.10	55.40	70.00	20.00
2016年	9.45	0.23	29.74	36.21	55.20	29.27	28.79	43.21	86.44	3.71

续表

省区市	青海	四川	甘肃	宁夏	内蒙古	陕西	山西	河南	山东	河北天津
超标	-3.99	-0.17	-0.66	-3.79	-3.40	-8.73	-14.31	-12.19	16.44	-16.29
2015年	9.47	0.31	29.20	38.93	58.03	29.70	26.56	44.31	98.64	5.19
超标	-4.63	-0.09	-1.20	-1.07	-0.57	-8.30	-16.54	-11.09	28.64	-14.81
2014年	9.32	0.31	29.23	38.80	62.00	29.48	23.23	46.78	92.46	6.38
超标	-4.78	-0.09	-1.17	-1.20	3.40	-8.52	-19.87	-8.62	22.46	-13.62
2013年	9.44	0.33	30.89	38.85	62.75	29.50	22.08	53.23	81.33	3.47
超标	-4.66	-0.07	0.49	-1.15	4.15	-8.50	-21.02	-2.17	11.33	-16.53
2012年	9.02	0.25	31.88	37.55	53.94	27.72	20.66	53.86	81.62	6.80
超标	-5.08	-0.15	1.44	-2.45	-4.66	-10.28	-22.44	-1.54	11.62	-13.20
2011年	10.53	0.23	33.23	37.01	61.50	26.60	20.54	51.95	78.87	13.60
超标	-3.57	-0.17	2.83	-2.99	2.90	-11.40	-22.56	-3.45	8.87	-6.40
2010年	10.51	0.24	30.32	35.47	61.29	24.42	18.17	44.10	74.49	10.15
超标	-3.59	-0.16	-0.08	-4.53	2.69	-13.58	-24.93	-11.30	4.49	-9.85

资料来源：2010~2016年黄河水资源公报。

内蒙古作为黄河流域重点水权交易地区，其交易的水资源主要是黄河用水权。但内蒙古实际黄河耗水量经常超出"87分水"方案确定的58.6亿立方米，如2010年内蒙古黄河地表水耗水量超过核定耗水量2.69亿立方米、2011年超过2.90亿立方米、2013年超过4.15亿立方米、2014年超过3.40亿立方米。山东省实际黄河地表水耗水量更是几乎每年超过"87分水"方案核定的数量。开展水权交易的甘肃省，其耗水量也经常超过"87分水"方案核定的水量。水资源超用导致内蒙古沿黄地区水权交易缺乏法律支撑。因此，针对黄河流域各省区用水实际和南水北调生效后各省实际水资源供给情况，适时优化黄河水资源分配方案并强化水资源总量控制，才能使黄河流域的水权交易具备相应法律和执行基础。

三、　水权交易生态环境负外部性风险

水权交易对生态环境的影响主要表现在其会影响野生动植物和河流鱼类资源的栖息环境，会使流域内水生态系统结构和状态及河流渠道的完整性受到影响，甚至由于水权交易导致河流水质的恶化威胁到其他生态系统的健康。生态系统的完整性取决于河口及河里的鱼类、野生动植物，岸边的植被健康和沿岸地区的湿地，水权交易对上述环境和生物会产生重要的影响[①]。当上游或者干流的水权所有者将水权交易给消耗型用水户，会导致回流水量减少，会对下游或者支流的水量和水质造成影响，导致水资源使用的灵活性丧失，同时回流水减少也会导致很多其他方面的生态环境负效应。

水权交易固然有助于提高水资源使用效率，缓解水资源对经济发展的约束，但如果通过水权交易将大量水资源交易到高耗水行业，会造成地下水位下降，地下径流减弱，对生态平衡造成破坏。例如，洛杉矶在 1941 年以水权交易的方式获得了从注入湖水的支流取水的权力，结果造成湖水水位下降，湖周围生态环境破坏，栖息地动植物种类大量减少的恶果。对于内蒙古沿黄地区而言，几乎没有沿途额外水源补给，降水量少，水量蒸发大，地下水位的降低对于生态的影响会更加严重。同时，水位下降会加大地下水开采成本，造成草地退化，土地荒漠化加剧。

内蒙古沿黄地区水权置换也可能导致回流水负外部性，因为渠系衬砌减少渗漏是水权置换中经常采取的节水措施。水资源具有流动性，没有被完全利用的多余水资源会回流，并通过地下径流或者地表径流对水资源进行补给。例如，农业水利用过程中，如果水渠渗漏严重，那么回流水量就相对充分。回流

---

① 徐少军，林德才，邹朝望. 跨流域调水对汉江中下游生态环境影响及对策 [J]. 人民长江，2010，41 (11)：1 - 4.

水可以转移沉淀，稀释污染物，降低对生态的破坏。在生态系统中，对于回流有水量和水质要求。若水系中回流量太小，会对水系的生态产生破坏。回流对水质也有要求，若污水回流到地下水层，由于深层地下水更新速度缓慢，一旦污染便难以自身更新恢复。例如，在美国加利福尼亚州的圣华金（San Joaquin）河谷，曾经因为农业灌溉回流水不足导致硒聚集，并导致野生动物庇护所关闭。在黄河流域水权交易中，也可能会产生回流水负效应，特别是农业水权置换的工业领域，所产生的回流水水量和水质与农业灌溉用水都会有所差别，对生态环境可能产生潜在的负面影响，需要在水权交易评估中高度重视。

四、 变相鼓励高污染高耗能企业发展的风险

内蒙古沿黄地区是我国重要的能源产业发展基地，地处黄河"金腰"地段的鄂尔多斯工业基地是内蒙古自治区乃至全国重要的能源化工生产基地，主要包括达拉特旗、准格尔旗、鄂托克旗等地区，黄河干流自西向东流经该区域。鄂尔多斯工业基地以煤炭、化工、建材、毛纺、电力为支柱产业。按照鄂尔多斯工业基地发展思路，其一部分煤炭资源要实现就地转化，实施西电东输，新建火力发电已经成为该地区工业增长主要动力之一。近年来，鄂尔多斯注重从煤炭产业寻求转型的突破，于是煤制油、煤制气、煤制甲醇、二甲醚等一批有提升煤炭附加值的大项目，开启了鄂尔多斯高起点、高标准转型升级的大门。煤化工产业需要消耗大量的水资源，对水资源供应的可靠性要求很高。鄂尔多斯能源化工产业发展的最大障碍就是水资源短缺。鄂尔多斯市每生产 1 吨甲醇要耗 17 吨水，1 吨二甲醚要耗 14 吨水，1 吨合成氨要耗 18 吨水，1 吨煤制油要耗 12 吨水。而当地的人均水资源量不足 2200 立方米①。由

---

① 中国经营报，陕蒙宁能源金三角水污染案井喷 煤化工仍狂飙突进，2015.3.21. 网址：http://finance. eastmoney. com/news/1350，20150321488644878. html.

于内蒙古沿黄地区煤炭资源丰富，能源化工产业是该地区经济发展的重要支柱，内蒙古沿黄地区水权转让的受让方多数为能源化工企业（见表7.7）。

表7.7　　内蒙古部分黄河水权转换试点项目受让企业及项目基本情况

受让企业（项目）	受让企业所在地	受让企业主要业务范围	水权转让灌区
达拉特发电厂四期扩建工程	内蒙古鄂尔多斯市达拉特旗	燃煤发电等	南岸灌区
鄂尔多斯电力冶金有限公司电厂一期工程	内蒙古鄂托克经济开发区棋盘井工业园区	冶金、矿产和能源等	南岸灌区
朱家坪电厂及青春塔煤矿	内蒙古鄂尔多斯市准格尔旗	电力、煤炭等	南岸灌区
魏家峁煤电联营一期工程	内蒙古自治区鄂尔多斯市准格尔旗	燃煤发电等	南岸灌区
亿利烧碱/PVC和电厂项目	内蒙古鄂尔多斯市达拉特旗	能源化工等	南岸灌区
北方杭锦电厂一期工程	内蒙古鄂尔多斯市杭锦旗	燃煤发电等	南岸灌区
包铝东河发电厂	内蒙古包头市东河区	燃煤发电等	磴口扬水灌区
华电土右电厂	内蒙古包头市土默特右旗	燃煤发电等	磴口扬水灌区
内蒙古大饭铺电厂	内蒙古鄂尔多斯市准格尔旗	燃煤发电等	南岸灌区
新奥甲醇、二甲醚项目	内蒙古鄂尔多斯市达拉特旗	煤化工等	南岸灌区
乌斯太电厂一期工程	中国内蒙古乌海市乌达区阿拉善经济开发	燃煤发电等	李井滩扬水灌区
华电乌达电厂二期工程	内蒙古乌海市乌达区	燃煤发电等	乌达扬水灌区
鄂尔多斯鲁能煤制甲醇转烯烃项目	内蒙古鄂尔多斯市达拉特旗	煤化工等	南岸灌区
国电建投内蒙古长滩电厂一期工程	内蒙古鄂尔多斯市准格尔旗	燃煤发电等	南岸灌区
华电包头河西电厂	内蒙古包头市九原区	燃煤发电等	磴口扬水灌区

但如果不加限制地给工业企业置换水权，虽然短期会带动地区生产总值的快速增长，但是也会造成该地区本来稀缺的水资源更为稀缺，同时也可能对环境造成负面影响。

需要特别强调的是内蒙古沿黄地区的水权交易受让方的产业项目要必须符合国家产业政策和环保要求，水权交易要服务地方产业升级转型。

五、 水权转让利益相关者利益受损风险

水权交易过程也是利益调整过程，水权转让还存在利益相关者利益受损的潜在风险。内蒙古沿黄地区水权转让的利益方主要涉及工业企业、农户用水户、灌区水管单位和生态环境等。水权从农业部门转移到工业部门可能导致农业灌溉水量减少进而引起农业灌溉效益减少，需要考虑农业风险补偿。根据黄河水量统一调度、丰增枯减原则，农业灌溉保证率一般取75%，但灌区转换到工业的用水保证率必须达到95%，在枯水期为保障工业正常用水需求，就可能导致灌区部分农田得不到有效灌溉，进而导致农作物产量下降。水权转让的实施也可能导致回流水量减少、水质变差，进而导致生态环境受损，需要考虑给予补偿。水权转让也会引起水资源费征收方面发生改变，导致灌区水管单位收益下降，需要考虑给予补偿。图7.1描述了跨地区水权转换对水资源费征收收益的影响。

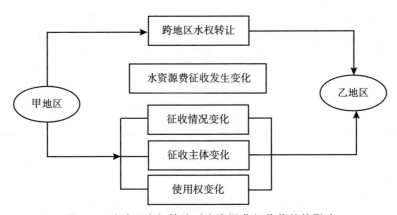

图 7.1　跨地区水权转让对水资源费征收收益的影响

以内蒙古已经开展的水权交易为例。鄂尔多斯一期水权转换工程年转换水量1.3亿立方米，二期水权转换工程年转换水量0.996亿立方米，内蒙古黄河干流水权盟市间转让沈乌灌域试点工程完成后，沈乌灌域保留3.06亿立方米的黄河取水许可指标，指标内节水量1.44亿立方米，按照农业向工业转让不同保证率的换算，盟市间可转让给工业的水权指标为1.2亿立方米。1999～2009年，河套灌区水价4分/立方米；2010年开始，根据国家、内蒙古自治区及灌区农业节水的要求，将水价调整为5.3分/立方米。2015年内蒙古自治区发改委对鄂尔多斯市黄河杭锦旗南岸灌区国管水利工程农业水价进行了调整，将黄河杭锦旗南岸灌区国管水利工程农业供水支口价格由5.4分/立方米调整为10.4分/立方米。按照上述标准，内蒙古部分水权转换导致灌区收益的理论减少（或者机会成本）估算情况见表7.8。

表7.8　内蒙古水权转让水权出让方水资源收益减少（机会成本）估算情况

水权转让项目	年转让水量	灌溉水价	出让方水费减少估算
鄂尔多斯一期水权转换	1.3亿立方米	10.4分/立方米	1352万元/年
鄂尔多斯二期水权转换	0.996亿立方米	10.4分/立方米	1036万元/年
黄河干流盟市水权转换	1.2亿立方米	5.3分/立方米	636万元/年

六、　水权交易道德风险

内蒙古沿黄地区水权交易中的道德风险主要有两种，其一是政府官员的潜在道德风险，其二是工业企业潜在的投机风险。内蒙古沿黄地区的水权交易是政府主导型的水权交易模式，容易产生政府官员的道德风险和企业投机风险，主要表现为：（1）上下级政府之间由于信息不对称，下级政府利用信息隐蔽等手段，逃避上级政府的指令或者监督，实现自身利益最大化，或者一些官员为了一些政绩工程，导致决策上的短视行为。（2）一些工业企业为了获得水权受让资格，可能会对相关政府决策官员进行利益输送，破坏水权受让主体公平参与水权竞买，甚至导致一些不符合国家产业政策的企业获得水权受让资格。（3）一些工业企业为了获得水权受让资格或者获得更多的水权，提供虚假材料，甚至囤积一些水权，利用囤积的用水指标牟取高额利润。（4）政府官员联合水权受让企业隐蔽水权交易可能产生负面影响的信息，造成水权出让地或者水权交易第三方利益受损。

第三节　内蒙古沿黄地区水权交易潜在风险原因阐释

一、工农业用水收益差异和农业水权保障制度落后容易导致工业用水挤占农业水权

从资源配置经济效率角度而言，水权交易内在驱动来源于各用水户之间用水边际收益的差异。只要存在用水户边际收益的差异就会诱发水资源调度和水权重新分配的潜在收益[①]。下面以工农业用水收益差距说明水权交易的内在动力，图7.2描述了2016年内蒙古沿黄6盟市每立方米水的农业产值和工业产值情况。

农业用水在内蒙古沿黄6盟市中用水占比最大，表7.9反映了2016年鄂尔多斯市分行业用水情况，从表7.9可以看出：2016年鄂尔多斯用水总量为15.91亿立方米，其中农业灌溉用水9.31亿立方米，占总用水量的58.51%；林牧渔畜用水量2.1亿立方米，占总用水量的13.20%；工业用水量2.60亿立方米，占总用水量的16.34%；城镇公共用水0.11亿立方米，占总用水量的0.69%；居民生活用水0.68亿立方米，占总用水量的4.27%；生态用水0.86亿立方米，占总用水量的5.65%。

---

① 沈满洪. 水资源经济学［M］. 中国环境科学出版社，2008.

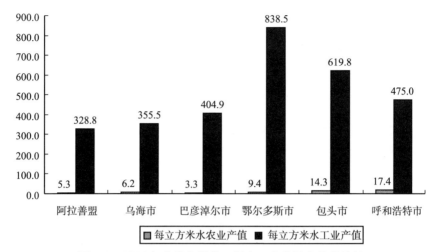

图7.2 2016年内蒙古沿黄6盟市工农业用水收益比较

资料来源：根据2016年内蒙古水资源公报和2017年内蒙古统计年鉴计算而得。

表7.9　　　　　　　　2016年鄂尔多斯市分行业用水量　　　　单位：亿立方米

用水类型	农业灌溉	林木渔畜	工业	城镇公共用水	居民生活	生态环境	合计
用水数量	9.31	2.1	2.60	0.11	0.68	0.86	15.91
百分比（％）	59.45	13.40	16.60	0.70	4.34	5.49	100

资料来源：2016年内蒙古水资源公报。

广义的农业包括农林牧副渔，因此广义农业用水量11.41亿立方米，占其用水总量的72.86%。2016年鄂尔多斯地区生产总值4417.9亿元。分产业看，第一产业完成增加值107.6亿元，增长3.2%，对经济增长的贡献率为1.0%，拉动GDP增长0.1个百分点。第二产业完成增加值2461.4亿元（其中工业增加值2180.04亿元），增长7.5%，对经济增长的贡献率为57.7%，拉动GDP增长4.2个百分点。第三产业完成增加值1848.9亿元，增长7.5%，对经济增长的贡献率为41.3%，拉动GDP增长3.0个百分点。三次产业增加值比例调整为2.4∶55.7∶41.9[①]。每立方米水带来农业增加值

---

① 鄂尔多斯市统计局，鄂尔多斯市2016年国民经济和社会发展统计公报。

为 9.4 元，每立方米水资源带来工业增加值为 838.5 元，工农业用水收益差距近 90 倍。工农业用水收益差距是该地区开展水权交易的动力源泉。工农业用水收益的巨大差距不仅是开展水权交易的动力，同时也容易导致大量水资源 "农转非"，最终可能演化为工业水权挤占农业水权，对农业发展造成负面影响。

收益差异是工农业水权交易的动力，也是造成工业用水挤占农业水权的经济动因。不仅如此，我国农业水资源的行政配置方式，使水权（使用权）主体缺位、产权模糊。目前我国没有专门针对农业水权的法律规范，现行农业水权法律制度散见于多个水权相关法律法规，缺少对农业水权的深度、明确和系统的规范。内蒙古沿黄地区至今没有实现按照灌溉用水定额将初始水权细化到农村集体组织、农业用水者协会和农户层面，导致农业水权主体模糊，农业水权保障意识不强，容易出现工业用水挤占农业水权的现象。

二、 黄河分水方案缺乏动态调整容易导致水权交易与水资源超用并存的风险

国务院 1987 年黄河河川径流可供水量分配方案是 "南水北调" 西线生效前的黄河开发规划利用调度的根基，该方案已经运行了 30 年，随着黄河流域各省区经济社会发展、"南水北调" 的实施和对生态环境的日益重视，该分配方案的局限性不言而喻。第一，黄河水量逐渐减少，2010 年国务院批复全国水资源综合规划，该规划里涉及黄河总水量由国务院 "87 分水" 方案时的 580 亿立方米减少到现在的 535 亿立方米；第二，"87 分水" 方案没有充分考虑各地生态环境用水需求，而黄河上游的青海属于三江源生态保护区，宁夏、内蒙古属于少数民族和国家优先发展地区，同时也是西北荒漠生态环境脆弱地区，生态建设任务繁重，这些地区的生态用水需求应该给予充分考虑；第三，西北各省区的经济发展格局发生重大变化。在 "87 分水"

方案中，针对当时的宁夏和内蒙古，用水指标主要考虑用作农业灌溉用水，但在宁夏银川到内蒙古呼和浩特之间的黄河上游河段，煤化工产业集聚，形成了规模庞大的煤化工产业带，而这一河段，也正是西北地区人口稠密、农业灌溉发达的地区，用水需求巨大；第四，"南水北调"工程实施带来的不确定性。随着 2014 年"南水北调"中东线的通水，我国海河和淮河流域各省区水资源短缺得到局部缓解，黄河流域一些省份供水格局也将发生变化。

水资源总量控制及初始水权的明晰界定是水权交易的前提条件。落实最严格水资源管理制度是建立水权制度的前提。黄河流域通过建立省（自治区、直辖市）、市、县三级用水总量控制指标体系，明确各区域取用水总量和权益，强化水权确权登记，可以为水权交易提供基础。但目前黄河流域的初始水权分配依然以"87 分水"方案确定的指标作为总量控制基础，这一分配方案明显过时，且很多地区实际耗水量远远超出该方案规定的指标控制。

近年来，内蒙古和山东等地实际耗用黄河水资源时常超过黄河水利委员会核定的数量，在内蒙古沿黄地区为缓解工业用水需求，从 2003 年开始便实施了水权置换，出现了水资源超用和水权置换并存的现象，其重要原因之一就在于黄河水利委员会给内蒙古分配的黄河耗水量指标远远难以满足内蒙古对黄河水资源的需求。但黄河水利委员会分配给河北和天津的 20 亿立方米黄河水资源实际使用量较少，另外山西省由于取水难度大，导致其实际耗用黄河水资源在多数年份小于黄河水利委员会核定的耗水量指标。

三、　缺乏农民广泛参与可能导致农业水权流失风险

内蒙古沿黄地区水权交易的主要方式是水工业投资农业节水项目置换农业水权，农户是内蒙古沿黄地区水权交易的重要利益相关者。在公共利益或者公共资源的分配中有公众自己组织的集团参与是合理的，因为更多的人和

组织参与决策与分配，不仅可以避免少数官僚和技术专家集团的认知局限而带来的不合理决策方案，同时也可以避免因某些利益相关者未能参与而导致的不公正和无效的方案。

从社会经验的角度而言，行动者或者利益相关者的参与，已经成为保护公共资源实践行动的基本原则之一。公众参与的重要意义在于，它能够在行动中认识和理解公共福利、环境保护、生态平衡的价值及实现这些价值的要求。动员和促进公众参与水权交易，防范水权交易潜在风险，较为普遍的途径就是建立和扩大公共参与组织。公共参与组织的成立和发展需要得到公共权力机构的支持，其中法律地位的支持尤为重要。农业用水者协会就是近年来逐渐兴起的用水者自我管理组织。

农民在水权交易中因受组织、信息等方面因素限制而居于相对弱势的地位，对农民水权利益的保障是必要的，农业用水者协会对于农业水权保护具有重要作用。根据已有经验，用水者协会的主要作用体现在：（1）用水者协会有利于提高水权管理的效率。用水者协会是连结公众和政府的纽带，可以提高水权交易的开放度和透明度，有利于相关利益主体参与政策制定。（2）用水者协会有助于降低水权交易成本。主要包括信息搜寻成本、讨价还价成本和监督违约成本[①]。

用水者协会的主要职责包括：（1）代表各用水户意愿制定用水计划和灌溉制度，参与政府初始水权分配。（2）负责协会内部水权分配。（3）负责各用水户水权交易的规制，组织用水户之间水权交易的谈判、监督和执行。（4）用水者协会是跨区域和跨行业水权交易的主体。

目前，内蒙古沿黄地区的水权交易是较为典型的政府主导的水权交易模式，农民和农业用水者协会基本不直接参与水权交易，包括水权交易的审批、定价、管理程序，都纳入政府水资源管理的相关程序，按照指定相关计

---

① 刘普. 中国水资源市场化制度研究［M］. 中国社会科学出版社，2013.

划进行，这种模式的优点是易于推动水权交易。但存在的突出问题是农民水权边界不够清晰，长期交易中农民水权利益未能得到充分保障，水权交易中农民的收益是间接的，从而削弱了节水的激励机制。由于农户和农业用水者协会不直接参与水权交易，可能出现水权交易中对农户的利益补偿机制不健全，造成对水权交易价格的低估。

四、 缺乏"生态水权"的明确界定和水权交易生态影响评价机制不健全容易导致环境负效应风险

关于"生态水权"，国内学者通常界定为用于满足重要生态系统和生态过程或用于满足生态类自然保护区所需的最低数量和适当质量用水的水权[①]。国外学者将"生态水权"表述为"环境水权"或"河道内水权"，其基本含义是满足河道最小生态需水和美学价值及娱乐等的水权[②]。一般而言，满足生态需水一般由政府强制规定，且生态水权往往不允许交易。但在澳大利亚和美国等国家的干旱地区，生态环境同农业、工业和其他部门一样作为独立部门参与水权交易。美国哥伦比亚河流域和澳大利亚的墨累—达令河流域是最早引入生态水权交易的地区。目前，内蒙古沿黄地区水权交易主要是黄河水量取水量权交易，但内蒙古自治区将"87分水"方案中分得的58.6亿立方米/年的耗水量指标全部分配给农业灌溉和工业及生活，其中农业灌溉分得54.015亿立方米/年的耗水量指标，工业生活分得4.585亿立方米/年的耗水量指标，没有关于"生态水权"的明确界定。水权交易会影响供水区域的水量和供水结构，由于生态用水量和农业用水量与地区短期经济目标的关系不如工业用水直接，加之缺乏明确的"生态水权"界

---

① 胡德胜，窦明，左其亭等.构建可交易水权制度 ［N］.中国社会科学报，2013－03－12.

② Chambers K. W. Environmental water rights transfers in a nonprofit institutional structure ［D］. Tacoma：University of Puget Sound，2010.

定，可能导致随着水权交易的进行和"水资源农转非"的过程出现生态所需水量得不到充分满足的情形，长期生态水量不足会使地区生态环境出现恶化。

水权交易的生态环境影响评价是指水权交易对生态环境造成的影响进行分析、预测和评价，并提出相应预防或减轻不良影响的对策和措施①。若经过评估认定水权交易的生态环境负效应较大，也可以取消计划开展的水权交易。水权交易对生态环境的影响复杂，且有些影响短期内难以显现，因此，需要对水权交易的生态影响进行综合全面的分析和评估。水权交易对环境影响主要表现在水权交易会对水量、水质产生影响进而对生态环境产生影响。水权交易对水量的影响主要表现在水权交易会改变原有的排水和退水过程，进而会改变地表径流的补给量和排泄的时刻规律。如农业灌溉用水不是恒定的，其用水具有很强的季节性，而工业用水量则常年恒定，如果水权交易导致水资源从农业灌溉转向工业用水，则会改变河流径流量的正常波动。水权交易也会改变地下水量，地下水是通过地表水的渗透来进行补给的，跨流域或者跨地区的水权交易会导致流域水文条件发生变化，破坏其水量平衡，对流域内生态环境造成不利影响，但这种改变短期内不易觉察。如工业企业投资农业节水常用的手段就是渠道衬砌，这种措施无疑会减少渠道渗漏，但客观上也会导致地下回流水量减少，可能导致地下水位下降。水权交易对水量的影响还表现在水权交易会影响退水水量及其时空分布，进而影响河道水文情况，退水多少是实施水权交易制度的决策者应该给予的关注点。水权交易对水质的影响主要表现在水权交易改变了水资源使用主体，不同水资源使用者的退水水质不同，进而对生态环境的影响也不同。通常而言工业企业废水中化学需氧量排放较高，是造成水污染的主要原因之一，特别是农业水权转

---

① 柳长顺，杨彦明，戴向前，王志强. 西北内陆河水权交易制度研究 [M]. 中国水利水电出版社，2016.

让给高耗水高污染的工业企业，会对水质改善形成压力，因此在工农业水权
交易中应该格外关注工业企业的退水水质问题。

目前我国国家和地方层面的水权交易管理办法中都有关于水权交易生态
环境影响评估的一些规定和条款。但是这些条款多数是原则性或者定性的规
定，缺乏较为成熟的和定量的评估方法，或者即使有定量评估方法，但现有
定量评估多数侧重于河道内影响评估或项目区影响评估，对河道外或项目区
外的生态影响评估无论是理论研究还是现实操作都明显不足，且水权交易生
态环境影响评估缺乏私人和社团的有效参与，这些都导致水权交易生态影响
评估不健全，因而可能出现对水权交易生态环境负效应的认知不足，出现环
境负效应风险。

五、 水权交易补偿机制不健全容易导致利益相关者利益受损

内蒙古沿黄地区水权交易探索出一条解决干旱区经济社会发展用水的新
路径，但水权交易的利益补偿机制尚不健全。在已经开展的水权交易项目
中，有些根本没有考虑对利益相关方的补偿，有些虽然在可行性报告中考
虑了利益相关方的利益补偿方案，但仅仅按照节水工程和量水设施运行维
护费的10%计算，利益补偿机制不健全。内蒙古沿黄地区的水权转让涉及
的补偿主要包括农业风险补偿、生态补偿和灌区水管单位补偿。农业风险
补偿主要是指水权转换对农业用水户收益减少和权益保护所需支付的补偿
费用；生态补偿是指由于水权转让的实施，灌溉过程的渗漏量减少，造成
地下水位下降，对植被、湖泊和湿地等造成负面影响而需要支付的补偿费
用，生态补偿主要包括污染环境补偿和生态功能补偿等；水管单位补偿是
指水权转让实施后，水资源从一个地区的用水转变为另一地区的用水，导
致水资源征收情况、征收主体和水资源费使用权发生变化而进行的补偿。

目前，内蒙古沿黄地区水权转让的补偿机制尚不健全，以鄂尔多斯黄河

南岸灌区一期水权转换为例，在水权转换过程中存在水权转让费用及价格偏低、水权转让费用构成不完善等问题，在实际计算水权转让费用过程中，对于风险补偿、生态补偿和必要的经济利益补偿只列出了计算项目，缺乏明确的计算方法，导致在实际操作中缺乏明确的计算依据。

| 第八章 |

国外水权交易政府规制经验分析

为保证水权交易的有序进行，充分发挥水权交易的积极作用，限制其消极影响，政府需要对水权交易进行必要的规制。国外一些发达国家和发展中国家在水权交易政府规制方面进行了一些实践，这些实践对内蒙古沿黄地区可交易水权制度的构建和完善具有重要启示。本章对美国、澳大利亚和智利等国的水权交易情况和政府对水权交易的规制进行梳理和总结，并阐释了国外水权交易政府规制对内蒙古沿黄地区水权交易政府规制的启示，主要包括初始水权应明确界定、注重水权交易的全过程管理、加强对水权交易第三方负效应的规制、充分发挥用水者协会的作用、创新水权交易方式、注重水权交易信息系统建设等。

第一节　美国的水权交易及水权交易的政府规制政策

一、美国初始水权体系

美国的初始水权体系主要包括河岸权制度、优先占有制度和综合水权制

内蒙古沿黄地区水权交易的政府规制研究

度三种。具体内容见表8.1。

表 8.1 美国水权制度主要类型

水权制度类型	主要特征	优缺点	流行地区
河岸权制度	土地所有人拥有获取和使用流经该土地水资源的合法权利	具有排他性特征但易造成水资源浪费	密西西比河东岸的一些州
优先占用制度	"先占用，先获权"	水权可以转让和调整但缺乏引导水资源高效配置的机制	美国西部干旱区的9个州
综合水权制度	综合了河岸权制度和优先占用制度	是一种新型水权制度，具有上述两种水权制度的优点	得克萨斯和加利福尼亚等地

二、 美国水权交易方式

在美国，相对完善的水权交易制度仅在美国西部几个州得以建立，因为在美国东部的州实行的是河岸权制度，水资源的再分配主要依靠法院或是水资源行政机构完成，不具备建立水权交易制度的基础。美国西部水资源短缺且实行优先占用制度，水资源再分配主要依靠市场机制实施，即通过水权交易完成，所以在美国西部地区水权交易相对发达。美国的水权交易方式主要包括水权转换、水银行、干旱年份特权与优先权放弃协议、用水置换、临时性再分配和退水买卖等，见表8.2。

表 8.2 美国水权交易的主要方式

交易方式	主要内容	流行地区/代表案例
水权转换	水权购买人通过对水权出售人节水设施的投资或以其他方式对价置换水权出售人节约的水权	坎斯泊—艾尔科夫灌区水权交易①

---

① 该水权交易的主要内容是怀俄明州的坎斯泊市为艾尔科夫灌区节水改造提供资金并代替灌区偿还债务，从而获得艾尔科夫灌区节余的水权。

续表

交易方式	主要内容	流行地区/代表案例
水银行	水银行遵循"丰存枯用"原理，从有结余的用水户租赁或者购买水权，再卖给水权需求方，由水银行调剂余缺，发挥水权交易中介作用，协助水权交易的完成。属于短期水权交易	加利福尼亚地区
干旱年份特权与优先权放弃协议①	在干旱年份，灌区或农场主与城市签订特权或者优先权放弃协议，放弃用水权利并转让给城市，在合同成立时便支付一部分价款，用水时再支付剩余价款	加利福尼亚州、犹他州
用水置换②	当享有优先占用权的主体认为其权利难以满足环境保护或者自身需要时，经水资源行政管理部门批准相互从对方水源地取水的权利	实行优先占用水权制度的各州或者地区
临时性再分配	最长为一年的附加有效期限的水权交易，在有效期满后水权恢复未交易状态	
退水买卖	引取的水资源使用经处理后使用主体仍然可以以一定价格出售给其他主体	

资料来源：王小军．美国水权交易制度研究［J］．中南大学学报（社会科学版），2011（6）：121－125．

三、　美国水权交易情况——以犹他州和加利福尼亚州为例

（一）美国犹他州水权交易情况

犹他州水资源稀少，是美国第二大干旱州，该州以水文单元为单位对水资源实行分区管理，共划分了 50 个水权管理区域。各个水权管理区域的水

---

① 干旱年份特权放弃协议指定对象是定量用水权，干旱年份优先权放弃协议指定对象是用水优先顺序。

② 用水置换不具备权利转移或者金钱支付特征，但是可以满足用水主体的需求。

权数量不同，其水权数量的多少主要取决于本区域水资源政策和水资源数量①。

犹他州允许水权在各个集团或者个人之间进行交易，但是没有统一的水权交易场所，可以通过私立机构（如私人开办的水权交易所）进行交易。在犹他州通常会有一些私立机构充当水权交易中介，承担交易经纪人或者高级顾问的责任，并为水权交易人提供相关规划和项目预算等中介服务。

犹他州规定水权交易必须依据州法律进行，水权交易发生之后，水权使用者必须向用水所在地记录处提交交易契约并提出水权信息更新要求，在犹他州，水权信息不会自动更新，须由交易者向水权处提交水权转让证明报告，报告可以通过水权处工程师授权完成，也可以通过具有职业证书的专业工程师、律师、土地测量师等相关人员的帮助完成。犹他州水权交易需要相关契据，契据须在所用水资源的县记录处进行登记并将登记信息进行公示。自2011年7月1日起，犹他州规定，水权交易契据须附水权证书②。

犹他州的水权管理机构主要有水权处、水资源处、法院和县记录处。水权处的前身是成立于1897年的州工程办公室，1963年改名为水权处，水权处隶属于州政府自然资源部，主要负责州内水权管理。水权处的主要职责是为水资源的有益使用提供秩序和稳定性，其具体职能为：（1）负责水的计量、分配和调度；（2）负责水权申请、变更和记录；（3）负责打井管理；（4）负责河流改变管理；（5）负责大坝安全管理。犹他州水权处总部设在盐湖城，并在7个相关区域设立分支机构。水资源处也隶属于州自然资源部，主要负责跨州水权管理并提供综合性的水规划。法院在水权管理中的主要职责是对水权矛盾和冲突进行裁决，经法院处理的水权案例，都会进行备案。县记录处开始设置于1864年，在水权管理方面，县记录处主要负责存

---

① 曹月，贾绍凤. 美国犹他州水权制度实施效果述评［J］. 水利经济，2012（3）：25-30+74.
② 贾绍凤，曹月. 美国犹他州水权制度及其对我国的启示［J］. 水利经济，2011（11）：17-22.

档和更新水资源使用权,向水权处提交水权契约复印证书等。

犹他州水权市场较为活跃,水权交易频繁,水权交易的数量较多,表8.3 反映了近期美国犹他州水权处处理的部分事务情况,从表8.3 中的数据可以看出,在水权处处理的各项事务中,提交水权交易契据数量最大,反映了其水权交易相对活跃。

表8.3　　　　　　美国犹他州水权处处理的部分事务数量情况　　　　单位:份

年份	水权变更申请	申请的新水权	水权失效申请	特殊形式水权变更申请	延时提交证据申请	河流改道申请	提交水权交易契据
2007~2008 年	1452	623	258	135	1402	222	4935
2009~2010 年	1246	677	355	79	781	289	2835

资料来源:曹月,贾绍凤. 美国犹他州水权制度实施效果述评 [J]. 水利经济,2012 (3):25 - 30,74.

表8.4 为美国犹他州近期各类水权申请占水权事务申请总数的比重,从表8.4 中可以看出,美国犹他州提交的水权交易契据在水权总数中所占的比重最大,2007~2008 年为3.51%,2009~2010 年为2.02%,远远高于其他水权申请所占比重,反映出犹他州水权交易市场的活跃程度。

表8.4　　　　　美国犹他州各类水权申请占水权事务申请总数的比重　　　　单位:%

年份	变更水权	申请水权	停用申请	延时提交证据申请	特殊形式水权变更申请	河流改道申请	提交水权交易契据
2007~2008 年	1.03	0.44	0.18	1.00	0.10	0.16	3.51
2009~2010 年	0.89	0.48	0.25	0.56	0.06	0.21	2.02

资料来源:曹月,贾绍凤. 美国犹他州水权制度实施效果述评 [J]. 水利经济,2012 (3):25~30,74.

美国犹他州水权变更和水权交易活跃的主要原因有：（1）犹他州制定了较为完善的关于水权变更和交易的相关法律条例。（2）犹他州由于城市化进程的加快，可供申请的新水权越来越少，因此，新增用户用水只能通过水权交易或者变更申请来获得水权①。（3）犹他州的水权分割制度体现了水权交易和水权变更的灵活性。犹他州允许将水权分割成为小部分进行交易或者变更。（4）犹他州水权交易程序简单。犹他州在进行水权交易之前不需要征得水资源行政管理机构的同意，只需要在水权交易之后向水权处提交水权交易的契据。

犹他州也非常注重通过法律形式对水权制度的实施情况进行监督和检查。2005年，犹他州议会通过了新的法律条款，强调水权处对水权制度实施情况的监管。水权处的检查和监管内容包括：是否安装运行正常的水量测量设施，是否按照申请内容进行用水，是否存在非法取水行为，借助法院力量对违规用水行为进行制裁。水权处对水权制度的监督和检查有力地保障了其水权制度的有效实施和运作。

犹他州重视水权回收制度以保障水资源的及时高效利用。犹他州规定，水权申请获得批准之后须提供合理利用水资源的凭证或者延期申请，否则会面临水权失效且被收回。犹他州同时规定，若没有提交不用申请且连续7年没有使用水资源，则水权也将面临失效。失效的水权变为公共财产，作为剩余水权供使用者申请。

（二）美国加利福尼亚州水权交易情况

加利福尼亚州位于美国西部太平洋沿岸，农业在加利福尼亚州占重要地位，全州拥有200多种农作物和300多万公顷可灌溉耕地。受地中海气候影

---

① 犹他州除了熊河流域有一小部分的水资源可供申请外，其他大部分地区基本上停止了地表水和地下水权的申请。

响，加利福尼亚水资源时空部分不平衡，加利福尼亚雨季主要在冬季，但夏季却是主要需水期。加利福尼亚北部和东部山区是其主要供水来源地，占其总供水比重的70%，其南部和西部地区是主要水资源需求地区，占其水资源总需求的75%。面对水资源的时空分布不均，加利福尼亚开展了各种水权交易，以合理地配置水资源。以交易时间划分，加利福尼亚的水权交易有长期转让和短期租赁两种；以影响范围划分，加利福尼亚的水权交易有小范围用水户之间的水权交易和大范围工程调水工程交易两种。加利福尼亚发生的大部分水权交易都是水资源从农村交易到城市，主要方式是农民通过节约用水将"节余"的水资源出售。加利福尼亚的水银行和调水工程久负盛名。

1. 加利福尼亚水银行（枯水银行）

水银行是一种买卖中介制度，通过租赁或转卖将水资源由价值低的使用主体转给价值高的使用主体。水银行也叫枯水银行，加利福尼亚枯水银行成立于1991年，除加利福尼亚州外，美国的科罗拉多州、得克萨斯州和新墨西哥州也建立了枯水银行①。

1987年后的数年，美国加利福尼亚州连续数年持续干旱，州内主要蓄水池陆续干枯。当时联邦政府经营的给水系统可供水量大幅减少，加利福尼亚州政府经营的给水系统也仅仅满足10%的城市用水，农业用水供给已无可能。在此背景下加利福尼亚政府成立了水银行。加利福尼亚州水银行充当水权交易的中间人，水银行以自愿原则买入农场主及其他水权拥有者的原水，然后将水资源通过输水工程出售给水权需求者。水银行实行股份制管理模式，用水户必须在保证不浪费水资源的前提下在必要时购买所需要的水权。加利福尼亚水银行的主要供水来源为休耕地用水和地下水，各类用水之间的价差是加利福尼亚水银行开展水权交易中介的内在动力。加利福尼亚水银行项目中的水权实行固定价格，可使人们充分认识到水权持有者的机会成

---

① 陈虹. 世界水权制度与水交易市场［J］. 社会科学论坛，2012（1）：134–161.

本，当水权持有者自我评估的水权价格低于水权价位时，他将出售自己的水权给水银行，水银行再将该水权出售。通过水银行的中介作用，可以使同一单位的水资源向生产率更高的用户进行转移，提高了水资源的使用效率。

为促进水权交易，加利福尼亚政府不断修改其水权制度条款，撤销或者修订了不利于水权交易的相关条款，对支撑水权交易的相关法律法规不断做出修改，表 8.5 为加利福尼亚水银行成立之前的部分水权法规修订情况。

表 8.5　　　　　加利福尼亚水银行成立之前的部分水权法规修订情况

修订年份	修订内容	加利福尼亚水法规则
1979	在法律中追加"节省下来的水不能被没收"的内容	§ 1010（a）1011（a）
1980	将水权交易定为加利福尼亚州的水权制度的内容	§ 109（a）
	出售、出借、交换和转用水权并不是浪费水资源	§ 1244
	没收水权缓期执行时限由 3 年提高到 5 年	§ 1241
1982	节余水量可以交易	§ 1010（b）1011（b）
	允许水供给机构将剩余水量转用于辖区之外	§ 392
1986	水利转用法成立	§ 470，475，480 - 484
	The Katz Bill 法成立，加强水利转用基础设施建设	§ 1810 - 1814
1991	进一步确认水资源的暂时转运不作为水权没收对象。进一步扩大各地供水机构与辖区之外的主体能够进行水交易的余地	加利福尼亚州的律例（California Statutes），ch. 1X § 3，ch. 2X1（a）

资料来源：陈虹. 世界水权制度与水交易市场［J］. 社会科学论坛，2012（1）：134 - 161.

加利福尼亚水资源局承担水银行管理职责，加利福尼亚水资源局下设水购买委员会（Water Purchase Committee）并由其负责交涉优先买卖条件，以满足重要的用水需求①进而确定了买方顺序。加利福尼亚购水委员会采取了

---

① 加州水购买委员会对重要需求的定义是"全年必需水量 70% 得不到满足的工业用水和生活用水""不能得到充分保障的高价格农产品的农业用水""动植物保护用水""要保留到下一个季节的用水"，以上排序依次表示优先度顺序，优先度越高对人们生活和经济的影响越大。

统一价格和设定价格变动条款两项措施来应对紧急情况买水需要。水银行通过事先确定买方顺序和价格管制有效调剂了用水余缺，促进了水权交易，为该州平稳渡过枯水季节发挥了有效作用。加利福尼亚水银行成功的自然原因在于其春季之后的降水量和水坝需水量可以确定且雨季主要集中在冬季。水实物交易是加利福尼亚水银行成立之初进行的主要交易形式，1995年加利福尼亚水银行在水资源实物交易的基础上开始实施"水资源买进选择权交易"。加利福尼亚水银行主要在枯水期发挥作用，其全职职员只有一个人，因此其运营费用很小，州水资源局在进行交涉或准备合同时提供人手帮助水银行运作。

2. 调水工程

为了缓解水资源分布与人口及经济发展不协调的局面，加利福尼亚兴建了诸多水道，包括洛杉矶水道、莫凯勒米水道、科罗拉多河水道、中央河谷工程和加利福尼亚州水道等多项调水工程。加利福尼亚通过完整的水资源调配体系，实现了长距离调水，有效扩大了已有径流的利用程度，合理配置了水资源。

为实现水资源效用的最大化，加利福尼亚允许调水工程的用水户对其所拥有的水权进行有偿转让。例如，加利福尼亚南部帝国灌区拥有科罗拉多河用水配额70%的水权，总计38.245亿立方米，但洛杉矶的本地水源难以满足其用水需求，其本地水源仅仅占其总供水量的5%~10%。洛杉矶市为缓解本地水资源短缺局面，提出投资2.33亿美元对帝国灌区进行节水改造建设并将帝国灌区节约的水权转让给洛杉矶。通过节水工程建设，帝国灌区每年节约灌溉用水1.357亿立方米。根据双方协议，在节水改造工程结束后的35年内，科罗拉多河每年可调用1.357亿立方米的水资源给洛杉矶以满足洛杉矶的用水需求。通过双方的互惠合作，使水资源的利用效率得到了有效提高。

3. 加利福尼亚电子水权市场

为降低水权交易的交易成本，多种新的水权交易制度与形式在加利福尼亚水权交易的实践中被创造出来，电子水权市场的出现便是加利福尼亚水权交易形式的重大创新。电子水权市场价格公开、信息公开、交易及时快捷。阿祖里克斯（Azurix）公司于1999年12月宣布开展在线水权交易，允许水权交易双方利用 E-mail 议价并通过电子公告栏了解水权交易信息。之后陆续有公司进入 B–TO–B 的市场（如利特尔顿的水权市场、圣地亚哥的水投资公司和阿尔伯克屈的水银行公司等）进行在线水权交易。在电子水权市场可以进行各种类型的水权交易，且通过网络在线杠杆调剂水权交易的速度和效率，可以有效节约水权交易成本，是水权交易的重要创新。

4. 加利福尼亚州水权交易的经验

加利福尼亚水权交易的活跃与政府对水权交易的推进与管理密不可分。加利福尼亚水权交易的经验有：

（1）政府的科学管理。加利福尼亚政府对水权的管理主要体现在初始水权分配、公共水权管理和生态环境保护等方面，而且联邦政府在各种水利工程建设的融资和税收方面制定了一系列优惠政策，提高了农民兴建水利工程的积极性。加利福尼亚议会还设立了负责协调和仲裁水权交易中出现的矛盾和纠纷并对待出售水权进行评估的水资源控制理事会，以保障水权交易的真实性和对水权交易的第三方效应进行控制。此外，加利福尼亚水资源控制理事会还负责对水量、水资源使用方式及水资源使用季节进行监控。

（2）完善的水权交易管理制度。为保证水权交易的顺利进行，加利福尼亚州制定了一系列关于水权界定、分配、转让和交易的法律法规和规章制度。为了减少水权交易第三方负效应，加利福尼亚议会于1992年颁布了关于规范水权交易的一系列法律法规。主要有：①对转让水权者课税，用以对因水权交易而遭受损失的第三方进行补偿；②水权交易时，要求留存环境生态用水；③由州政府对买方垄断市场条件下的水权出售者进行补贴；④召开水权转让听证会，规定水权交易由受影响的第三者和州政府核定后才可以进行等。

（3）水利工程建设资金来源多元化。有些水权交易的完成需要大型水利工程建设作为支撑，而水利工程建设需要大量资金。加利福尼亚水利工程建设的资金来源多元化，主要包括加利福尼亚州水基金、联邦防洪工程拨款、发行债券、水合同预付款和加利福尼亚州旅游工程拨款等。不同的工程用途对应不同的资金来源并据此确定不同的投资回报方式。联邦政府对用于公益性用途的水利工程建设进行无偿投资。如联邦政府负责加利福尼亚州中央河谷工程的全部投资。对于诸如农业灌溉等非营利性用途的水利工程建设由政府给予政策性扶持，主要手段包括贷款贴息和收回成本价等。对盈利性用途的水利工程建设，如城市及工业用水等，由发行债券或者贷款解决，并收回本金和利息。充裕的资金和灵活的政策保证了加利福尼亚水利工程可以按照设计标准高质量按期完成并确保有充足的维护资金。

（4）水资源管理手段的高度现代化。加利福尼亚几乎所有的水资源管理站点和环节都配备了水量调配计算机控制系统。水库调度、污水回收处理以及各级输水渠道的配水控制环节，都由控制室完成。如加利福尼亚南部科切拉灌区，实现了配水和水量监测的自动控制。农户将需水订单于每天下午五点前提交，值班员将其申请于当晚输入计算机，计算机自动制定农户次日的配水计划并按时发出相应的操作指令，指令发出后灌区自动化网络立即执行配水计划。高度现代化的水资源管理手段提高了水资源精细化管理水平，提高了水资源管理效率。

四、 美国水权交易的政府规制措施

美国各州的水行政主管部门都要对水权交易进行审查和批准，以规范水权交易行为，提高水权交易质量。美国对水权交易运行的政府规制主要集中在以下方面。

1. 水权交易不损害他人原则
水权交易不损害他人原则是指在交易过程中不得对其他水权人的利益造

成损害①。水权交易特别是消耗性用水量增加的水权交易可能会使回流水量出现蒸发和渗漏,导致回流水数量减少,进而使得优先级别较低的水权使用者和下游地区的水权使用者的正常水权行使受到威胁。美国允许水权交易的各州都采取措施加强了这方面的监管,规定水权交易必须以不损害其他水权行使人的利益为前提。一项水权交易是否损害了其他水权行使人的利益,可以在水权交易中的公告和异议环节中进行认定和裁决②。

2. 水权交易生态环境影响的控制原则

水权交易尤其是水权交易中的长期水权交易会对区域生态环境产生重要影响,主要包括:水权交易所导致的取水点、用水点和输水方式的改变,会影响到水量的蒸发和渗漏,使水的自然回流量减少,从而使下游水量减少,影响下游地区的生态环境;水权交易会导致水资源用途和用水方式发生变化,如水资源从农业用水转变为工业用水,工业用水产生的污染物成分复杂,环境危害的不确定性增大;水权交易导致的用水时间的改变也会对生态环境产生影响。不同的用水人,其用水目的不同,用水时间也会有所不同。比如农业灌溉用水不是恒定的,其用水具有很强的季节性,而工业用水量则常年恒定,如果水权交易导致水资源从农业灌溉转向工业用水,则会改变河流径流量的正常波动,加剧枯水期的旱情③。针对水权交易可能出现的对区域生态环境产生的影响,美国允许水权交易的各州要求水行政部门对水权交易的潜在生态影响进行重点评估和审查。水权交易生态环境影响的控制通过环境影响评价程序进行,其费用由交易的出让人承担。

---

① Norman K. J. , Charles T. D. . A survey of the evolution of western water law in response to changing economic and public interest demands [J]. Natural Resources Journal, 1989 (1): 347 – 353.

② 王小军. 美国水权交易制度研究 [J]. 中南大学学报 (社会科学版), 2011 (6): 121 – 126.

③ Olen Paul Matthews, Louis Scuderi, David Brookshire, et al. Marketing western water: Can a Process Based Geographic Information System Improve Reallocation Decision [J]. Natural Resources Journal, 2001 (1): 329 – 342.

3. 对跨流域和跨州界水权交易的限制

水资源是由地表水和地下水组成的有机系统。地表水是以流域为单位的，同一流域（包括同一流域的各级支流）在水量传输方面并不与其他流域发生关系。地下水系统同样具有地域性，地下水是通过地表水的渗透来进行补给的[1]。跨流域或者跨州际的水权交易会导致流域水文条件发生变化，破坏其水量平衡，对流域内生态环境造成不利影响。美国各州都对跨流域水权交易规定了严格的审查程序。如佐治亚州把区域内的地表水和地下水资源进行了系统管理，将其区域内的地表水分为 14 个流域、地下水划分为 6 个地域[2]。该州规定流域内用水优先得到满足之后才允许跨流域水权交易[3]。鉴于水权交易会使水权出让方所在地的生态环境、经济、就业、税收甚至居民的生活质量等指标受到影响，因此各州基于自身利益的考虑，一般都采取措施限制跨州或跨流域的水权交易。例如，俄勒冈州规定跨州的水权交易必须符合州用水许可证的规定，并取得州议会的同意方可进行[4]。加利福尼亚州的一些地方规章中也对跨行政区域的水权交易规定严格的限制性条款[5]。

4. 紧急状态下的干预原则

当水资源出现极度短缺危机，不利于民众健康和安全时，州环境保护署有权采取紧急措施对水权内容进行修改。同时在紧急状态下政府可以直接作为市场主体参与水权交易，对市场施加影响，典型的做法是政府为改善水环境质量，可以

---

① 徐恒力. 水资源开发与保护 [M]. 北京：地质出版社，2001：15 - 33.

② Stephen E. , Draper. Sharing water through inter basin transfer and basin of organ protection in georgia: Issues for Evaluation in Comprehensive State Water Planning for Goergia's Surface Water Rivers and Groundwater Aquifers [J]. Georgia State University Law Review, 2004 (4): 339 - 365.

③ Joseph W. , Dellapenna. The law of water allocation in the southeastern states at the opening of the twenty-first century [J]. University of Arkansas at Little Rock Law Review, 2002 (3): 9 - 37.

④ Robert Currey-Wilson. Do oregon's water export regulations violate the commerce clause [J]. Environmental Law, 1986 (2): 963 - 976.

⑤ Ellen Hanak, Caitlin Dyckman. Counties wresting control: Local Responses to California's Statewide Water Market [J]. University of Denver Water Law Review, 2003 (6): 490 - 523.

购买水权使水资源保留在河道内①。在美国的一些州还规定了特别交易原则，对取水点、取水时间、用水目的等水权内容进行规范，用于保护公众利益。

第二节　澳大利亚水权交易及水权交易的政府规制政策

一、澳大利亚水权交易制度构建

澳大利亚是全球最干旱的地区之一，降水量分布不均衡，水资源局部短缺问题严重。随着人口增长和经济发展，澳大利亚对水的需求不断增加，单纯依靠行政性水权难以满足其日益增长的用水需求，迫切需要水权制度的相关改革。1994 年 2 月，澳大利亚政府间理事会（The Council of Australian Governments）批准了《1994 年水事改革框架》，由此拉开了其水权改革的序幕，要求各州实施综合性水资源配置制度，界定水资源产权，制定水权交易的相关制度。2003 年，澳大利亚政府间理事会批准修改了《1994 年水事改革框架》。2004 年澳大利亚联邦与各州政府签订了《关于国家水资源行动计划的政府间协议》（简称 NWI），提出可交易水权与水资源综合管理的要求和框架②。澳大利亚水权改革的重要原则是建立水资源财产权，促进水交易，允许把水资源重新分配给最具价值的用途，且水市场对此提供了支持。但水资源管理必须对环境用水权给予充分重视③。

澳大利亚可交易水权制度的构建主要包括以下内容：水权权利束的类型

---

① Janet C., Neuman. Have we got a deal for you: Can the East Borrow from the Western Water Marketing Experience [J]. Georgia State University Law Review, 2004 (4): 449 – 466.

② 陈海嵩. 可交易水权制度构建探析——以澳大利亚水权制度改革为例 [J]. 水资源保护，2011 (5): 91 – 94.

③ 科林·查特斯，萨姆尤卡·瓦玛. 水危机 [M]. 北京：机械工业出版社，2012.

化、用水风险负担规则的明确化和生态用水对水权交易的限制。

所谓水权权利束的类型化是指澳大利亚可交易水权制度根据水权权利束中的具体功能将可交易水权划分为水获得权、水分配权和水使用权 3 种类型。水权权利束类型化的主要目的在于使水权成为确定的财产权并保证水权的排他性。这种类型化有助于降低水权交易成本。

所谓用水风险负担规则明细化是指明确界定生态用水和其他公益用水，使之具有和消费性取水权同等程度的稳定性。澳大利亚用水风险分担规则为："（1）由于长期性气候变化、周期性自然事件和季节性气候变化引起的用水风险由取水权人承担。（2）由于水系统维持知识的改进引起的水资源量变化带来的风险，2014 年之前由取水人承担。2014 年以后由于修改和实施水资源规划而产生的水量变化风险，以 10 年为一个期间，按照如下方式分担：第一，取水权人承担最初减少的 3% 的水量变化风险；第二，水量减少 3%～6% 的风险，州政府承担 1/3，联邦政府承担 2/3；第三，水量减少超过 6% 的风险，联邦政府和州政府各分担 1/2。（3）前面没有明确规定的，由于政府政策变化导致的任何可消费水量减少的风险，由联邦政府和州政府负担。[①]"。用水风险负担明细化减少了人为因素给水权确定性带来的负面影响，有助于公众形成稳定预期。

所谓生态用水对水权交易的限制主要强调生态保护目标，强调水权交易以不损害生态环境和其他公共利益为前提，这项内容构成了水权交易的限制性条款。

二、澳大利亚水权交易情况

澳大利亚于 1983 年开始水权交易实践。澳大利亚的水权交易可以分为

---

① 陈海嵩. 可交易水权制度构建探析——以澳大利亚水权制度改革为例 [J]. 水资源保护，2011（5）：91-94.

临时水权交易和长期水权交易。临时水权交易和长期水权交易又进一步细分为州内临时水权交易和州际临时水权交易及州内长期水权交易和州际长期水权交易。

澳大利亚的水权交易发展经历了探索阶段、扩张及发展阶段、成熟阶段和向环境可持续转化阶段。其水权交易并非政府自上而下推动，而是为解决水资源供需矛盾，政府逐渐放松水权交易限制并在制定水权交易规则的基础上逐步成熟的。1994 年的"水改革框架""2004 年的国家水计划"从法律上肯定了水权特别是长期水权也可以进行交易，并且这两项改革也进一步完善了水权交易规则，有力促进了澳大利亚水权交易的发展。2007 年澳大利亚对水权交易制度进一步进行了改革并将水权交易的目的分解为三个层次：①活跃水权交易；②应对各种自然灾害的不确定性；③通过政府审批将公用财物支配权转让给私人利用。2007 年水权改革的重点是将水权进一步分解为水的使用许可、配水设施持有权和水股票三部分。该改革进一步方便了水权交易的操作。2007 年 7 月 1 日，澳大利亚维多利亚州将水权和用水许可明确区分，规定水权是可以买卖交易的，而用水许可附着在土地上不可以买卖。同期配水设施使用权在澳大利亚北维多利亚州开始使用，所谓配水设施持有权（Delivery Share）是指灌区农户通过灌溉用基础设施分配用水时使用基础设施的权利。由于灌溉用基础设施的管理者是管理水坝和水渠的公益法人，不是农户团体，所以农户在行使通过灌溉设施接受或分配用水权利时必须支付费用，这些费用包括：灌溉用基础设施基本费、灌溉用基础设施使用费和灌溉用基础设施临时费。2007 年的水权改革在 1989 年水法框架内引入了水股票的方法。所谓水股票是指在土地登记制度中被承认拥有土地所有权或者被确认为土地所有者的人的水权可以转换为水股票，水股票的所有者是用水许可所有者。水股票分为两种，即高确定性的水股票和低确定性的水股票。有土地担保的水权称为高确定性水股票，从水权市场调剂出来的水权转换的水股票被称为低确定性水股票。澳大利亚规定在水股票结构中，没有土地担保的水股票在总体水股票总量中所占的比例不得超过 10%。附着在土地所有权上的用水许可被转换为水股票后，克服了传统河岸权水权制度的不足，极大推动了水权交易的发展。

澳大利亚通过一系列促进水权交易发展的政策措施，使其水权交易已经相对成熟和活跃。以 2010～2011 年度为例，尽管 2010 年为澳大利亚的丰水年份，但是其临时水权交易额仍然比 2009～2010 年度增长了 40%，2009～2010 年度，澳大利亚临时水权交易量为 24.95 亿立方米，2010～2011 年度其临时水权交易量为 34.93 亿立方米。澳大利亚的墨累—达令河流域（包括新南威尔士州、昆士兰州、维多利亚州、南澳大利亚州和澳大利亚首都特区）是其水权交易的主要集中地。根据澳大利亚《2010～2011 年度水市场报告》资料，墨累—达令河流域的水权交易份额占整个澳大利亚长期水权交易的 85% 和临时水权交易的 95%[①]。

澳大利亚的新南威尔士州的水权交易相对活跃，尤其是在有可调节水量的水系其水权交易更为活跃，而在无水量调节能力的水系和地下水方面的水权交易很少。新南威尔士州水权交易呈现出临时水权交易市场发育良好而永久水权交易市场发展相对缓慢的特点，见表 8.6。

表 8.6　　　　　　　　20 世纪末期新南威尔士州水权交易状况交易量　　　　单位：百万升

年份	永久水权交易		谷间临时水权交易		谷内临时水权交易	
	交易起数	交易量	交易起数	交易量	交易起数	交易量
1983～1984	0	0	0	0	4	2573
1984～1985	0	0	0	0	17	3490
1985～1986	0	0	0	0	56	40054
1986～1987	0	0	0	0	39	44478

---

① 金海，姜斌，夏朋. 澳大利亚水权市场改革及启示 [J]. 水利发展研究，2014 (3)：78 - 81.

续表

年份	永久水权交易		谷间临时水权交易		谷内临时水权交易	
	交易起数	交易量	交易起数	交易量	交易起数	交易量
1987～1988	0	0	0	0	215	100718
1988～1989	0	0	0	0	104	41714
1989～1990	5	2700	0	0	202	78247
1990～1991	33	8299	0	0	147	66778
1991～1992	65	20497	0	0	458	174321
1992～1993	78	19670	4	20800	310	68858
1993～1994	66	28099	10	5354	297	89391
1994～1995	99	24599	504	126638	1528	385887
1995～1996	66	26371	82	41359	851	281359
1996～1997	112	31249	68	41978	741	358668
1997～1998	125	47603	133	62781	1847	444213

资料来源：Lin Crase, Leo O' Reilly and Brian Dollery. Water Market as a Vehicle for Water Reform：The Case of New South Wales ［J］. The Australian Journal of Agricultural and Resource Economics, 2000, Vol. 44.

事实上，不仅在新南威尔士州，在整个墨累—达令河流域都是临时水权交易相对发达，而永久水权交易发展相对缓慢，见表8.7。

表 8.7　　　　　2006～2007 年墨累—达令河流域的灌溉农场水交易情况　　　单位：%

农场交易百分比	牛奶场	农田	园圃	墨累—达令河流域
永久性水权	3	1	4	2
临水灌溉用水	31	20	23	23

资料来源：科林·查特斯，萨姆尤卡·瓦玛. 水危机 ［M］. 北京：机械工业出版社，2012.

在新南威尔士州的法律体制下，典型永久水权交易花费的时间较长，大约需要半年到一年的时间完成。对于临时水权交易而言，所需的时间相对较短，如果是跨州或者是跨流域临时水权交易，最多三周就可以得到批准，非跨州或者跨流域的临时水权交易一般在一周内就可以获得批准。永久水权交易或者跨州跨流域水权交易所需时间较长的原因是需要进行水权交易环境方面的评估，同时批准机制的复杂也是其重要原因之一。临时水权交易也要进行环境方面的评估，但其主要考虑的是河流的输水能力，而不是大环境。2000 年新南威尔士州用水许可证颁发从以面积为基准转向以水量为基准，增加了水权交易的机会，特别是临时水权交易得到了鼓励。为促进水权交易的顺利进行，新南威尔士州建立了水权交易方面的立法，并改革了相关的行政管理体制。其主要内容包括：明确界定水权，公开水权注册，保护第三方利益；根据水权交易计划批准水权交易，提高水权交易市场的信息发布能力等。

在维多利亚州，环境流量需求是进行水权分配的关键因素。维多利亚州北部灌溉平原有调节河流的设施，在那里建立了良好的水权交易机制。1998 年在维多利亚州建立了北维多利亚水交易所，为临时水权交易提供市场信息，有效扩大了古尔木—墨累地区的临时水权交易，交易所的特点是透明廉政。维多利亚州正在着手在非调节河流地区制定有关河流管理规划，用以促进非调节河流地区的水权交易的发展。在维多利亚州的一些地下含水层资源过量分配问题比较严重的地区，其水交易主要通过拍卖和分配剩余资源等市场机制进行调节。维多利亚州的水权转让价格由市场决定，转让人可以采取拍卖、招标或其他合适的方式进行。但是《维多利亚州水法》规定水权转让必须遵守州议会通过立法制定的有关规定。这些规定包括：水权转让人必须在缴纳有关费用并经过有关部门批准转让申请后方可进行水权转让。其中，自然资源与环境部门负责批准批发水权和用水许可证的转让申请；供水管理机构负责批准灌区农户用水权转让申请。如果永久转让批发水权还需要申请人在政府公报或相关地区广泛发行的报纸上刊登公布；自然资源与环境部组织专家组进行调查，在对专家组的调查意见进行评估并充分考虑其他必须考虑的因素后，决定是否批准批发水权或者用水许可证的转让。灌区内用水权的转让要经过供水管理机构的批准，并且经过转让方土地上享有权益的人的同意后，才能实现水权的永久转让；批发水权永久转让后，水权出让人必须提出调整授权的申请。如果批发水权永久转让的受让者是州内或临时的州外用水主体，受让人必须了解出售细节，并将之登记在土地注册簿中。用水许可证转让之后，自然资源与环境部可以对许可证的附加条件进行修改。①

澳大利亚的昆士兰州于 2000 年通过《水法》，为全州水资源的可持续分配和管理奠定了基础。该法也成为水资源永久交易和与土地权分离的基础，同时也为水分配注册体系提供了准备。该体系详细地描述了所有可转让的水分配量和相应的交易量及利润。

南澳大利亚州的水权交易项目的试点是墨累—达令河流域的跨州水权交易，其特点是水资源向高产值用途转让。南澳大利亚州的水权交易使那些灌溉规模小、不可持续发展的灌溉用水者脱离了灌溉农业，使继续从事灌溉农业的灌溉者能够利用新资源和灌溉系统恢复休耕的土地用以发展生产。

澳大利亚水权交易一般要遵循以下原则：（1）水权交易必须以对其他用户的影响最小和河流生态的可持续性为原则，必须保障生态和环境用水；（2）水权交易市场必须信息公开透明；（3）永久性水权交易必须向州水资源管理机构提出申请，在媒体上发布交易信息，由州水资源管理机构重新向水权购买方发放用水许可并撤销水权出售方的用水许可。

三、 澳大利亚水权交易的政府规制政策

（一）关于初始水权分配的政府规制

水权分配应根据流域资源的水文评价和全流域综合规划系统来进行，水

---

① 黄锡生．水权制度研究［M］．北京：科学出版社，2005.

权的分配应包括消耗性用水权和非消耗性用水权的分配。澳大利亚水权从州到城镇再到灌区最后到农户被层层分解。澳大利亚跨州河流水权的分配则是由有关各州在联邦政府的协调下达成分水协议的方式来进行。个人或者公司的水权分配是根据河流多年的来水和用水记录结合土地的拥有等情况来确定其用水额度。澳大利亚水权分配中高度重视环境用水权。1995 年澳大利亚联邦政府在水改革框架中规定环境是合法的用水户。在水权分配中,各流域必须测定评估期生态环境用水量,除特殊情况外,环境用水具有优先权,在环境用水权得到保证的前提下,再确定可供消费水量。澳大利亚规定消耗性用水应以保证生态环境为前提,在环境用水与其他用水之间确定分配关系后,水权交易才可以进行。在澳大利亚,有些人反对水权交易。其反对理由是认为一旦水权可以进行交易,拥有水权的人就会凭借水权获得大量资本收益,特别是以前无偿分配的水量给水权持有人带来大量收益,这显然是不公平的。这种不公平源于水权初始分配的不公平而非水权交易本身的问题,是基于水权取得的"时先权先"原则而出现的问题。因此,澳大利亚一些土地拥有者要求在水权交易前重新分配水权,并要求在水权初始分配过程中采取引入诸如拍卖等市场竞争机制或有条件购买等方法来分配初始水权。目前,澳大利亚正在淘汰"时先权先"等不合理的初始水权分配方式,并逐步引入市场化的水分配机制。为保证初始水权分配的公开、透明,澳大利亚在初始水权的分配和实施中,非常注重社区的作用,积极引导社区和公众的广泛参与。其重要途径是让用水户、利益团体和一般社区成员参与流域规划过程,或者让用水户、利益团体和一般社区成员直接参与水权分配和水权交易的相关咨询工作[①]。澳大利亚各州的水法明确规定了水权分配,如《新南威尔士州水法》对水权可分为三种类型,主要表现为:授予供水公司和电力公司的批发水权,授予个人直接取水或者用水权利的许

---

① 丁民. 澳大利亚水权制度及其启示 [J]. 水利发展研究,2003 (7):57 – 60.

可证和灌区农户的用水权①。

（二）关于水权交易适用范围的政府规制

水权交易必须要有明确的适用范围，使水权交易双方必须明确其交易的是什么。只有水权得到明确界定，交易双方才能根据所确定的水量、使用期和可靠性等因素进行水权交易。为了保护生态环境和地下水资源储量，保障居民日常生活用水需求，澳大利亚规定核心环境配水以及为生态系统健康、水质和依赖地下水的生态系统的保留用水不允许交易。一些家庭人畜用水、城镇供水以及多数地下水也不允许进行交易。

（三）关于水权交易程序的政府规制

澳大利亚的水权交易分为长期性水权交易和临时性水权交易。为保障水权交易的顺利进行，降低水权交易的不确定性，澳大利亚对水权交易程序做了严格规定。一般水权交易的程序包括：（1）对水权出售方的水资源的所有权、水资源可利用权、涉及的第三方利益和输水能力进行核查。（2）对水权购买方的输水能力、相关环境标准和管理规划的符合情况与场地使用等情况进行核查。（3）买方保证按时支付，卖方及时送水。（4）买卖双方提供责任最低标准的文件。（5）水权交易前向水权交易买卖双方说明水权交易相关义务及程序。（6）对获批交易买卖双方的用水进行测量和记录。（7）强制水权交易价格公开并在相关网站可以进行查询。

---

① 江西省水利厅赴澳大利亚培训团. 澳大利亚水资源管理及水权制度建设的经验与启示 [J]. 江西水利科技, 2008 (3)：31-34.

第三节　智利水权交易及水权交易的政府规制政策

一、　智利的水权交易情况

智利现行的水权制度是智利在 1981 年对《水法》进行重新修订的基础上建立的，其目的是开发水权交易市场提高水资源使用效率[①]。自智利 1981 年《水法》之后，其水权交易已经有 30 多年的历史。智利的水权交易主要包括三种类型：（1）农业与城市之间的水权交易；（2）农业用水户之间的长期水权交易；（3）农业用水户之间的短期水权交易。在智利，测量转移流水量比较容易及水利设施比较完善的地区是水权交易较为活跃的地区。相邻用户之间的水"租借"在实际发生的水权交易中占绝对优势，这种水权"租借"形式非常灵活，甚至不需要正式的协议和法律约束。但智利法律规定，正式的水权交易必须符合法律要求并注册登记。智利的水董事会负责其水市场的运作。在智利，水权除了可以进行交易之外，还有抵押融资功能，即水权作为抵押品或者担保品可以从金融机构获得贷款。

二、　智利水权交易的政府规制经验

智利政府承认水权是私有财产。1984 年的智利水法提出水权交易的完全市场化方案，认为自由市场机制可以实现水权配置和水权价格的合理化并有助于节水动机的提升，政府应该保护私有水权并减少对私有水权的干预。

---

① The Market for Water Rights in Chile，Monica Rios Brehn Jorge Quiroz，The World Bank Washington D. C，1995：10 - 27.

但 2005 年新修订的智利水法强调了政府保护水权交易中的公众利益，需要对水市场进行管理。智利对水权交易的政府规制主要体现在如下方面。

（一）水权初始分配注重社会公平和环境可持续性

1984 年智利《水法》规定个人有转让水权永久用水的权利，但没有节制地分配初始水使用权的做法，很快就引发诸如水权投机、囤积和垄断等问题。2005 年智利实施修订了《水法》，新修订的《水法》强调初始水权分配的公平性和环境可持续发展性。

（二）选择有利于市场交易的水权体系

智利建立了比例水权体系，即所有水权拥有者无论是丰水年还是枯水年都可以拥有一定份额的水量。比例水权体系较为灵活且易于操作，这种水权体系在促进水资源公平分配和水市场发育方面发挥了重要作用。

（三）减少水权交易对地区经济的负面影响

水权交易会对地区经济发展产生负面影响，特别是对于水权出售地区而言，水权的出售可能会导致灌溉面积或农业生产活动的减少，由此导致相关的经济活动总水平降低。此外，永久性水权转让还可能对水权出售地未来经济持续发展形成制约。智利政府充分考虑和重视水权交易对于地区经济发展的负面影响，并对水权交易采取评估政策。

（四）重视环境保护

智利的水市场改革重视对环境的保护。2005 年智利《水法》规定，水董事会在对新水权确立时要保障地下水管理的可持续发展并要确定河流生态流量，即新的水权确立必须要考虑生态环境问题。

（五）充分发挥用水者协会的作用

促进智利水权交易发展的重要保障之一就是组建了良好的用水者协会。智利的用水者协会负责监督水资源分配、管理水利设施、审批水权转让、化解水事冲突。用水者协会的发展是智利水市场活跃的重要原因。

第四节　国外水权交易政府规制的基本启示

一、水权的初始界定应当明确

关于初始水权的概念学术界意见存在分歧，不同学者从不同角度进行了论述，如林有祯（2002）、张延坤和王教河（2004）、李红梅和赵建世（2005）、王亚华（2005）等都做了论述。尽管关于初始水权的定义分歧较大，但是存在共同之处，都认为初始水权的载体表现为水量、在权属上表现为水资源使用权。我国水资源所有权国家所有的属性，决定了水资源使用权的界定是我国的初始水权界定的实质，水权交易也主要是对水资源使用权的交易。初始水权界定是政府主导下的水资源配置模式，属于水权的初始分配。水权交易是初始水权界定之后的水资源再分配方式。

国外水权制度在建立和完善中非常重视初始水权的界定，如美国、澳大利亚和智利等，而初始水权的有效界定又进一步促进了这些国家水权交易的产生和发展。如果水权界定不明确，水权交易会遇到极大困难，即便勉强实行，也会引发矛盾和冲突。水资源所有权和使用权的界定是初始水权界定主要包括的内容，其中更重要的是水资源使用权的界定，因此水权的界定需要对水权在水量、使用期限和可靠性等方面进行界定和精确定义①。水权的初始界定要求：第一是水权的明确性。水权的明确性要求明确界定水权的归属、水权的范围和水权的保护，包括取水时间、取水地点、取水水量、取水比例和水资源计量方式等。第二是水权的排他性。即要求水权持有人承担水权相关的费用和收益，任何人不得侵犯。第三是水权的强制性。即水权应受到法律的强制性保护，从而保证水权的安全性。此外，可交易水权制度还要求水权可以买卖，使水权由低价值用途转向高价值用途，提高水资源的利用效率。

二、 注重水权交易的全过程管理

为保证水权交易的顺利进行，政府必须对水权交易市场进行管理。事实上由于水权具有公权和私权的双重属性，即使在市场机制非常健全的国家，政府也会对水权交易进行必要的管理，以规范水权交易市场的交易行为，降低交易成本。国外水权交易的重要内容之一就是对水权交易过程的管理，即使在承认水权私有化的智利也强调对水权交易的政府管理。政府对水权交易的管理主要包括以下几方面的内容：（1）建立水权注册制度；（2）建立水权交易登记制度；（3）建立水权交易合同制度；（4）建立水权交易法律责任制度；（5）建立水权交易公示制度。

三、 加强对水权交易第三方效应的规制

水权交易会对第三方产生影响，这些影响包括对其他用水权特别是优先级别较低的用水权的影响，对卖方所在地的生态环境的影响，对水质产生的

---

① 姚杰宝，董增川，田凯. 流域水权制度研究［M］. 郑州：黄河水利出版社，2008.

影响，由于水权交易所产生的水量蒸发、渗漏对回流水产生的影响，对水资源输出地的就业和收入产生的影响等。世界各国在水权交易中都意识到水权交易可能产生的负面影响，并对这些负面影响积极进行政府规制。其规制思路大体分为两种：其一是运用行政手段进行规制，较为典型的行政规制措施包括：建立水权交易限制条款，建立水权交易评价制度和审批制度等。其二是运用经济手段进行规制，较为典型的是对负外部效应征收税费。

四、 充分发挥用水者协会的作用

用水者协会一般是由在灌区中存在的管理部分灌溉系统而结合的一个农民团体，也被称为用水户组织（WUO）。农业是水资源最大的使用部门，实现水资源的有效利用和合理灌溉是必须要给予优先考虑的。用水户组织的目的就是通过农民参与实现水资源的合理利用。奥斯特罗姆在其多中心治理理论中论述了社区自主治理的合理性，其实用水者协会类似于一种社区自主治理组织，是农民之间的集体行动，是市场和政府之外的第三方治理组织。用水者协会在组织农民参与灌溉管理，提高管理决策的有效性方面有重要作用。在 20 世纪 70 年代，很多国家如墨西哥、印度尼西亚、巴基斯坦、哥伦比亚等国都进行了灌溉管理权制度改革，其改革内容是将灌溉管理权从政府部门转移到用水者协会，让农民参与灌溉系统管理，以此作为政府管理灌溉系统的补充[1]。1992 年世界地球峰会提出建议，水应该作为经济物品，水管理应当分权，农民应该在水资源管理中发挥重要作用，农民参与水资源管理的重要组织就是用水者协会。例如在智利，在水资源管理中非常注重用水者协会发挥的作用，智利的用水者协会在水资源分配的监督、水利设施的管理

---

① 刘静，Ruth Meinzen-Dick，钱克明，张陆彪，蒋藜. 中国中部用水者协会对农户生产的影响 [J]. 经济学（季刊），2008（1）：465 – 479.

和一定条件下的水权转让的审批方面发挥着重要作用，同时用水者协会也为水权转让各方提供了协商的平台。

用水者协会的主要职责包括：（1）代表用水户意愿制定灌溉制度和用水计划，参与国家初始水权分配；（2）制定本协会内水权分配方案，即在协商基础上就协会分得的水权再赋予较小农民群体或是当地农民；（3）制定用水户水权交易的规则并监督交易执行情况；（4）用水者协会是跨行业和跨区域水权交易的重要主体。

五、 不断创新水权交易方式

澳大利亚、美国和智利的水权交易中都重视水权交易方式的创新，例如，在美国加利福尼亚出现了水银行和电子水权市场。在美国西部还成立了以水权作为股份的灌溉公司，农户加入灌溉公司可以依法取得水权，在灌溉期，灌溉公司按照水权股份将自然流入的水量向农户输送。在澳大利亚将水权进一步分解为水的使用许可、配水设施持有权和水股票。这些水权交易方式的创新极大促进了水权交易的发展。我国水权交易处于起步阶段，水权交易方式的创新相对滞后，水权交易方式相对单一。因地制宜推进水权交易方式的创新是今后水权交易中应探讨和实践的重要内容，同时可以考虑赋予水权融资功能。

六、 重视水权交易信息系统建设

水权信息系统建设是培育和发展水权交易市场的关键环节。国外水权市场非常注重信息系统建设。在我国未来的水权市场建设中应当发挥政府和市场双方的优势，逐步加快水权交易信息系统建设步伐。首先，应当建立国家信息供给机制，即要求国家利用其信息资源优势，进行宏观分析，汇总各类信息并向市场主体及时提供。其次，要扶持水权交易中介服务公司或者水权交易信息平台的建设和发展并发挥其在水权交易中的作用，即水权需求者和水权出售者可以在水权中介服务机构或者水权交易信息网络登记其供求信息，信息服务公司及时将供求信息向供求双方沟通，促成水权交易的完成。目前我国已经建立了国家层面、省级层面和地方层面的水权交易平台，这些水权交易平台对将来推动和规范我国水权交易发挥了重要作用。例如，我国已经建立的石羊河流域水权交易信息中心，该交易中心将水权交易的相关信息及时在网上发布，这一信息中心对于促进当地水权交易的发展具有重要作用。新疆维吾尔自治区玛纳斯县塔西河灌区水权交易中心于 2014 年正式揭牌成立，这标志着新疆首个水权交易中心正式投入使用。

|第九章|
内蒙古沿黄地区水权交易政府规制思路

　　本章在前面章节的基础上，论述内蒙古沿黄地区水权交易政府规制的基本思路。在对内蒙古沿黄地区水权交易政府规制基本原则进行阐述的基础上，重点阐述了内蒙古沿黄地区初始水权政府规制思路、水权交易价格政府规制思路、水权交易第三方负效应政府规制思路、水权交易监管体系建设思路和水权交易保障体系建设思路，以期充实内蒙古沿黄地区水权交易政府规制的研究成果，并对内蒙古沿黄地区水权交易实践提供政策参考。

第一节　内蒙古沿黄地区水权交易政府规制的基本原则

一、兼顾短期利益和长期利益

　　双赢是水权交易开展的现实基础和基本要求，卖方通过水权交易获得相应的经济补偿，买方通过水权交易获得急需的水权数量，双方通过水权交易都能获得利益增进。水权交易的短期效益与短期少量水权交易密切相关。气候短时期的变化、用水户短期用水量难以满足和用水户临时产生的多余水量等因素是短期水权交易产生的主要原因。水量频繁变动、水权交易水量少和交易持续时间短是短期水权交易的主要特点。这些特点决定了在对短期水权交易进行评价时，难以获得长期效益的数据。同时，由于短期水权交易涉及的水权数量少，对水环境的影响小，所以对短期水权交易的效益评价应当主要考虑短期效益，主要从交易双方的当期获利方面进行分析。在对短期水权交易进行评价时应当选取的主要经济指标包括单位水资源产出和水资源总体产值增加值等。短期水权交易尽管是交易双方的短期合作，且交易双方交易水量较少，但由于用水户数量众多，决定了这种短期的、少量的水权交易的累积效果巨大。由于短期水权交易主要考虑短期经济效益，因此可能产生市场失灵，出现水资源过度使用问题。因此，政府的水权交易管理部门应当对短期水权交易的总量和交易用水户占总用水户的比例进行严格控制。通过对上述指标的严格控制，使短期水权交易的总规模被限制在一定范围之内，确保水资源长期合理的保护和利用。

长期水权交易周期长、投资大、涉及地区多、对环境影响明显。因此对于长期水权交易，交易方应当更加注重水权交易的长期效益，注重交易中的长期规划。在长期水权交易评价的指标选取上应当考虑经济和社会发展的宏观指标，如区域 GDP、各产业发展指标和区域用水量等因素。长期水权交易需要长期的水利工程建设作为支撑，涉及土地征用、投资资金、输水工艺和水利工程维护等问题。对于上述问题应当在交易合同中明确规定，用以保障交易双方长期合作中的权利和义务。在长期水权交易中也会出现一些其他方面的问题，如施工原材料价格上涨、工程投入增加等问题，这些问题的出现可能导致交易中的利益冲突。因此，在长期水权交易中应当设立相关的利益评价指标，以确保长期水权交易顺利进行。长期水权交易评价也应该包括水权交易对生态环境和利益相关者利益影响等方面的评估。

二、 充分考虑规制的区域特殊性和普遍适用性

中国的水权交易仍然处于尝试阶段，没有既定的模式和方法可循，同时，各地水权交易有其特殊性。因此，考虑水权交易的区域特殊性是政府对水权交易进行规制的基本原则之一。水权交易的区域特殊性主要包括交易地区的气候特征、生态环境现状、水文地质条件、水权交易目的、水权交易条件、水权交易对环境的影响、水权交易对不同部门的影响、水权交易对不同群体的影响、水权交易的完成条件和交易的手段等。例如，关于水权交易的区域气候特殊性分析，主要是因为气候条件对水资源的影响很大，降水量的多少和地表蒸发量的强弱都会对水权交易的需求产生影响。因此，在水权交易之前应当对可变化的气象条件进行预测，避免由于气候条件变化对水权交易造成不确定性进而产生交易风险；关于水权交易的水文地质区域特殊性主要表现在交易中的供水量、水质等方面，还要考虑水权交易之后能否继续维持当地水文地质的原有特征，水权交易的基本原则之一就是不会影响水权出售地的生态系统平衡，这就要求水权交易应当在当地水量的可允许范围之内进行；水权交易能否形成需求互利是水权交易的前提，而水权交易的需求具有多样性，这种需求多样性也是水权交易必须考虑的特征性之一。如工农业之间的水权交易，若农民有水权交易的动机却没有形成稳定的节水能力，也会使水权交易难以进行。因此，水工业企业应当充分考虑这种特殊性，在水权交易中不仅要考虑水权交易的价格，也要注重利用自己的优势促进农民节水，以保障水权交易顺利实施；关于水权交易区域特殊性的另一考虑重点就是区域水权交易的完成条件。之所以考虑这一区域特殊性主要是由于水资源输送条件比较特殊，特别是当交易双方距离较远时，输水成本在水权交易价格中的比重就会相对较大。而且水资源输送可能会经过与交易无关的第三方区域，由此会产生相关行政协调和费用问题。因此在水权交易之前应当

充分考虑这些因素，防止水权交易中可能出现的风险；水权交易的区域特殊性还要考虑水权交易对区域环境产生的影响，如对水源地保护和生态种群的影响；此外水权交易的区域特殊性还包括当地用水习惯甚至民族习俗等因素。

水权交易的区域特殊性决定了水权交易中难以很快形成统一的规定和程序，但在水权交易中面临的共同问题，可以通过制定普遍适用性的原则和措施加以规制。事实上，对水权交易的规制是不断从特殊性向普遍性过渡的过程。

三、　公开公正原则

水权交易涉及水资源行政管理部门、用水户、环境保护部门、供水企业和土地规划部门等相关利益主体，每个主体都有自己特殊的利益需求。因此，在一项水权交易决策、申报和开展的过程中往往会出现不同利益主体之间的利益冲突。对于水权交易中出现的利益冲突应当以公开公正的原则和程序加以解决。水权交易中的典型利益冲突有不同产业用水、上下游用水和同产业之间用水户之间的冲突等。产业间的用水冲突的重要原因之一是由于环保部门注重水环境质量和地方政府注重经济发展的冲突。当水权从污染程度低、退水量少的部门向污染严重、退水量大的部门进行转让时，虽然可能导致水资源的产值上升，但也可能导致水资源污染和水环境恶化。目前大多数水权交易行为注重水权交易的经济效益却往往忽视了水污染问题。公众由于缺乏产业间水权交易对水污染的信息，也缺乏参与水权交易的渠道，所以导致水权交易中的负面问题往往被忽视；水权交易也要充分考虑上下游之间的利益冲突。水权交易对水质有明确要求，上游地区保护水质的任务更加艰巨，若水权交易没有上游地区的参与，而上游地区可能承担更多的水质保护责任，这对上游地区是显失公平的，因此，水权交易中应当考虑上游水源保护者的利益；水资源有多种用途，会产生不同的收益，对水权交易的经济效益和社会效益进行综合考虑是解决水资源不同用途利益冲突的关键。公开不同用途水权交易的信息、促进不同利益相关者的协商是避免水权交易风险和失误的有效手段。水权交易信息的公开，尽管会导致水权交易决策过程变长，花费决策时间成本，但是通过信息公开可以及时发现水权交易中的潜在风险，为水权交易的公正决策提供依据。

四、 评价与监督相结合原则

对水权交易进行评价和监督是政府对水权交易规制的体现，也是规制的依据和手段。对水权交易的评价可以体现在如下方面：首先，在水权交易论证阶段，应该对水权交易中涉及的水资源特征、被交易水权的用途、水权交易对环境的影响、水权交易的预期收益和水权交易的风险程度做出初步判断；其次，在达成交易协议并开始实施水权交易阶段，应对实施水权交易的组织机构、水权交易的投资来源、水权交易的成本核算、水权交易的进度控制和水权交易的质量监督进行分析和评价；再次，在水权交易实施一段时间或者水权交易完成之后，水权交易的效果已经明显显现，此时可结合水权交易的成本和收益对水权交易的成本效益指标进行评价。

对水权交易的监督，出于不同的监督目的，其监督评价指标体系的构成也会存在差别。在水权交易论证阶段，监督的作用是确保水权交易方案符合地区发展规划和流域发展目标，但局限于此时关于水权交易的数据指标较少，其监督职能主要通过已有经验和预测来进行。在水权交易实施阶段，对水权交易监督的重点为水量工程进展进度、完成质量、成本控制等问题。若水权交易横跨区域较多，这一阶段也要对各部门协调配合状况进行监督和检查。另外这一阶段也要对水权交易的资金到位情况、资金使用情况进行监督和检查；在水权交易结束后，主要应对水权交易监督进行总结，找出不足，归纳经验，从而为之后的水权交易监督行为积累经验。

第二节　内蒙古沿黄地区初始水权分配的政府规制

一、关于初始水权分配的相关文献回顾

学术界就初始水权分配原则方面形成了一些研究成果。林有祯（2002）认为，初始水权分配应该遵循先上游后下游原则、先域内后调引原则、先生活后生产原则、先传统后立新原则[①]。石玉波（2001）认为，初始水权分配应当遵循优先满足水资源基本需求和生态系统需求原则、遵循保障社会稳定和粮食安全原则、遵循时间和地域优先原则、遵循承认现状原则、合理利用原则、公平与效率兼顾公平优先原则和留有余量原则[②]。郑剑锋（2006）认为初始水权分配要遵循有效性、公平性和可持续发展原则，并以这三大原则为基础构建了初始水权分配的指标体系[③]。王治（2001）认为，人的基本生活用水需求是水权配置首先要考虑的，这种水权不允许转让，其次是农业用水需求，再次是生态环境的基本用水需求，工业和其他行业的用水需求排在上述用水需求之后[④]。尹明万、张延坤、王浩等（2007）在对松辽流域水资源初始水权分配的研究中认为，初始水权的分配应遵循社会公平和尊重现状原则、基本生态需水优先原则、重要性和效率优先原则、适量预留原则、民

---

① 林有祯. 初始水权探析 [J]. 浙江水利科技，2002（5）：26 – 31.

② 石玉波. 关于水权与水市场的几点认识 [J]. 中国水利，2001（2）：31 – 33.

③ 郑剑锋. 基于水权理论的新疆玛纳斯河水资源分配研究 [J]. 中国农村水利水电，2006（10）：24 – 28.

④ 王治. 关于建立水权与水市场制度的思考 [N]. 中国水利报，2001 – 12 – 25.

主协商和适时调整原则等①。陈志军（2002）认为，对用水户进行分类是水权分配顺序确立的关键，对于不同类型的用水需求应采用不同的水权配置原则，社会用水大体可分为生活用水、经济用水和公共用水三类，与之对应的水权分配的优先顺序是：基本水权、公共水权和竞争性水权②。王学凤（2006、2007）把水权分配原则分为指导思想类原则、具体分配类原则和补充类原则三类，具体分配类原则又细化为 20 多项原则，并就生态用水保障原则、基本用水保障原则等进行了量化研究③④。王宗志等（2010）确立了中国南方流域初始水权分配的五项原则为：基本用水保障原则、公平原则、尊重现状原则、高效原则和权利与义务结合原则⑤。彼得·范德扎格（Pieter van Derzaag，2002）以国家数量、流域面积和人口数量作为基础，建立了奥兰治河和尼罗河（Orange River and Nile）水权分配模型，认为人口数量分配模式最为公平⑥。裴源生等（2003）采用模糊决策理论和层次分析方法对黄河水权置换中的水量分配构建了指标体系，并依据指标体系对水权进行了模拟分配⑦。陈燕飞等（2006）在公平性、高效性和可持续原则基础上，运用多目标决策模糊优选模型，选取了 12 个指标，对汉江流域水资源初始分配进行了研究⑧。肖淳、邵东国等（2012）针对目前流域初始水权分配模型中

① 尹明万，张延坤，王浩等. 流域水资源使用权定量分配方法探讨［J］. 水利水电科技进展，2007（1）：1-5.
② 陈志军. 水权如何配置管理和流转［N］. 中国水利报，2002-04-23.
③ 王学凤，王忠静，赵建世. 石羊河流域水资源分配权分配模型研究［J］. 灌溉排水学报，2006（5）：61-64.
④ 王学凤. 水资源使用权分配模型研究［J］. 水利学进展，2007（2）：241-245.
⑤ 王宗志，胡四一，王银堂. 基于水量与水质的流域初始二维水权分配模型［J］. 水利学报，2010（5）：524-530.
⑥ Pieter van Derzaag，Seyam I. M.，Savenije H. H. G. Towards measurable criteria for the equitable sharing of international water resources［J］. Water Policy，2002，4（1）：19-32.
⑦ 裴源生，李云玲. 黄河置换水量的水权分配方法探讨［J］. 资源科学，2003，250（2）：32-37.
⑧ 陈燕飞，郭大军，王祥三. 流域初始水权配置模型研究［J］. 湖北水力发电，2006（3）：14-16.

指标体系不一致的问题，提出了初始水权分配友好的概念，并确定了粮食安全保障原则，生态用水保障原则，尊重历史与现状原则，公平性原则，高效性原则以及环境保护原则作为初始水权分配具体原则，提出了以初始水权分配系统友好度最大为目标的友好度分配模型①。朝洁、徐中民（2013）以张掖市甘临高地区为例，基于初始水权分配原则的指标体系，选用 2020 年作为规划水平年，采用多层次多目标模型优选法分配流域区域初始水权，并以2009 年作为参照年，通过对比参照年内不同的水权分配模式来验证该分配模型的合理性②。

此外，一些学者就初始水权分配政府预留水量问题进行了相关研究，如威尔特等（Welter et al.，2010）通过归纳总结在自然灾害和其他突发事件的水供应问题中，提出政府应该在分配水量的过程中，注重考虑突发事件的状况，预留水量达到有效响应③。周晔、吴凤平、陈艳萍（2012）提出政府预留水量是初始水权体系的主要组成部分，具有应急性、预期性、公共性等属性，在应对供水危机和规避经济发展风险方面具有重要作用，相关水利法规政策、已有实践以及水权市场的特点揭示政府预留水量不仅是可行的，而且是有效的④。程铁军等（2016）针对政府应急预留水量受突发事件影响而呈现出的不确定性、短暂性、周期性的特征，将改进的案例推理（CBR）方法应用于政府应急预留水量预测⑤。范可旭、李可可等（2007）在研究长江流域初始水权分配时，提出了政府预留一部分用水权原则，认为长江流域水

①　肖淳，邵东国，杨丰顺，顾文权. 基于友好度函数的流域初始水权分配模型［J］. 农业工程学报，2012（2）：80 - 84.

②　朝洁，徐中民. 基于多层次多目标模糊优选法的流域初始水权分配——以张掖市甘临高地区为例［J］. 冰川冻土，2013，35（3）：776 - 782.

③　Weler G，Bieber S，Bonnaflon H，et al. Cross-sector emergency planning for water providers and healthcare facili-ties［J］. Journal American Water Works Association，2010，102（1）：68 - 78.

④　周晔，吴凤平，陈艳萍. 政府预留水量的研究现状及动因分析［J］. 水利水电科技进展，2012（4）：83 - 88.

⑤　程铁军，吴凤平，章渊. 改进的案例推理方法在政府应急预留［J］. 水资源与水工程学报，2016（3）：1 - 5.

量相对丰富，开发利用程度不高，为了给今后的经济发展留有余地，保证生态与环境用水，在紧急情况下如救灾、抗旱、公共安全事故等突发事件中的用水需求，政府应该预留一部分必要的公用水权①。

二、 初始水权分配的内涵及分配模式

（一）初始水权分配的内涵

初始水权分配是流域或者区域内可供分配的水资源量的分配，是指水行政主管部门或流域机构按照规定程序向行政区域和用水户逐级分配区域可供分配水资源的过程②。进行初始水权分配，发挥市场在资源配置中的基础性作用，是社会主义市场经济条件下保障水资源总量控制目标实现的关键③，也是水权交易的基础和前提。

在中国，水权主体具有明显的层级结构，其中，中央政府或其水行政主管部门在水权主体中处于最高层，流域管理机构在流域内是水权主体的最高层；地方各级政府，表现为省、市、县等各级行政区处于水权主体的中间层；各级用水户是最后一级水权主体。以黄河流域为例，水权自上而下可以分为四个层级。其中，青海、四川、甘肃、宁夏、内蒙古、陕西、山西、河南、山东、河北（天津）为黄河流域水权的一级用户，所得水权为一级水权。1987 年国务院同意水利部关于《黄河可供水量分配方案的报告》，该方案明确规定了沿黄各省份的配水指标，形成了黄河流域一级初始水权分配方案。地市级行政区为二级用户，所得水权为二级水权，内蒙古沿黄各盟市黄

① 范可旭，李可可. 长江流域初始水权分配的初步研究 [J]. 人民长江，2007，38（11）：4-7.
② 杨永生，许新发，李荣昉. 鄱阳湖流域水量分配与水权制度建设研究 [M]. 北京：中国水利水电出版社，2011.
③ 王宗志，胡四一，王银堂. 流域初始水权分配及水量水质调控 [M]. 北京：科学出版社，2011.

河水配水指标属于黄河流域的二级用户。内蒙古自治区对其 58.6 亿立方米的黄河耗水量指标进一步分配到了沿黄的六个盟市，具体分配结果为：呼和浩特市 5.1 亿立方米、包头市 5.5 亿立方米、鄂尔多斯市 7.0 亿立方米、巴彦淖尔市 40.0 亿立方米、乌海市 0.5 亿立方米、阿拉善盟 0.5 亿立方米。沿黄各盟市又将自己分得的黄河水指标分配给自己辖区内的灌区和工业生活用水户（见图 9.1）。

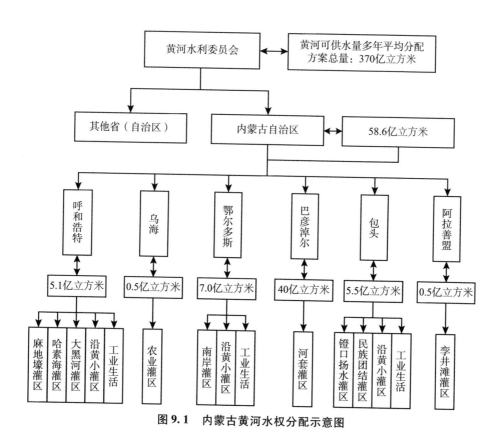

图 9.1　内蒙古黄河水权分配示意图

（二）初始水权分配的影响因素

初始水权分配的影响因素主要有人口因素、面积因素、现状用水因素、优先占用因素、产业结构因素、功能区划因素、政策倾斜因素等[①]。人口因素主要指人口总量和人口结构，人口结构主要指城镇人口和农村人口结构。面积因素主要包括农业灌溉面积、植被面积、景观面积等因素。现状用水因素主要指目前用水户实际用水量，这一因素体现了初始水权分配中的尊重现状原则。优先占用因素主要考虑区域水资源禀赋的不同，如水库和其他蓄水工程的水资源应该优先在本区域分配。产业结构因素主要指三次产业比重，体现工业用水、农业用水和服务用水，反映水资源优化配置原则。功能区划因素主要指根据初始水权分配要充分考虑不同地区的功能区划。政策倾斜因素是指水权分配应该考虑国家大政方针，如粮食安全和对重点灌区的保护、安置移民、公众支付能力等，见表9.1。

表9.1　　　　　　　　　　　　初始水权分配的影响因素

	人口因素	农村人口、城市人口
	面积因素	生态面积、植被面积、景观面积等
	现状用水	各地区目前用水量
	优先保障	生活用水、生态用水、农业用水
初始水权分配影响因素	优先占用	水库和其他蓄水工程、地区内陆湖等
	产业结构	工业用水　工业结构、工业用水效率、水循环利用率等
		农业用水　耕地面积、种植结构、灌溉用水利用系数等
		服务业用水　服务业结构和服务业用水效率等
	功能区划	国家及区域对地区区划功能定位等
	政策倾斜	产业发展规划、粮食安全、贫困保障因素等

资料来源：许长新. 区域水权论［M］. 北京：中国水利水电出版社，2011.

（三）初始水权分配模式

1. 人口配置模式

基于人口的初始水权界定模式坚持人人平等的原则，强调位于同一水源

---

① 许长新. 区域水权论［M］. 中国水利水电出版社，2011.

地居民具有平等使用水资源的权利。其配置思路是将可配置水资源总量按照人口数平均分配，进而得到各区域和各用户的初始水权数量。该模式强调人的平等性，但忽略了城乡差异，城市水资源主要是生活资料，但农村水资源不仅是生活资料，也是生产资料。同时该模式忽略了各地经济发展的差异。

2. 面积配置模式

基于面积的初始水权界定模式是依据流域所辖面积进行初始水权的分配。该模式没有考虑到流域面积与各地耕地面积和生活要素的分布并非简单的比例关系这一实际。如黄河上游面积较大，但需水量相对下游而言较小。

3. 产值配置模式

基于产值的界定模式是依据流域内各地区生产总值指标来进行初始水权分配。通常而言，地区经济发展水平和其需水量之间存在正相关，即经济发展水平越高，需水数量越大。地区生产总值是衡量地区经济发展水平的最重要指标，所以用流域内地区生产总值来决定水权数量有其可行性。该模式突出了效率原则，但容易造成两极分化，忽视弱势地区利益，也容易造成产业失衡，特别是容易造成低产值产业（如农业）的退化。

4. 混合配置模式

该模式是按照人口、面积和产值的加权平均来界定初始水权的一种方式。若选择人口、面积和产值配置模式，不同地区、不同行业和不同群体对其偏好程度有所差别。以黄河流域为例，黄河上游的青海、甘肃和内蒙古面积广阔，以面积模式进行初始水权界定会得到更多的水权，故这些省份偏好面积配置模式。黄河中游的山西、河南等省份人口众多，因而偏好于人口配置模式。黄河下游的山东是经济大省，故偏好于产值分配模式。所以上述任何一种模式都会有赞成者，也会有反对者，在实践中难以执行。混合配置模式综合了各方偏好和意见，因而容易执行。但该模式操作较为复杂，特别是关于权重的确定要取决于各地的谈判能力和决策者的偏好。

5. 现状配置模式

基于现状的界定模式是以现有用水数量为标准，根据以往的用水惯例进行初始水权界定。该模式具有其合理性，因为当前的用水现状从某种程度上可以反映出流域内各地的经济发展水平和用水数量，且该模式实施难度较小，易于操作。但这种模式有其弊端，那就是该模式缺乏公平与效率，会出现用水领域的强者恒强、弱者恒弱的结果。

表9.2为5种初始水权分配模式的具体分配方法。

表9.2　　　　初始水权分配模式

分配模式	分配方法	备注
人口配置模式	$wr_i = \dfrac{p_i}{p} wr \ (i=1,2,\cdots,n)$	wr_i表示流域内i地区或者用水户分得的水权数量，p_i表示流域内i地区的人口数，p为流域所辖各地区的总人口数，wr表示流域内可分配水权总量
面积配置模式	$wr_i = \dfrac{area_i}{area} wr \ (i=1,2,\cdots,n)$	wr_i表示流域内i地区分得的水权数量，$area_i$表示流域内i地区的面积，area表示流域所辖各地区总面积，wr表示流域可分配水权总量
产值配置模式	$wr_i = \dfrac{GDP_i}{GDP} wr \ (i=1,2,\cdots,n)$	wr_i表示流域内i地区分得的水权数量，GDP_i表示流域内i地区的GDP指标，GDP表示流域所辖各地区的GDP总量，wr表示流域可分配水权总量
混合配置模式	$wr_i = \left(wr_1 \dfrac{p_i}{p} + wr_2 \dfrac{area_i}{area} + wr_3 \dfrac{GDP_i}{GDP} \right) wr \ (i=1,2,\cdots,n)$	wr_1、wr_2、wr_3为人口、面积和产值配置模式的加权值，wr为流域可分配水权总量，wr_i表示流域内i地区分得的水权数量
现状配置模式	基于现状的界定模式是以现有用水数量为标准，根据以往的用水惯例进行初始水权界定	

三、　内蒙古沿黄地区初始水权政府规制措施

（一）初始水权分配中设置政府预留水量

关于政府预留水量，周晔、吴凤平、陈艳萍（2012）认为："政府预留水量是水权的一种载体和物质表现形式，是指在初始水权分配时，由政府予以控制的为应对各种紧急情况下水资源的非常规需求和经济社会发展中的不可预见的因素而留存的水量；政府预留水量与生活用水、生态环境和生产用水处于同一层面，是初始水权体系的重要组成部分之一。[①]"。

水资源是重要战略性资源，同时也是重要的公共资源。在水资源开发利用和保护中，为实现水资源的可持续利用，维护公众利益，需要政府作为公众利益的代表发挥作用。尤其是在工业化、城镇化和产业化过程中，由于某种不可预见因素或紧急状态不可避免地会出现水资源非常规需求，如为保障区域重大经济战略调整的大型建设项目等所需水量，这些项目不确定性强，难以进行长期预测，因此，政府在水权初始分配时应当预留适当水量，以备应急之需。

政府作为公众利益代表，在下分水量使用权利的同时，必须承担和履行保护生态环境的职责，同时也应该承担规避水权初始分配风险和调节水权市场健康发展等管理职责，上述职责的履行和实现也需要政府预留适当水量进行调节。

我国一些流域或区域的初始水权分配试点中设置了政府预留水量，如大凌河、石羊河、黑河、晋江、抚河等（见表9.3）。

---

① 周晔，吴凤平，陈艳萍．政府预留水量的内涵、动因及实践探究［J］．资源开发与市场，2012（5）：438－442.

表9.3　　　　　　我国典型初始水权分配试点中预留水量情况

初始水权分配试点 （流域/区域）	是否设置政府 预留水量	预留水量规定
石羊河流域	是	《石羊河流域重点治理规划》分配了7316万立方米水量作为全流域应急调度的预留水量，由流域管理机构统一调配
大凌河流域	是	大凌河流域将满足生态基流和入海水量要求后的剩余水量作为预留水量
晋江流域	是	1996年泉州市制定了《晋江下游初始水权分配方案》，政府预留10%作为市发展和应急水源
抚河流域	是	政府预留水量占总水量的20%以上
内蒙古沿黄六盟市	无	无

资料来源：根据周晔，吴凤平，陈艳萍. 政府预留水量的内涵、动因及实践探究［J］. 资源开发与市场，2012（5）：438－442，资料整理而得。

按照国家黄河"87分水"方案分配给内蒙古的多年平均58.6亿立方米的黄河可耗水量指标，自治区人民政府已将该指标全部分配给沿黄盟市，自治区本级未预留多余的可供防范风险和应对各种紧急情况下水资源的非常规用水。调整内蒙古沿黄地区黄河水初始水权分配并设置必要政府预留水量非常必要。

首先设置必要政府预留水量是满足内蒙古沿黄地区生态环境治理所需应急水量的需要。"生态优先、绿色发展"是习近平总书记对内蒙古生态文明建设的殷切期盼，也是内蒙古发展的基本方略。内蒙古沿黄地区生态环境脆弱，特别是乌梁素海生态治理任务艰巨。乌梁素海是黄河改道形成的河迹湖，多年来，由于工农业及城镇污水、排水汇入乌梁素海，导致湖水水质恶化、盐分积累、泥沙淤积、植被退化，生态环境问题突出。利用黄河水实施生态补水是乌梁素海生态修复的重要途径。近年来，巴彦淖尔市在黄河水利委员会的大力支持下，充分利用黄河凌汛水、灌溉间隙和秋浇后期水向乌梁素海补水，加快水体置换，改善水体环境。为保障包括乌梁素海生态治理在内的内蒙古沿黄地区生态治理，内蒙古自治区政府应在黄河初始水权分配中设置本级政府预留水量，满足非常规生态用水需求。其次，设置必要政府预留水量是满足内蒙古沿黄地区重大建设项目所需应急水量的需要。内蒙古沿黄地区特别是"呼包鄂"地区在内蒙古经济发展中的地位举足轻重。目前内蒙古自治区正布局打造沿黄经济带，但该地水资源短缺，工业用水很大程度上依靠盟市内和跨盟市水权置换满足。在内蒙古自治区黄河初始水权分配中设置本级政府预留水量，可以满足部分对于自治区经济转型升级具有重大意义且符合国家产业政策的重大项目的临时性用水需求，以支持自治区重大发展战略的实施。当项目具备水权转换的条件是再通过水权置换取得相应水权。第三，设置必要政府预留水量是应对极端事件和意外事故出现的紧急用水需求的需要。当出现极度干旱或者由于水利工程调储能力有限导致局部供水危机，或者由于意外事故导致突发水污染时，政府可以动用政府预留水量，启动所辖级别的水银行，以缓解极端事件或者意外事故出现的紧急用水需求。在特别枯水年或枯水年时，政府预留水量明显减少，或者即使动用政府预留水量也难以缓解水危机时，政府可以按照水保证率的重要性，逐级削减用户的正常用水需求。第四，设置必要政府预留水量是应对内蒙古沿黄地区水权交易市场风险的需求。随着内蒙古水权交易向纵深发展，水权交易市场失灵所导致的风险概率会增加，为平抑市场动荡，也需设置政府预留水量平抑和干预水市场供求关系。

目前关于政府预留水量的标准没有统一规定，流域和地区应根据具体情况自行设定，一般认为应控制在区域可供分配水资源总量的 5%。内蒙古沿黄地区的政府预留水量可以按照"87 分水"方案分配给内蒙古的 58.6 亿立方米/年的 5% 设置，即政府预留水量 2.93 亿立方米/年。或者按照政府预留水量的预留原则和优先顺序，结合需预留水量、可预留水量和工程规划等情况，确定不同规划水平在 50%、75% 和 95% 频率下的政府预留水量。

内蒙古沿黄地区政府预留水量的来源可以从如下方面予以满足：第一，争取黄河水利委员会重新调整"87 分水"方案，给内蒙古自治区增加适当黄河水量作为内蒙古自治区本级政府预留水量；第二，通过政府投资农业节水工程置换水量作为政府预留水量；第三，调整内蒙古引黄水量分配方案；第四，收回闲置取水许可指标或通过内蒙古水权收储转让中心回收节水指标。明确政府预留水量后，同时应当对预留水量使用的规则、使用程序和管理办法进行明确，以提高政府预留水量使用的透明度，避免"公权力"使用不当滋生腐败问题。

（二）初始水权分配应当优先保障生活用水

生活用水可以分为农村生活用水和城镇居民生活用水两大类。农村生活用水包括农村居民生活用水及大小牲畜用水。城镇居民生活用水包括居民自身生活用水和城镇公共用水分摊。

《水法》规定，我国水资源开发利用过程中，城乡居民生活用水应当优先满足，这是初始水权分配必须要遵循的准则。在内蒙古沿黄地区制定水量分配方案时，城乡居民生活用水的分水优先顺序应当优先得到满足，具体表现在：当区域可供分配水资源不能满足分水需求时，各分水区域居民生活用水不减少，应优先得到保证。就内蒙古沿黄地区的实际情况而言，农区居民非集中的生活用水属于非发证管理水量，比较零星和分散。城镇集中生活用水相对集中，一般可以通过自来水公司供应，可以实现发证管理。因此，内蒙古沿黄地区在水量分配方案总量控制中，城镇集中生活水量应当是生活用水管理的重点。内蒙古沿黄地区在黄河水量分配方案中，对各沿黄盟市宏观水量分配总量进行了设定，生活用水分水量未进行明确。随着内蒙古水权交易的不断推进，各地区的水量分配方案逐步细化是未来发展趋势，在水量分配逐渐细化的背景下，为体现生活用水优先原则，避免生产用水挤占生活用水，在水量分配方案中对生活用水权益进行有效性保障势在必行。

在内蒙古水量分配方案细化中，生活用水分水量的确定应当根据区域人口数量、城镇化水平和用水定额等指标实现。初始水权分配方案中的生活用水保障量应当保障当下最低生活用水需求量，同时不会限制今后生活用水所需总量，各旗县区生活保障水量可以视城镇化速度等因素进行调整。

（三）初始水权分配应当考虑生态水权

生态水权是依据保护生态环境的用水需求对水资源进行赋权。生态水权设置动因在于保证维持生态平衡所需要的最小水量，保护生态环境，防止生态恶化①。以塔里木河流域为例，由于其耕地面积不断扩大，中华人民共和国成立初期该流域耕地面积 66.67 万公顷，到 20 世纪 90 年代激增到 153.33 万公顷，耕地面积增加导致农业用水增加，一定程度上挤占了生态用水量，造成河流下游断流，生态环境严重退化，塔里木河下游胡杨林面积由中华人民共和国成立初期的 5.33 万公顷下降到 2000 年的 0.67 万公顷②。因此，在初始水权中如何协调生活用水、生态用水和生产用水至关重要。

内蒙古沿黄地区地处我国生态脆弱区，生态保护、建设和修复任务繁重，在内蒙古各地区的初始水权分配中应当充分考虑各地的生态用水需求，避免只注重经济效益忽略生态效益、只注重眼前利益忽略长远利益。应牢固树立"绿水青山也是金山银山"的理念，以生态水权助力内蒙古沿黄地区生态建设。

内蒙古沿黄地区的乌梁素海是我国第八大淡水湖，也是黄河流域最大的淡水湖和地球同纬度最大的自然湿地。20 世纪 90 年代起，随着污染源逐年增加和入湖水量减少，乌梁素海水质变差。从 2005 年起，为了改善乌梁素海水质，拯救乌梁素海湿地，内蒙古河套灌区开始对乌梁素海进行生态补水

---

① 沈满洪，何灵巧. 黑河流域新旧均水制的比较 [J]. 人民黄河，2004，26（2）：27 - 28.
② 孙媛媛，贾绍凤. 水权赋权依据与水权分类 [J]. 资源科学，2016，38（10）：1893 - 1900.

工程。但由于补水渠道流量和工程条件的限制，每年的生态补水只有几千万立方米。2012 年以来，生态补水进程加速。各级政府累计投资 1.3 亿元，在 6 条农业灌溉干渠与总排干交叉口施做了泄水闸，通过总排干向乌梁素海进行补水，这一工程于 2014 年正式启用。在 2014 年封冻以前，黄河水将通过 4 道闸门，以每秒 70 立方米的速度，源源不断地注入乌梁素海，通过 10 个月左右的时间，对乌梁素海的生态补水总量预计达到 3 亿立方米，几乎是过去 9 年生态补水总量的 50%[①]。保障生态用水需求是生态保护和生态修复的重要保障，也是初始水权分配中必须考量的因素。

（四）逐步推进灌区配水到农业用水者协会

灌区配水到用水者协会是水量分配细化的一项终端工作，从我国水权制度建设的大系统来看，只有将水量细化的工作由区域推进的行业、到灌区乃至灌区内，总量控制与定额管理的用水管理制度才具有可操作性和整体有机性。农业是内蒙古沿黄地区黄河用水的最重要主体，灌区又是农业用水的主要集中地，同时也是水量分配和细化工作的重点领域。为推进内蒙古沿黄地区水权交易工作，保障粮食用水，保障农民权益，逐步推进灌区配水到户工作势在必行。配水到每一个农户的管理成本太高，配水到农业用水者协会是配水到户的最理想状态，协会以下的配水管理，可以由协会协商自行管理。

目前内蒙古沿黄地区黄河水资源分配具体到了盟市一级，盟市一级又具体到了相关灌区，但灌区之下没有进行水权的进一步细分，更没有落实的农户或者农业用水者协会，导致实践操作层面的农业水权权属关系不清。

灌区配水到农业用水者协会的具体方案应当以现状用水为基础，通过核定现有灌溉面积和灌溉定额进行分配。现有灌溉面积的核定可以与农田土地

---

① 新华网，内蒙古乌梁素海大规模换水，2014.11.23，http://news.ifeng.com/a/20141123/42549804_0.shtml.

承包证衔接，灌溉定额可以分为水田和旱田等种类。

灌区配水到农业用水者协会应当注意以下问题：（1）应注意配水总量与灌区分水总量相衔接。即配水总量要小于灌区的总分水量，农业灌溉配水总量要小于灌区农业分水总量。（2）要注意配水到用水者协会方案的可操作性。农业灌溉配水不仅要到用水者协会，同时要对每个协会的分水岭和所在的控制斗口进行明确，即配水方案要与渠系水权边界条件相结合，有多个控制斗口的要分别列出。（3）应注意配水方案的权利与义务相统一。形成的配水方案应该对相应的权利和义务边界进行说明，尤其是当权利与义务由于初始边界条件发生改变而发生变化时，对权利和义务边界进行分析和说明就尤为重要。从灌区目前的管理现状来看，灌区管理干支渠，用水者协会或村委会管理斗口以下的末级渠系。根据这种情况，为推进灌区渠系节水改造任务的实施，需要明确界定渠系节水改造的权利和义务边界。根据谁投资谁受益的原则，节水改造投资主体拥有节约的水权。灌区末级渠系改造义务归用水者协会，根据权利义务对等原则，用水者协会享有末级渠系改造节约下来的水权的权利。

技术支撑是灌区农业配水到用水者协会的前提条件之一，为使内蒙古沿黄地区灌区农业配水到用水者协会工作顺利推进，需要做到以下几点：（1）加大水利工程建设，设置灌区内斗口以上的水量监测设备，为配水方案实施提供硬件条件。（2）积极组建用水者协会。协会成立之后，应建立相关规章制度，积极引导农户推行土地连片，打破土地承包分散格局。（3）积极推进"灌区管理+用水者协会+农户"的以水权为管理核心的灌溉管理模式。

第三节　内蒙古沿黄地区水权交易价格的政府规制

水权交易一般在自愿的基础上通过协商达成水权交易协议。内蒙古水权交易是政府主导的水权交易，并非完全意义上的水权交易。事实上，大多数国家和地区的水权交易都有政府介入。同时，由于水权交易受到供水设施和可供的水量有限性的制约，往往导致在水权交易中出现供小于求的状态，例如，内蒙古鄂尔多斯地区，申请购买水权的企业很多，但是可以提供的水量难以满足所有企业的购水需求。水权交易的供小于求往往会形成垄断。此外，内蒙古的水权交易出让方多为灌区，水权转让过程可能对农业利益产生影响，而且易产生第三方负效应。因此，政府部门需要对水权交易价格进行必要评估并对水权交易价格进行管制和确认。

一、 关于水权交易价格的相关文献回顾

李海红、王光谦（2006）选定水资源影子价格作为水资源价值量化手段，提出在水权交易中的水资源影子价格递减、递增效应等概念，分析了水权交易中水资源影子价格对交易水量的递减（买方）、递增（卖方）效应和对时间递增效应的影响，并据此推导了水权交易的水价估算方法[①]。郑汉通、许长新（2007）认为明确水权价格的影响因素是水权合理定价的保障。影响水权价格的因素主要包括：供求因素、工程因素、经济因素、交易期限、生态与环境因素及政策体制因素，在水权定价时应充分考虑这些因素[②]。谢文轩等（2009）在完全成本模型的基础上，根据不同流域和不同经济区域的不同特点进行测算，探索了我国水权交易的定价的新模式[③]。陈洁等（2008）用完全成本法进行水权定价，并在区分水权交易期限不大于节（输）水工程的使用寿命与交易期限大于节（输）水利工程的使用寿命两种情况下，讨论水权定价模型[④]。潘闻闻、吴凤平（2012）在成本核算定价

---

① 李海红，王光谦. 水权交易中的水价估算 [J]. 清华大学学报，2006 (5)：768 - 771.
② 郑通汉，许长新. 我国水权价格的影响因素分析 [J]. 中国水权，2007 (8)：46 - 51.
③ 谢文轩，许长新. 水权交易中定价模型研究 [J]. 人民长江，2009 (21)：101 - 103.
④ 陈洁，郑卓. 基于成本补偿的水权定价模型研究 [J]. 价值工程，2008，27 (12)：20 - 23.

法、供求定价法和收益现值定价法基础上构建水权交易价格定价指标体系。采用 ANP 模型，使用 DEMATEL 方法最终确定了各定价方法的综合权重并求得水权交易价格，为确定水权交易价格提供了参考[1]。殷会娟等（2017）认为采用买卖双方水资源价值作为水权交易的最低及最高价格，探讨了水权交易价格的确定方法，为合理制定水权交易价格提供新的思路[2]。田贵良等（2017）从水权的边际效用、边际成本等理论出发，对水权交易价格的制定进行经济学解释，分析了农业水价综合改革中农业用水精准补贴对水权交易基础价格的影响[3]。吴凤平等（2017）根据区域水权交易市场双层决策管理结构的特点提出区域水权交易市场中的双层决策机制，并构建了区域水权交易定价的双层规划模型[4]。赵璧奎、黄本胜等（2014）以区域间水权交易为研究对象，通过分析同一流域和跨流域区域水权交易特征，提出基于替代方案成本估计的生态补偿方法，并据此建立了基于生态补偿机制的区域水权交易价格定价模型[5]。

二、内蒙古水权交易价格影响因素

2004 年《水利部关于内蒙古宁夏黄河干流水权转换试点工作的指导意见》提出了内蒙古水权转换价格的计算公式：

---

① 潘闻闻，吴凤平．水银行制度下水权交易综合定价研究［J］．干旱区资源与环境，2012（8）：25 – 30.

② 殷会娟，张文鸽，张银华．基于价值流理论的水权交易价格定价方法［J］．水利经济，2017（11）：53 – 55.

③ 田贵良，顾少卫，韦丁，帅梦蝶．农业水价综合改革对水权交易价格形成的影响研究［J］．价格理论与实践，2017（2）：66 – 69.

④ 吴凤平，王丰凯，金姗姗．关于我国区域水权交易定价研究基于双层规划模型的分析［J］．价格理论与实践，2017（2）：157 – 160.

⑤ 赵璧奎，黄本胜，邱静，洪昌红，黄峰华．基于生态补偿的区域水权交易价格研究［J］．广东水利电，2014（5）：59 – 63.

$$水权转让价格 = \frac{水权转换费用}{水权转换年限 \times 年转换量}$$

2017 年《内蒙古自治区水权交易管理办法》规定灌区向企业水权转让的基准费用包括节水改造相关费用和税费等。灌区向企业水权转让的节水改造相关费用包括：（1）节水工程建设费用；（2）节水工程和量水设施的运行维护费用；（3）节水工程的更新改造费用；（4）工业供水因保证率较高致使农业损失的补偿费用；（5）必要的经济利益补偿和生态补偿费用；（6）财务费用；（7）国家和自治区规定的其他费用。因此，内蒙古沿黄地区水权交易价格主要受以下因素影响。

（一）节水工程建设费用

内蒙古的水权交易主要以工业企业投资农业节水项目为载体实施，因此，内蒙古水权转换费用最重要的组成部分就是节水工程建设费用。节水改造工程建设费用主要包括：渠道砌护费用、渠道边坡整修费用、配套建筑费用、道路整修费用、渠道绿化费用、临时工程费用、监测费用和基本预备费用等。节水工程建设费用需要依据《节水灌溉技术规范》（SL18 - 98）、《灌溉与排水工程设计规范》（GB50288 - 99）、《渠道防渗工程技术规范》（SL18 - 91）和《渠道工程抗冻防胀设计规范》（SL 23 - 91）及相关的投资概算标准进行估算。

（二）节水工程运行维护费用

节水工程的运行维护费用是指在节水工程正常运行过程中发生的经常性费用开支，主要包括：工程动力费用（如电力费用、燃料费用等）、工程管理费用（如管理机构人员工资、行政管理费用、观测费用等）、工程维修费用（如定期大修费以及养护费用、易损设备更新费等）和其他经常性开支。

为了便于估算节水工程运行维护费用，经常按总投资的百分率来计算，

2014 年的《内蒙古自治区盟市间黄河干流水权转让试点实施意见（试行）》规定，转让期限内每年按节水工程造价的 2% 计算，并由受让方支付。

（三）节水工程更新改造费用

节水工程更新改造费用是由于水权转换期限高于节水工程的使用年限所必须增加的工程更新改造费用。当水权转换年限小于节水工程使用年限时不考虑节水工程更新改造费用。当水权转换年限大于节水工程使用设计年限时，在水权转换有效期限内，节水工程已经损坏，需要进行更新改造。节水工程更新改造费用计算公式为：

$$C_g = \frac{N_z - N_s}{N_s} C_j$$

其中，C_g 为节水工程改造费用，N_s 为节水工程使用年限，N_z 为水权转换年限，C_j 为节水工程建设费用。

（四）农业风险补偿费用

农业风险补偿费用是水权转换中对农业权益的保护和收益减少的补偿费。黄河水量统一调度实行"丰增枯减"的基本原则，灌区在遇到枯水年份时应当相应减少其用水量，但根据水权转换原则，作为水权出让方的灌区转换到工业的用水保证率必须在 95% 以上。因此，就可能出现以减少灌区农业用水来保障工业用水需求的情况，从而使灌区内部分农田得不到有效灌溉，引起灌区作物减产。农业风险补偿费用就是对由于灌区灌水量的减少所造成的农业灌溉效益减少而进行的补偿，农业风险补偿费用核算方法会在下一节介绍。

（五）生态补偿费用

内蒙古水权转换的实施是通过节水改造工程完成，节水改造工程的实施会减少灌区灌溉过程中的渗漏，可以提高用水效率，但是灌区地下水的补给量也会由于渗漏量的减少而减少，使地下水位下降。如果地下水位严重下降，就会对植被、湿地和湖泊等生态要素产生不良影响。

水权交易中的生态补偿是指对由于水权交易对其他利益主体造成损害的责任主体或水生态破坏所承担的补偿责任。水权交易中的生态补偿只能是一种相对公平，难以按照实际发生的经济损失进行补偿，生态补偿标准的确立可以通过建立生态破坏损失评估机制来确定。目前尚无统一标准和计算方法来进行有关生态破坏的损失评估，常见的方法有机会成本法、影子价格法、影子工程法和费用分析法等，关于这些方法在下一节具体介绍。在内蒙古水权交易的实践中，可以按照通用的节水工程建设费用乘以生态补偿系数来进行生态破坏的损失评估。不同行业（水权受让方）的生态补偿系数可以不同。

（六）其他相关费用

水权转换涉及多方利益，比如由于灌区作为水权出让方将水权转移到工业企业，灌区的引水量和供水量就会相应减少，灌区管理部门的水费收入也会随之减少。水费收入是灌区的主要经费来源，若水费减少，就会对灌区管理部门的正常运行产生负面影响，所以在内蒙古水权交易中应当对灌区管理部门进行相应补偿，以维持其正常运行。水权转换中应当建立水权转换监测系统，这也是水权转换费用的构成要素。我们将水权转换中所产生的灌区管理部门的水费收益损失费和水权转换监测系统运行费合称工程管理补偿费用。

（七）税收

根据《内蒙古自治区水权交易管理办法》第二十四条规定，水权交易应当缴纳税费，其缴纳标准按照相关法律、法规要求计算。

综合上述，内蒙古水权转换费用的构成要素为：水权转换总费用＝节水工程建设费＋节水工程运行维护费用＋节水工程更新改造费用＋农业风险补偿费用＋生态补偿费用＋财务费用＋其他费用＋税收。

三、 内蒙古沿黄地区水权交易价格政府规制措施

（一）健全和完善水权交易价格核算体系

完整的水权交易价格主要包括水权交易的成本、水资源自身价值和水权交易获取的合理收益和税金等。水权交易成本指水权交易开展过程中产生的直接或间接成本，包含对生态环境或第三者产生影响的补偿费用，若水权交易水量是通过节水工程节约的水量来完成，则节水工程的建设费用、运行维护费用、更新改造费用和管理费用也是水权交易成本的组成部分；水资源自身价值主要由两部分构成：其一是容量价值，即因占有水资源使用权（获得水权）而向国家缴纳的费用；其二是计量价值，即按照具体使用水资源数量向国家支付的费用（水资源费）。我国相关法律法规对水资源的容量价值没有明确规定，但对水资源计量价值有明确规定。

以往内蒙古沿黄地区水权交易中缺乏对水权交易税金的明确规定。今后在内蒙古沿黄地区水权交易中应按照2017年内蒙古自治区颁发的《内蒙古自治区水权交易管理办法》规定，合理界定水权交易收益的税收标准，以不断完善水权交易价格核算体系。

内蒙古沿黄地区的水权交易主要通过工业企业投资灌区农业节水工程来进行水权置换，其以往水权交易价格的核算主要参照《黄河水权转换管理实施办法》进行。按照这一方法，水权交易价格应当包括节水工程建设费、节水工程运行维护费用、节水工程更新改造费用、农业风险补偿费用、生态补偿费用和其他相关费用。2017年发布的《内蒙古自治区水权交易管理办法》

进一步明确了内蒙古水权转换的费用核算方法，为内蒙古沿黄地区水权交易价格核算提供了依据。

在内蒙古沿黄地区以往的水权交易实践中，水权转换费用只计算了节水工程的建设费、维修费以及农业灌溉风险补偿费用，没有充分考虑节水工程的更新改造费用。但由于内蒙古沿黄灌区冬夏季温差巨大，风蚀严重，且已经开展的水权交易期限均为 25 年，因此，在水权交易有效期限内难以保证所有节水工程的实际使用年限都达到设计规范中规定的使用年限标准，在水权转换有效期的 25 年中，节水工程的更新改造客观存在。内蒙古沿黄地区以往进行的水权交易缺乏对生态补偿标准的明确规定，也没有考虑对灌溉管理单位收益减少的补偿。

今后内蒙古沿黄地区水权交易中，应当对节水工程更新改造费用做出明确规定，并计入水权交易费用。要考虑建立水权交易生态损害评估机制，明确水权交易中的生态补偿标准。由于灌区将水权置换给工业企业，会对灌区管理部门收益造成影响，在水权交易价格核算中应当对此进行考虑，对灌区管理部门的收益减少进行必要补偿。

（二）考虑建立水权交易差别价格政策

传统的差别价格被认为是垄断厂商追求利润的一种有效策略。在水权交易中，由于水资源的稀缺性、供水设施的专用性、用水户的用水低需求弹性、高投入性和网络性等特征，造成在水权交易中容易形成垄断。在内蒙古沿黄地区水权交易中，水权出让主体多为大型灌区，水权出让主体的单一性也为水权交易中实施差别价格提供了基础。水权交易中实施差别价格是体现国家产业政策、促进节约用水和提高水资源使用效率的有效手段。

水权交易市场的差别价格是指政府把差别价格作为一种用以调节水权市场的价格与供求和水权使用方向的政策手段。政府通过要求水权出售方在一定条件下执行差别价格是政府在水权交易中的差别价格政策的典型做法。即政府可以根据水权交易的用途、时间、地点、产业偏好等因素实行不同的水权交易价格。水权的差别价格政策可以用来引导水权配置于符合国家产业政策的领域，对符合国家产业政策的项目和领域实行较低的水权交易价格，对高污染高耗能产业和企业实行较高的水权交易价格。另外，差别价格也可按照对水质要求的不同而实施，如对水质要求较高的用户实行较高的水权交易价格。

水权交易差别价格的实施有其积极作用，主要表现在：满足了多样性的水资源需求，提高了水资源配置效率，可以使水权出售方获得更多的利益回报。但水权交易的差别价格也有其消极影响，主要表现在：差别价格使用不当有可能引发水权交易市场中的不正当竞争行为，还有可能导致水权交易中的寻租腐败行为。所以，水权交易差别价格的实施应该有完善的机制保障，要通过合理政策规避其消极影响。

（三）考虑在水权交易价格中施加不同的环境污染调整系数

在水权交易中应充分发挥市场对水资源的调配作用，给予交易双方自由交易的空间。但水权交易存在一定的负外部性，政府应根据不同行业的用水和排水特性，在水权交易价格中施加不同的环境污染调整系数，使水权交易价格中体现生态补偿因素。对于内蒙古而言，其水权受让主体多为高耗水和高污染的能源和电力企业，且内蒙古水权交易试点地区地处我国西北生态环境脆弱区，在水权交易价格中充分体现生态补偿因素尤为重要。

在水权交易价格中考虑生态补偿因素的重要思路就是在水权交易基准价格的基础上对不同行业的环境污染等级进行划分，并据此确定不同行业的环境污染调整系数。内蒙古自治区水权交易地区主要的优势特色产业有冶金建材、农畜产品加工、化工、机械装备制造、高新技术和能源行业，同时该地区的纺织行业也具有明显优势，今后内蒙古沿黄地区的水权交易可以针对这些行业的不同污染等级，确定其在水权交易行为中的不同环境污染调整系数，其基本思路见表9.4。

表9.4　　内蒙古优势特色产业用水户水权交易价格环境污染建议调整系数（α）

序号	行业类型	环境污染调整系数（α）
1	高新技术行业	1.0
2	农畜产品加工	1.1
3	纺织行业	1.2
4	机械装备制造行业	1.3
5	冶金建材行业	1.4
6	化工行业	1.4
7	能源行业	1.4

　　行业污染等级越高，其在支付水权交易价格中的环境污染调整系数就越高，行业内企业购买水权支付的环境成本就越大。为保障水权交易各方利益，体现生态保护责任，政府水资源管理部门应该在水权交易基准价格的基础上，综合考虑产业结构调整和生态补偿等政策因素，通过设置水权交易价格环境污染调整系数制定水权交易指导性价格，作为对基准价格的完善。需要说明的是，表9.4中内蒙古各行业的水权交易价格环境污染调整系数仅仅作为参考，其具体取值还需各方评估论证，本书仅仅提供一种思路。

　　若在内蒙古的水权交易价格中考虑生态补偿要求，并将水权交易价格环境污染调整系数（α）纳入水权交易价格之中，则生态补偿价格可以表示为：

$$P_{生态补偿} = (\alpha_{买} - \alpha_{卖}) \times \frac{C}{\mu}$$

　　其中，C表示区域现有污水处理的建设和运行维护成本支出，μ表示区域现有污水处理能力，$\frac{c}{\mu}$表示在水权交易或者水权转换之后相应的污染转移所发生的单位水量生态修复成本。

$$P = P_{基准} + P_{生态补偿} = P_{基准} + (\alpha_买 - \alpha_卖) \times \frac{C}{\mu}$$

根据上述分析可知：（1）若（$\alpha_买 > \alpha_卖$），表示水权出让方所属行业的污染程度低于水权受让方所属行业的污染程度，即水权交易后的生态环境比水权交易之前的生态环境差，此时 $P_{生态补偿} > 0$，表示水权交易监管部门需要征收生态补偿价格将其作为水权交易价格的构成部分，并将其作为生态环境修复的资金来源；（2）若（$\alpha_买 < \alpha_卖$），表示水权出让方所属行业的污染程度高于水权受让方所属行业的污染程度，即水权交易后的生态环境比水权交易之前的生态环境更好，此时 $P_{生态补偿} < 0$，因此水权交易监管部门可以在水权交易基准价格的基础上给予优惠，以鼓励水权交易中的生态正效应；（3）若（$\alpha_买 = \alpha_卖$），表示水权出让方所属行业的污染程度等于水权受让方所属行业的污染程度，即水权交易不会对区域环境产生影响，此时 $P_{生态补偿} = 0$，当此种情形发生时可以不考虑生态补偿价格。

（四）考虑建立水权交易价格的上下限政策

水权价格的上下限规制是非常必要的，如果不对水权交易价格进行上下限规制，水权出售方可能按照利润最大化原则确定其产量和价格，可能导致水权价格确定的很高。从资源有效配置和保护水资源的角度而言，也需要政府设置一个水权价格的下限，防止水资源过度使用。因此，在内蒙古沿黄地区水权交易的实践中，水权交易监管部门可以考虑建立水权交易的价格上限和下限，并规定只有当水权价格在最低限价和最高限价之间时，水权交易才有效。

不同形式的水权交易价格，其影响因素的权重确定是不同的。在内蒙古沿黄地区水权交易案例中，其交易价格的确定主要考虑的是工程建设因素，东阳—义乌的水权交易价格确定主要是从投入产出的角度来考虑的，甘肃张掖的水权交易价格主要是基于当地的水价确定的。由此可知，实际的水权交易价格会因时因地而异。因此，在制定水权交易的价格上限和价格下限时，也要充分考虑地区实际和水权交易的类型。

目前内蒙古沿黄地区水权交易主要是区域内产业间的水权交易，其价格下限为投入当地工程建设资金从而获得水资源使用权的价格，其价格上限为当地跨流域调水工程投资价格（概算）。

在确定水权交易价格的上限和下限时要考虑地区经济发展实际状况，体现水权交易的公平原则。若水权需求方所在地区经济发展程度较高，而水权供给方经济发展程度较低，则可以适当提高水权交易的下限水平。若水权需求方经济发展程度较低，而水权供给方经济发展程度较高，则可以适当降低水权交易的下限水平。

在内蒙古沿黄地区水权交易中，政府可以建立水权交易市场调节基金参与水权交易，平抑水权交易价格，如政府可以采用水银行的方式，在水资源丰富时购买水权，在枯水季节卖出水权。受水资源年际和年内变化的影响，当水权价格达到下限时，继续降低水权价格会导致水资源浪费，这时水权交易市场调节基金可以购买水权，引导水权价格回升，从而起到市场调节和平衡水价的作用。

（五）考虑建立水权交易价格规制的政府投资体制

水权交易价格规制的政府投资体制是指通过政府的投资行为达到对水权交易价格进行规制的目标。水权交易中的政府投资政策主要包括政府投入、政府采购和政府补贴等。

在内蒙古沿黄地区水权交易的实践中，政府可以通过对灌区灌溉设施进行投资，降低灌区用水需求，从而降低水权交易的价格，促进水权交易的进行。内蒙古沿黄地区已有水权交易案例中有些是政府出资节水灌溉工程建设资金总额的三分之一，以此来增强节约用水并为水权交易提供供水保障，最终完成农业用水向工业用水的水权置换。

政府对水权交易价格规制的补贴政策主要分为两种情况：其一是对水权供给方的补贴。当水权交易的管制价格确定的水权较低时，政府可以对水权出让方采取补贴措施，来弥补它们在水权交易中的利益损失，特别是在产业间的水权交易中，这种政策尤为重要。当水权价格较低，但地方政府为了拉动本地区工业经济的发展，需要将农业用水转换为工业用水时，政府可以对农业进行必要补贴，补贴可以是直接的货币补贴也可以是引导其进行产业结构调整以节约水资源的政策引导性补贴，补贴的目的是促成水权交易的顺利完成。其二是对水权需求方的补贴。当弱势部门、弱势产业或者地方经济发展急需的产业的水权价格支付能力较低时，政府为了维持和促进这些部门或者产业的发展，可以采取价格补贴的方式增强它们的价格支付能力，从而促进水权交易的进行。水权交易价格规制的政府补贴政策对于水权交易的双方都是有利的，是促进水权交易的重要制度安排，但是这一制度会受到地方财力的制约。

水权交易的政府采购政策是政府作为水权交易市场的主体而出现的，其出发点有两个：一是维护公共利益，如政府对于生态用水的采购。对于生态地位非常突出且生态脆弱的地区，政府保障生态用水需求除了要通过初始水权界定予以保证外，政府作为水权需求的一方通过政府采购来保证也是一种有效途径。由于环境的公益性，对生态用水的采购除了地方政府出资之外，中央财政也可设立专项资金予以支持。二是调节市场供求，政府可以在水资源丰裕时采购水权，在水资源短缺时卖出水权，从而有效平衡市场供求，保证水资源的合理高效利用。

第四节　内蒙古沿黄地区水权交易潜在第三方负效应的政府规制

水权交易除了涉及水权出让方、受让方利益外，还会涉及第三方利益。为全面客观评价内蒙古沿黄地区水权交易的第三方影响，保障水权交易顺利进行，需要考虑建立水权交易影响评估制度，并根据评估结果采取相应保护和补偿措施。

一、关于水权交易第三方负效应的相关文献回顾

国内外学者针对水权交易可能出现的第三方效应进行了相关研究，并形成一些有价值的观点。如格林等（Green et al.，2002）提出由于水文的独特规律，在使用时具有经济负外部效应，只有减少某种消耗性用水（如不可恢复性损失）的需求，才能创造更多的水供给，不改变消耗性用水而允许水权转让必然影响第三方利益[1]。保罗·霍尔登和马滕·托巴尼（Paul Holden and Mateen Thobani，1999）在世界银行的研究报告中提及水权交易中的第三方回流问题，认为要提高水权市场的效率必须正视回流问题[2]。刘红梅、王克强、郑策（2006）阐述了水权交易过程中的第三方回流问题，分析了第三方回流问题在水权市场建立中的影响，介绍了国外一些第三方回流的测量方法和解决问题的经验[3]。林龙（2007）认为，水权交易尤其是过多的消耗型用水水权的交易，会加剧流域水质的恶化，从而影响到整个流域水生态环境，危及流域内公众生存与发展[4]。张丽衍（2009）认为，水权交易后，取水点、用水方式、回水方式、排污点和污水水质都将发生变化，由于水文的独特规律和水资源具有竞争性但不具有排他性的准公共物品属性，使得这些改变很容易引起外部不经济性。水权交易的外部不经济主要是由交易带来的

① Green G. P，Hamilton R. Water Allocation，Transfers and Conservation：Links Between Policy and Hydrology [J]. Water Resources Development，2002，16（2）：197 – 208.

② Paul Holden，Mateen Thobani，Tradable Water Rights——A Property Rights Approach to Resolving Water Shortages and Promoting Investment，World Bank，1999.

③ 刘红梅，王克强，郑策. 水权交易中第三方回流问题研究 [J]. 财经科学，2006（1）：58 – 65.

④ 林龙. 水权交易第三方环境利益的保护机制研究 [J]. 安徽农业科学，2007（35）：7356.

水质和水量两方面变化而引起的①。严冬、夏军、周建中（2007）认为，水权交易对买卖双方的影响不同，还可能对其他不参与交易的行政区产生正面或负面影响②。李万明、谭周令（2014）认为，由于中国水权市场发育较晚，相关制度建设不健全，因此在水权交易中比较容易产生交易外部性，并对玛纳斯流域水权交易的正负外部性进行了论述，通过东阳—义乌水权交易案例说明了水权交易中外部性的存在③。李鸿雁（2011）认为，在丰水年，将农业水权置换给工业，不对农业造成损害，但在枯水年，为保证工业正常用水（工业供水保证率高于农业用水），可能造成灌区部分农田得不到有效灌溉，使农作物减产，因此，需要给予农户一定的经济补偿④。柳长顺、杨彦明、戴向前、王志强（2016）认为，包括水权置换在内的水权交易会对水资源供给可靠性、回流水水质水量和农户及农业经济造成影响，因此，需要对水权交易的生态环境影响和经济社会影响进行评估，并通过法律制度和建立风险保证金等制度保护和补偿受害者利益⑤。邱源（2016）指出，在水权交易中若出现计算、判断上的错误或遭遇自然灾害，该地区的生态环境可能会遭受严重损害，产生难以估量的负效应⑥。

二、　内蒙古沿黄地区水权交易的潜在第三方负效应

水权交易涉及的第三方主要包括其他水权持有者、农户、农业和为农业

---

① 张丽衍. 水权交易外部性问题研究 [J]. 生产力研究，2009（15）：72 – 74.

② 严冬，夏军，周建中. 基于外部性消除的行政区水权交易方案设计 [J]. 水电能源科学，2007（1）：10 – 13.

③ 李万明，谭周令. 玛纳斯河流域水权交易外部性分析 [J]. 生态经济，2012（12）：180 – 183.

④ 李鸿雁. 宁夏黄河水权转换农业风险补偿机制研究 [J]. 安徽农业科学，2011（24）：15082 – 15084.

⑤ 柳长顺，杨彦明，戴向前，王志强. 西部内陆河水权交易制度研究 [M]. 中国水利水电出版社，2016（7）：44 – 47.

⑥ 邱源. 国内外水权交易研究述评 [J]. 水利经济，2016（4）：42 – 46.

服务的相关企业及生态环境等。水权交易第三方效应主要通过水量和水质两个渠道产生影响。水权交易对第三方的效应既有积极正面的影响，也有消极负面的影响，既存在第三方正效应和第三方负效应。水权交易的第三方效应既有经济效应，也有技术效应和环境效应。内蒙古沿黄地区水权交易的主要形式是工业企业投资农业节水置换农业水权，其第三方效应的主要表现见表9.5。

表9.5 内蒙古沿黄地区水权交易主要第三方效应

第三方效应类型	第三方效应内容
经济效应	（1）水权置换导致的水资源"农转非"可能出现农业灌溉面积和农业种植面积萎缩，造成农户收入受损；（2）水权置换导致的农业灌溉工程改善导致农户用水负担减轻；（3）水权置换以渠系衬砌等灌区灌溉工程改善为载体实施，可能导致回流水量减少，地下水位下降，增加其他用水主体取水成本
技术效应	水权置换会加快农业节水技术的应用和普及
环境效应	（1）可能导致回流水量减少，地下水位下降，造成灌区生态系统结构退化；（2）工业退水水质低下可能对生态环境造成破坏

内蒙古沿黄地区水权交易第三方负效应主要包括：（1）水权置换导致的水资源"农转非"可能出现农业灌溉面积和农业种植面积萎缩，造成农户收入受损；（2）水权置换以渠系衬砌等灌区灌溉工程改善为载体实施，可能导致回流水量减少，地下水位下降，增加其他用水主体取水成本；（3）回流水量减少，地下水位下降，造成灌区生态系统结构退化；（4）工业退水水质低下可能对生态环境造成破坏。政府应该通过必要规制，严格限制内蒙古沿黄地区水权交易的第三方负效应。

三、 内蒙古沿黄地区水权交易潜在第三方负效应的政府规制

（一）建立健全现代农业水权制度保障农业用水安全

工农业水权置换是黄河流域水权交易最主要的方式，这种水权交易产生的原因是农业用水浪费严重，工业用水短缺。这种形式的水权交易在提高水资源使用效率、满足工业用水需求的同时容易导致水资源"农转非"加剧，最终可能影响农业生产和农民生活。有效防范水资源过度"农转非"的制度安排就是尽快构建现代农业水权制度，保障农业用水安全。

农业水权制度对于保障国家粮食安全至关重要，但我国农业水权制度还存在不健全不完善的地方，主要表现在：第一，农业水权法律地位不清晰。2002 年 10 月，我国颁布了《中华人民共和国水法》，该法是有效保护水资源、促进水资源合理开发利用的重要法律保障，该法规定了一系列关于水资源规划、水资源调查评价、水量调度和分配、取水许可、水事纠纷处理等规则，这些规则与农业水权密切相关，但这些规则却没有从权属上对农业水权进行界定，导致农业水权在法律地位上界定不清晰。第二，农业水权基础工作薄弱。从实践层面讲，农业水权的保障需要一系列保障条件，如农业水权确认方法、分配技术、交易制度、监管制度、监测预报制度和相关评估技术等。目前黄河流域的农业水权基础工作相对薄弱，缺乏完善的农业水权支撑体系，虽然目前黄河水资源被分配给流经的省市，但没有进行水权的细分，更没有落实的农户或者农业用水者协会，导致实践操作层面的农业水权权属关系不清。农业水权法律地位不清晰及基础工作薄弱，导致农业水资源的利用和保护难以适应农业用水形势的变化，也无法满足建立现代农业水权制度的要求。

内蒙古沿黄地区要建立健全现代农业水权制度，提高水资源使用效率，

保障农业用水安全，现阶段应该做好如下工作。

第一，要完善农业用水法律法规，明确农业水权内涵。内蒙古沿黄地区应根据本地区农业种植结构、技术发展水平、自然状况和水利工程建设实际与发展规划，制定农业用水分配办法，确定基本农业水权和扩展农业水权。基本农业水权是农业水资源保证率较高的部分，应将其作为农业用水的保障线。扩展农业水权是基本水权配额以外的用水配额，保障率相对较低，可以引入市场机制进行交易。农业水权确定之后，各流域各地区应制定农业水权的法律保障机制，就农业水权交易原则和范围、农业用水"农转非"的限制条款和保障补偿机制做出相应规定。

第二，充分保障农业用水权益。内蒙古沿黄地区应根据本地农业经济发展状况与农业生产及通常情况下的农业生产用水情况，因地制宜地按照土地类型和作物种类确定农业水权配额技术标准和底线原则，确保农业用水权益。内蒙古沿黄地区，特别是河套灌区，为保障农业生产的正常用水需求，防止水资源过度"农转非"对农业的生产造成负面影响，可以在明确农业水权内涵并构建相关保障制度的基础上，建立农业用水红线和农业用水预警机制，以确保农业用水权益不受影响。

第三，强化农业水权定额管理。农户是农业用水权利拥有者，不仅拥有取水权，且拥有根据用水定额享有的实际用水权。因此，农业用水定额管理制度不仅是明晰农业水权，促进水权交易的制度安排，也是保障农业用水需求的有效制度安排。内蒙古沿黄地区可以借鉴甘肃张掖地区的经验，实行农业水权登记和水票制度，根据农业用水定额标准，由水权管理部门根据定额标准，将保有水权分配给各农业用水户并进行登记，作为农业用水的权益保障。

第四，严格农业水权转让、审批和农户参与制度。尽管水权转让是市场经济发展到一定程度的产物，但无序水权转让不仅会影响转让主体的合法权益和生态环境，还可能引发经济和社会问题，因此，水权交易必须有序、规范进行，政府为保障农业利益和生态利益，必须保证水权交易者的合法权益，必须对水权转让进行管理。就内蒙古沿黄地区水权转让而言，必须要经过严格审批和监管，对农业水权转让的申请、审批、公示和登记进行严格的过程管理，要完善农业水权转让的政府监管和社会监督，加强农业水权转让的信息披露。当前，内蒙古沿黄地区水权转让多数是行业间水权转让，即农业用水向工业部门转移，采取的主要方式是工业投资农业节水项目置换农业水权，且多数水权转让属于政府主导型水权转让，农户参与程度较低。为反映和表达农户自身利益诉求，参与水权交易决策，建议建立农业水权转让听证会制度，让农户代表参与到水权转让的各个环节，力争决策公开透明。

（二）建立健全水权交易影响评估机制

根据内蒙古沿黄地区水权交易的影响方面和涉及的第三方类型，可以将该地区水权交易影响评估分为生态环境影响评估和经济社会影响评估两大类。

1. 生态环境影响评估

生态环境影响评估是指对将要进行的水权交易对生态环境的预期影响进行评估，并根据评估结果提出预防其生态环境负效应的对策措施。评估内容主要包括退水水质、生态水量和生态补偿等方面的内容。水权交易生态环境影响评估范围一般包括水权出让方所在地、水权受让方所在地、水资源流经地区等。内蒙古沿黄地区水权交易属于地表水交易，对地表水的影响评价应尽量以水功能区为单位，其评价的重点区域应该为取水和退水发生变化的水域及可能受到影响的周边水功能区。水权交易生态环境评估的指标体系见表9.6。

表9.6　　　　内蒙古沿黄地区水权交易生态环境评估指标体系

评估指标	评估内容	指标作用
回流水量	水权交易实施前后回流水量变化量	保障生态必须回流水量
地下水位	水权交易实施前后地下水位变化量	评价生态安全和用水成本

续表

评估指标	评估内容	指标作用
退水排放达标率	水权交易受让方其交易水量经使用后排放的剩余水量经其所有排污口排到交易用户外部并达到国家或者地区排放标准的水量占排水量的百分比	控制水权交易中污染物排放量
生态水权（生态环境用水量及变化比例）	在水权交易区域，为维持生态环境系统群落及其栖息地水环境动态稳定所需水量变化比例	保障生态环境正常用水需求
退水污染物排放量	退水中各种指定污染物排放量	控制水权交易退水污染程度
水权交易风险补偿金	为应对水权交易输水工程及水污染突发事件对生态环境的影响，按照水权交易水量风险程度缴纳的补偿金数量总和	评价水权交易风险补偿能力

在对水权交易生态环境影响进行影响评估时，应根据相关法律法规及水资源管理等要求，客观分析水权交易引起的取水、退水及其他状况发生改变时是否与区域和流域水资源配置、管理与保护相协调。应从水资源的基本条件、水功能区管理、水域纳污能力和水环境保护等角度进行综合考虑，分析其带来的影响，制定矫正相关负面影响的对策措施或者补偿方案，并充分考虑水权交易的累积生态影响。对于可能造成区域生态环境严重恶化的水权交易，直接否决，对于影响区域生态环境但通过综合措施能够降低不利影响且不利影响在可接受范围之内的，实行严格监管。

2. 经济社会影响评估

水权交易经济社会影响评估是指对水权交易中因水量或水质变化受到影响的第三方经济主体评价其可能受到的影响，并提出相应对策措施。经济社会影响的评估内容相对宽泛，主要包括：对农业影响的分析、对水资源利用相关产业的影响、对居民用水的影响、对就业和社会福利的影响等。对于经济和社会发展指标，可以根据不同用水性质选择有代表性的指标。内蒙古沿黄地区水权交易经济社会影响评估指标可以参考表9.7。

表9.7　　　　　**内蒙古沿黄地区水权交易经济社会评估指标体系**

评估指标	评估内容	指标作用
水权出让方收入	买方通过单价或者总量综合计算交付卖方	水权交易卖方收益
水权受让方用水增加比例	水权交易后卖方用水量相对于交易前增加的比例	水权交易买方水量增加程度
水权交易新增产量比例	水权交易后买方给卖方带来的除去成本之外的效益增加	买方收益增加额
单位水权交易利润	（水权交易收入－节水改造成本）或（水权交易收入－日常维护成本）	水权交易卖方净收益
水权交易利润占投资比例	水权交易利润×100%/水权交易投资总额	水权交易卖方投资与收益比例
及时供水能力	水权交易合同签订日期到实际实现供水所需时间	对买方生产活动的影响
重复利用水量	在总用水中，循环利用的水量和直接或者经过处理后再回收利用的水量	未经处理或者经处理后可以重复使用的水量
灌区农田损失	为了保证工业的正常生产用水，可能造成灌区部分农田得不到有效灌溉，使农作物减产造成损失	水权交易卖方潜在损失
农业风险补偿标准	农业风险补偿标准测算可以通过计算多年平均工业企业多占农业水量及由于农业灌溉水量减少引起的农业灌溉收益减少值来确定	水权交易农业风险补偿标准

3. 水权交易影响评估机制

水权交易影响专业机构评估机制主要包括审查和监管主体确定、评估机构选取、评估程序规范、评估结果处理等环节[①]。具体机制见图9.2。

---

　　① 钟玉秀等. 灌区水权流转制度建设与管理模式研究——以宁夏中部干旱带扬黄灌区与补灌区为例［M］. 中国水利水电出版社，2016.

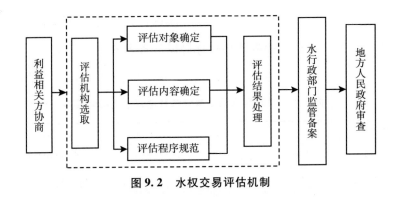

图9.2　水权交易评估机制

内蒙古沿黄地区水权交易审查主体是自治区人民政府，灌区内水权交易审查主体是市级人民政府或旗县级人民政府。监管主体是上一级人民政府水行政主管部门，监管主体负责水权交易第三方影响评估工作的规范管理。评估机构要选取客观公正、业务水平高、评估经验丰富的机构。评估机构可以通过公开招标或者地方水行政主管部门公开遴选的方式产生，也可通过各利益相关方推荐的方式产生。科学合理统一规范的评估程序有助于保障评估结果的客观公正及其合法性和权威性。评估程序规定了评估机构应收集的评估材料、评估对象、评估内容和评估结果。

并非所有的水权交易都需要经过专门的评估机构进行第三方影响评估，对于较小范围和少量用水的水权交易，可以通过利益相关方协商一致，经主管部门监管、备案的方式完成。

（三）健全水权交易补偿机制

水权交易补偿制度需要明确如下问题：（1）补偿条件；（2）补偿对象和补偿费用承担主体；（3）补偿原则；（4）补偿方式；（5）补偿额确定。

内蒙古沿黄地区水权交易补偿条件应当满足如下条件：（1）水权交易对利益相关者已经造成或者将要造成实质性的权益损害；（2）权益受损的用水主体是合法用水主体；（3）利益相关方一致认可用水权益损害的协商解

决方案或者评估结果。

内蒙古沿黄地区水权交易补偿对象主要包括：（1）农业水权出让方。内蒙古沿黄地区水权交易的水量来自工业投资农业节水产生的节余水量。在此类水权交易中，水量出让方的用水总量会减少，因此，需要对农户进行必要的经济补偿。另外，通过补偿农业水权出让方，也可以刺激农户的节水行为，培育水权交易的内生动力。（2）灌区水管组织。内蒙古沿黄地区水权交易的重点发展方向是开展跨盟市水权交易，主要是将河套灌区的农业用水置换到内蒙古沿黄地区的工业企业。跨地区水权交易实施后，出让方灌区用水量减少，其水费收入也会相应减少，这部分减少的收益需要进行补偿以维持灌区水管组织正常运行。（3）水权出让地用水企业。引黄渠系输水量或者输水渠系改造可能造成部分企业取水成本增加，这部分增加的成本应当在水权转让中得到补偿。（4）因水权交易导致生态环境退化的受害者或者政府。若水权交易导致生态环境退化，使一些明确的主体利益受到损害，这部分受到损害的利益应该得到补偿。若生态环境退化的利益受损者不明确，则补偿对象可以为政府，由政府通过补偿资金进行生态修复。

内蒙古沿黄地区水权补偿原则为：（1）多方协商原则。水权交易补偿额和补偿方式要经过涉水利益方协商一致确定补偿方案。（2）公平公正原则。无论是给予补偿的一方还是接受补偿的一方，都必须坚持公平公正原则，需要涉水利益相关方一致同意或者根据专业评估机构评估结果确定补偿额。

内蒙古沿黄地区水权交易补偿方式可以选择：（1）现金补偿。直接以现金或者工程建设费的形式拨付给补偿对象；（2）实物补偿。针对内蒙古沿黄地区农业生产特点，可以将补偿经费折算为农业生产物资，如化肥、种子和灌溉设备等形式发放给补偿对象。（3）工程补偿。内蒙古沿黄地区水权转让多数通过兴建农业节水设施方式进行，因此可以采取兴建农田水利工程的方式给补贴对象以补贴。（4）减免水费。可以给补贴对象减免水费来实施补贴。

内蒙古沿黄地区水权交易补偿主要有农业风险补偿、生态补偿和水管单位补偿。

1. 农业风险补偿标准测算

关于农业风险补偿费用的计算，需要先求得工业企业多年平均多占用农业的水量，然后计算农业灌溉水量的减少引致的农业灌溉效益的减少值，水权受让方每年给予农业的风险补偿费用即为该减少值。农业风险补偿总费用等于水权受让方每年给予农业的风险补偿费用乘以水权转换年限。

农业风险补偿费用的计算过程如下：

$$W_a = \sum (P_i - P_{i-1}) \times (L_i + L_{i-1})/2$$

其中，W_a 表示工业企业平均多占农业用水水量，（$L_i + L_{i-1}$）为相邻概率对应农业损失水量之和，（$P_i - P_{i-1}$）为相邻概率差。

根据《灌溉与排水工程设计规范》（GB50288-99），以旱作为主的水资源短缺地区，工业用水保证率为95%~97%，农业灌溉设计保证率一般为50%~75%，在不同保证率下灌区的分水量会发生变化，取不同保证率97%、95%、75%和50%，通过对不同保证率对应的工业企业用水量和灌区灌溉用水量的计算，如果保证工业企业用水量不减少，则在不同保证率下灌区用水量将减少，分段累加灌区用水减少水量就可以计算出多年平均工业企业多占用的农业用水数量。

根据灌区实施节水之后的灌溉定额和工业企业多占农业用水量，可以计算出灌区农田减少的灌溉面积，以当地灌溉每亩收入与不灌溉每亩收入的差距为每亩每年的补偿金，之后再乘以水权转换期限即可计算出水权转换期限内的农业风险补偿费用。

$$S = \frac{W_s}{D_j}$$

其中，S 为灌区农田减少的灌溉面积，D_j 为灌区实施节水之后的灌溉定额，W_s 为工业企业多占用农业用水的水量。

$$C_f = N_z \times S \times R$$

其中，C_f 为农业风险补偿费，N_z 为水权转换期限，R 为灌区灌溉与不灌溉每亩收入的差额。

2. 生态补偿标准

内蒙古沿黄地区水权交易依托灌区节水改造工程实施，会导致灌溉渗漏量的减少，进而会导致地下水补给水量下降，对周围植被、湖泊和湿地等生态环境容易产生负面影响，为有效保障生态利益，需要对水权交易中的生态负效应进行评估并实施生态补偿。生态补偿包括生态功能补偿和污染环境补偿。生态补偿标准的测算方法主要有：

第一，机会成本法。机会成本法是资源的使用成本可以用所牺牲的替代用途的收益来估算的方法，即"选择后所放弃的最大受益"。机会成本法的数学表达式为：

$$C_k = \max\{R_1, R_2, R_3, \cdots, R_i\}$$

其中，C_k 为 k 方案中的机会成本，R_1，R_2，R_3，$\cdots$，R_i 为 k 方案以外的其他方案的收益。

第二，影子价格法。由于生态系统给人们提供的产生属于公共产品，鲜有交易或者市场价格，往往利用替代市场技术，首先寻找公共产品的替代市场，再以市场与其他相同产品价格估算该公共产品的价值，这种方法被称为公共产品的影子价格方法，该方法被广泛应用于生态系统量化分析之中。水权交易中影子价格的数学表达式为：

$$V = QP$$

其中，V 表示生态系统服务功能价值，Q 表示生态系统服务或者产品数量，P 表示生态系统服务或者产品的影子价格。

第三，影子工程法。影子工程法是恢复费用的一种特殊方法，也被称为替代工程法。该方法是在生态系统被破坏后用新建造一个工程替代原来生态系统服务功能所需费用来估算生态系统破坏损失的一种方法。其数学表达式如下：

$$V = T = \sum_{i=1}^{n} X_i$$

其中，V 代表生态系统服务功能价值，T 代表替代工程造价，X_i 为替代工程中第 i 个项目的建设费用。

第四，费用分析法。费用分析法就是利用费用的变化来间接推测生态系统服务功能价值的方法。费用分析法可以进一步分为防护费用法和恢复费用法。愿意为消除或者减少生态系统退化而承担的费用为防护费用。将遭受破坏的生态系统恢复为原来的状况所需要的费用即为恢复费用。

3. 水管单位损失测算

内蒙古沿黄地区水权交易，特别是跨盟市水权交易的开展，会导致水管单位的水费收入由于取水量的减少而相应减少。水管单位收益损失一般采取如下方式进行测算：

$$S = F \times W$$

其中，S 为水管单位收益损失费，F 为灌区水价，W 为灌区供水减少数量。

内蒙古沿黄地区水权交易期限目前设定为 25 年，另外水权交易的节水设施更新改造费用、农业风险补偿费用和生态补偿费用等相关补偿费用，有些发生在水权交易之前或者交易初期，有些可能要在水权交易远期发生，因此，建议建立水权交易风险补偿基金，实行专款专用，定向实施水权交易中的各种风险补偿。

第五节　内蒙古沿黄地区水权交易监管体系建设

水权交易的培育和发展，既需要法律法规的支持和保障，也需要政府监督管理的介入，建立科学合理的水权交易监管体系对保障内蒙古沿黄地区水权交易的顺利实施具有重要意义。

一、 内蒙古沿黄地区水权交易监管体系构成要素

水权交易监管体系的构成要素主要包括监管主体、监管内容和监管方式。具体内容见图9.3。

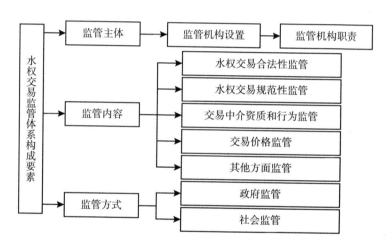

图9.3　内蒙古沿黄地区水权交易监管体系构成要素

二、 水权交易监管主体及其职责

（一）水权交易监管主体

水权交易监管主体应当具备如下特征：第一，能够作为公共利益的代表，对公众诉求和生态环境切实担负保护职能；第二，具有高效的行政管理职能，切实发挥监督管理责任；第三，能够维护正常水权交易秩序，确保水权交易有序进行；第四，能够做到信息公开透明，确保水权交易的公开、公平和公正。

内蒙古沿黄地区水权交易，其交易监管主体包括流域水资源管理机构——黄河水利委员会，具体到地方而言，对于较大规模水权交易，特别是跨盟市水权交易，其交易监管机构应为自治区人民政府或者自治区人民政府委托的专门水权交易监管机构，或者自治区授权自治区水利厅负责水权交易监管。对于盟市内部的水权交易，其监管机构应为盟市级人民政府或者盟市人民政府委托的专门水权交易监管机构，或者盟市人民政府授权其水利局（水务局或者黄灌局）负责水权交易监管。对于旗县内部的水权交易，其监管机构应为旗县级人民政府或者旗县人民政府委托的专门水权交易监管机构，或者旗县人民政府授权其水利局（水务局或者黄灌管理机构）负责水权交易监管。乡镇一级亦是如此。对于村一级的水权交易，应该由用水者协会负责水权交易监管。

（二）水权交易监管主体职责

水权交易监管主体的职责主要包括：（1）协调各自职责范围内的水权交易，为各类用水户的水权交易提供便利，处理各类水权交易纠纷；（2）积极培育各自职责范围内的水权交易中介机构，并对各类水权交易中介的资质进行审查，确保水权交易中介组织资质合格，规范各类水权交易中介组织的行为，强化其信息公开力度，维护水权交易秩序；（3）依据相关法律法规，审查水权交易主体、内容和水资源用途的合法性和合规性；（4）组织水权交易第三方影响评估；（5）制定水权交易管理办法，明确水权交易范围、交易原则、交易程序、交易纠纷解决等内容；（6）建立水权交易市场准入制度，对限制类水权交易作出明确规定，如对不符合国家产业政策的水权受让主体参与的水权交易及环境水权和农业基本用水交易作出限制；（7）制定水权交易价格核定原则；（8）实施水权交易资金监管；（9）细化水权交易听证制度。

三、 水权交易监管内容

（一）水权交易合法性监管

根据《中华人民共和国水法》《取水许可和水资源费征收管理条例》、水利部《水权交易管理暂行办法》《内蒙古自治区实施〈中华人民共和国水法〉办法》《内蒙古自治区取水许可和水资源费征收管理实施办法》《内蒙古自治区水权交易管理办法》和《〈内蒙古自治区闲置取用水指标处置实施办法〉的通知》等相关法律、法规和规章制度，对内蒙古沿黄地区水权交易的合法性进行监管，坚决杜绝违法水权交易行为，规范水权交易秩序，确保水权交易有序进行。

（二）水权交易规范性监管

1. 水权交易主体和交易用途监管

水权交易主体监管主要指水权交易主体资格确认。交易主体资格确认就是要明确水权受让方是否有资格购买某地区的某种水权，同时也包括对水权出让方的出让资格、出让水权类型和来源、出让数量等进行审查监管。水权转让用途监管要求水权受让方在购买水权之前应该向水权交易监管机构申报其购买水权的具体用途，根据《内蒙古自治区水权交易管理办法》及国家和自治区经济社会发展规划和产业政策，内蒙古沿黄地区水权交易优先支持节水、节能、环保、高效的项目，对符合国家产业政策且属于内蒙古经济发展的重点行业和领域给予支持。内蒙古沿黄地区是我国重要的能源化工基地，耗水量大，对于此类项目参与的水权交易，应严格进行交易主体资格审查。

2. 水权交易范围监管

根据《内蒙古自治区水权交易管理办法》，内蒙古沿黄地区可用于水权交易的水权范围主要包括：（1）灌区或者企业采取措施节约的取用水指标、闲置取用水指标、再生水等非常规水资源、跨区域引调水工程可供水量，可用于水权交易；（2）灌区因实施节水改造等措施节约的取用水指标，具备条件的可以跨行业、跨地区转让。（3）企业通过改进工艺、节水等措施节约水资源的，在取水许可的限额内，经原审批机关批准，其节约的取用水指标可以交易。（4）社会资本持有人经与灌区或者企业协商，通过节水改造措施节约的取用水指标，经有管理权限的水行政主管部门评估认定后，可以收储和交易。（5）由旗县级以上地方人民政府水行政主管部门认定的闲置取用水指标，可以收储和交易。

下列情形不得进行水权交易：（1）城乡居民生活用水。（2）生态用水转变为工业用水。（3）水资源用途变更可能对第三方或者社会公共利益产生重大损害的。（4）地下水超采区范围内的取用水指标。（5）法律、法规规定的其他情形。

《内蒙古水权交易管理办法》对水权交易范围制定了严格的允许和禁止类规定，比较科学完善。内蒙古沿黄地区水权交易要严格遵循上述条款，要加强水权交易影响评估机制建设，因为水权交易对农业生产和生态环境的影响有些在短期内不能完全显现出现，但一旦显现就难以在短期内逆转。水权交易范围监管还包括跨区域水权交易监管、跨行业水权交易监管、产业政策导向水权交易监管和重大影响水权交易监管等。

3. 水权交易数量监管

水权交易数量监管的目的是防止水权过分集中，出现水权垄断，产生囤积居奇，给正常生产用水需求带来负面影响。若某段时间水权交易数量过分频繁，有些买者就会出现不是为了生产而购进水权，而是为了投机买卖水权，所以水权交易管理者应该根据企业生产经营状况对企业水权数量进行必要的监管，防止水权交易市场出现投机而扰乱正常的水权交易秩序。

4. 水权交易年限监管

《内蒙古自治区水权交易管理办法》规定，水权交易期限应当综合考虑水权来源、产业生命周期、水工程使用期限等因素合理确定，原则上不超过25年。灌区向企业水权转让期限自节水工程核验之日起计算，其他水权交易期限参照灌区水权转让期限确定。再次交易的，水权交易期限不得超过该水权的剩余期限。内蒙古沿黄地区的水权交易期限，应该严格按照自治区水权交易管理的相关规定执行。

5. 水权交易程序监管

水权交易程序一般包括水权供需信息提供、交易双方对接协商、水权交易申请、水权交易审查、水权交易信息公示、水权交易合同签订、水权交易信息登记、水权交易信息备案、水权交易实施和水权交易监督管理等多个环节。水权客体具有流动性特征，其权利行使不仅对水权交易双方的利益产生重要影响，对其他权利人及生态环境亦会产生重要影响。内蒙古沿黄地区应该制定严格的水权交易程序，并对其进行严格专业的监管，以保障水权交易顺利进行。

（三）交易中介资质和行为监管

水权交易中介主要从事以下业务：（1）开展与水权交易直接相关的交易信息的发布与咨询、技术评价、交易引导和撮合等中介业务；（2）自身开展水权收储转让等经营性业务。

由于内蒙古沿黄地区的水权交易是政府主导型的水权交易，且水资源市场化程度相对较低，水权交易总体不活跃，私人水权交易中介发展滞后。内蒙古自治区水权收储中心是内蒙古地区最大的水权交易平台。该中心主要在内蒙古境内实施盟市间水权收储转让，同时开展节余水权收储转让、节水项目节约水权收储转让、新开发水源的收储转让等业务，也开展水权收储转让项目咨询、评估和建设及国家和流域机构赋予的其他水权收储转让等业务。该中心由内蒙古水务投资集团牵头组建，其资质不存在问题。但由于只有一家水权收储中心，容易形成业务垄断，未来对其监管的重点是对水权收储行为的监管。

（四）水权交易价格监管

理论上，水权交易价格应该由市场根据水权供求关系决定，但内蒙古沿黄地区水权交易是政府主导型水权交易，且多数通过工业投资农业节水置换水权，所以其水权交易价格主要由节水工程建设费用、节水工程和量水设施的运行维护费用、节水工程的更新改造费用、工业供水因保证率较高致使农业损失的补偿费用、必要的经济利益补偿和生态补偿费用、财务费用、国家和自治区规定的其他费用和相关税收构成。内蒙古沿黄地区水权交易价格监管的主要内容和重点应该包括：（1）水权交易价格核算体系是否科学，是否存在应该核算但没有核算的内容；（2）农业风险补偿核算是否科学；（3）生态补偿核算是否合理；（4）相关税收是否按标准征收。

（五）其他监管

水权交易其他方面的监管主要包括：（1）非常时期水权交易管理。如因抗旱等特殊原因或出于维护公共利益等需要，水权交易管理部门有权依照法定程序修改水权交易合同，以保障特殊时期用水需求。（2）水功能区影响监管。水权交易不得改变水功能区划定所规定的用途，未经法定程序批准，不得改变原有水功能区类型，不得将保护区的水资源用于交易。（3）交易公平性监管。水权交易公平性监管包括兼顾供水者和用水者利益，兼顾上下游利益，兼顾当代人和后代人利益，兼顾水权交易空间和时间上的利益。（4）交易资金监管。水权交易资金监管主要包括以下内容：第一要保障水权交易资金及时到位，特别是通过灌区灌溉工程建设开展的水权置换，其资金是否及时到位直接关系到工程进度，进而影响水权交易进程；第二，要监督水权交易资金使用情况，确保资金专款专用。内蒙古沿黄地区水权交易资金监管的具体思路为：（1）在水权转让协议签订之后的规定期限内（如3个月），水权受让主体应当将节水工程建设资金的相应比例（如50%）汇入自治区水权转换项目的专用账户，并在规定期限内付清所有应交建设资金。（2）节水工程建设资金应实行专户管理，并且按照工程施工进度进展情况按期分期拨付给建设单位，确保建设资金及时到位。项目建设过程中出现资金不足，自治区水利厅应组织相关部门筹集和垫付资金。（3）节水工程核验并发放取水许可证后，固定期限（如5年）的节水工程运行维护费应由水权转换受让方一次性支付，之后结合取水许可证换发，再进行下一个固定期限（如5年）节水工程运行维护费的支付，以此类推。（4）节水工程运行费实行专户管理。灌区管理单位根据节水工程维护计划，提出经费年度使用计划，经批准核实之后进行支付，当年结余经费可以转入下年度使用。（5）若节水工程的设计使用期限短于水权转让期限，水权受让方应在该节水工程需重新建设的两年前，将节水工程更新改造费用汇入指定专用账户。（6）其他费用应在节水工程验收合格后的固定时间内（如30日）一次性付清。（7）审计部门应对资金的使用进行严格审计。

四、　水权交易监管方式

内蒙古沿黄地区水权交易监管方式应该通过政府监管和社会监管相结合的方式进行。政府监管包括如下内容：（1）制定水权交易方面的规章制度和管理办法，规范水权交易主体行为和交易流程。（2）组织可行性研究报告和相关论证，并及时向社会公示水权交易相关信息，强化对水权交易行为、水权交易价格和水权交易第三方负效应的监管。社会监管主要是通过引导用水者协会和公民积极参与，赋予公民对水权交易提出异议的权利。

第六节　内蒙古沿黄地区水权交易的保障措施

水权交易的保障体系涵盖内容广泛，根据内蒙古沿黄地区水权交易方式，结合内蒙古沿黄地区水资源管理实际，特提出以下保障措施。

一、　强化内蒙古沿黄地区灌区节水工程建设

内蒙古沿黄地区水权交易的主要形式就是通过工业投资农业节水项目，将农业节约下来的水资源用于工业。灌区节水工程建设是内蒙古沿黄地区水权交易的重要保障。灌区节水措施主要包括输水系统工程节水、田间灌水技术节水和灌区种植结构调整节水三个方面。

针对内蒙古沿黄地区农业灌溉实际，目前节水工程建设应该从以下方面考虑：第一，积极推进常规节水改造工程建设。主要措施有：（1）调整农业种植结构，降低田间需水和耗水量。（2）进行灌区续建配套和节水改造，建设渠首引水控制工程、提高引水保证率。（3）以输水渠道防渗和改进地面灌水技术为重点，做好干支斗各级渠系衬砌和建筑物配套。第二，大力推进新型节水工程建设。新型节水措施主要有管灌、喷灌和微灌（滴灌、渗灌和涌流灌等）。与常规节水措施相比，新型节水技术不但节水效率更高，而且具有节能、节力、节地和灌水均匀等特点，是未来节水的主要发展方向。但新型节水投资较大，技术要求和运行费用较高。目前，在鄂尔多斯市的一些灌区已经开始推广使用新型技术节水技术，如杭锦旗的昌汉白、牧区灌域，达拉特旗的中河西、树林召、王爱召和吉格斯太等地开展了喷灌。

就已经开展水权交易的内蒙古黄河灌区而言，其节水工程建设既要发挥常规节水工程的优势，也要积极开展新型技术节水，使二者齐头并进。具体

而言，在内蒙古黄灌区自流灌区，应积极推广渠道防渗、衬砌技术和畦田灌水技术，并积极调整种植结构，提高灌溉水利用率和水分生产率。在内蒙古黄灌区扬水灌区，在高效利用黄河水的同时，要积极开发利用浅层地下水资源，实施井渠结合、以渠补源，优化水资源配置，实现水资源高效持续利用。

二、　完善内蒙古沿黄地区水资源计量测量设施

水资源的不可预见性和流动性给水资源管理带来了难题，在水权交易中对水量和水质具有预测、计划和实时定量的要求，所以水权交易对包括水资源信息监测系统在内的水量基础设施建设水平的要求较高。只有从计量上严格控制，同时加大监测力度，才能从真正意义上将分配水量的使用落到实处。

在水权交易相对发达的澳大利亚，用水计量基础设施建设水平也相对较高，高水平的用水计量基础设施为水权定量管理提供了便利。如在澳大利亚新南威尔士州的一些流域，地下水用水计量普及率较高，地表水用水计量普及率更是高达90%以上，并且水资源计量管理正逐步走向自动化，水资源管理者可以通过计算机完成水资源信息的监测和遥控，公众可以通过网络查询所需水资源信息。

目前，内蒙古沿黄东区普遍存在水资源计量站网不完善、计量误差大、设备落后、巡测次数较少、测验精度较低、用水数据传输速度较慢等问题。因此，必须加大开展水权转换地区的水资源计量站网建设的投入，完善计量系统，从硬件上为水量分配提供保障。在内蒙古水权交易具体实施的过程中，水权的测量和计量至关重要，内蒙古目前的水资源计量设施和手段难以充分满足水权交易进一步发展的需求，从长远来看，必须建立一套从地市到用户的完整的水测量体系和分水设施，这是内蒙古沿黄地区水权交易的基础

和进一步发展完善的保障。

在内蒙古水权交易的实践中，水资源计量基础设施建设应注重从以下方面入手：（1）加强水资源信息监测和管理系统建设。具体而言，应加强水资源动态监测系统建设；加强水权交易生态影响监测，包括地下水位监测、湖泊湿地监测和草原生态监测；加强流域各用水区域边界断面水资源监测；加强大型用水户取水计量实时监测。（2）强化灌区末级渠系节水改造和企业用水大户用水计量和监测设施建设。内蒙古沿黄灌区灌溉水利用效率低下，尤其是末级渠系输水漏损严重，计量设施短缺，给计量用水和配水到户带来了阻力。因此，内蒙古应加快对河套灌区等大型灌区末级渠系的节水改造并安装用水计量设施，为总量控制和定额管理提供前提，为水权交易的完善创造条件。

三、 促进金融资本参与内蒙古沿黄地区水权交易

水权交易和碳交易的操作实际上是一致的，两者均在总量控制的前提下以节约能源的工程项目为中介进行的"左手倒右手"的交易，碳交易的基础是减排项目，而水权交易的最重要的基础是节水工程。但是碳市场发展远远比水权市场成熟。从市场参与主体来看，碳市场经历了两个发展阶段，在第一阶段，政府和产业资本主导了市场的运行，在第二阶段，股权基金大量进入市场。目前碳交易市场已搭建了区域性和全球性的众多交易所平台，而金融机构、股权基金也已经完成了从配额交易中介商向减排项目投资商的角色变化，超过政府机构成为最大的投资商。

内蒙古沿黄地区水权置换的案例表明，内蒙古沿黄地区水权交易市场的发展程度，相当于碳交易市场第一阶段的起步期，即使在水权置换发展相对迅速的鄂尔多斯市，主要是附近水务公司、上马耗水项目的工业企业等产业资本投资节水工程，民间资本也仅仅投资一些小规模的水库、水坝等地表水

蓄水工程，鲜有金融资本进入水权交易市场。随着内蒙古沿黄地区水量分配和水权制度的逐步完善，将来可能会出现更大范围的水权交易和更大规模的水权交易市场，自治区层面应鼓励金融机构可以通过水利工程项目投资、股权投资、建立产业基金等多种方式直接参与内蒙古沿黄地区水权交易。

主要参考文献

［1］李善民，李孔岳，余鹏翼，周木堂．公共资源的管理优化与可持续发展研究［M］．广州：广东科技出版社，2007.

［2］夏青．水资源管理与水环境管理［D］．中国水利学会2002学术年会特邀报告专辑，2002.

［3］亚当·斯密．国民财富性质及原因的研究（下卷）［M］．北京：商务印书馆，1974.

［4］魏衍亮．对墨西哥水政策变迁的考察［J］．干旱区资源与环境，2001（15）.

［5］张良．公共经济学［M］．上海：华东理工大学出版社，2001.

［6］姚金海．水权运营导论［M］．武汉：华中科技大学出版社，2011.

［7］张明星，张军成．内蒙古黄河南岸灌区水权转换综合效益分析［J］．内蒙古农业大学学报（社会科学版），2012（3）.

［8］孔德军．水资源配置机制的利弊分析［J］．中国水利，2005（13）.

［9］任庆．论我国水权制度缺陷及其创新［J］．中国海洋大学学报（社会科学版），2006（3）.

［10］张红丽，陈旭东．水资源准市场配置制度创新研究［J］．统计与决策，2005（5）.

［11］裴丽萍，王军权．水资源配置管理的行政许可与行政合同模式比较［J］．郑州大学学报，2016（3）.

［12］胡鞍钢，王亚华．流域水资源准市场配置从何处着手［J］．海河水利，2002（5）.

［13］敖荣军．我国水资源市场配置制度创新的探索［J］．中国人口·资源与环境，2003（2）.

［14］周玉玺，葛颜祥．水权交易制度绩效分析［J］．中国人口·资源与环境，2006（4）.

［15］孟戈，王先甲．水权交易的效率分析［J］．系统工程，2009（5）.

［16］杜威漩．水权交易的福利效应分析［J］．水利发展研究，2010（4）.

［17］李万明，谭周令．玛纳斯河流域水权交易外部性分析［J］．生态经济，2012（12）.

［18］于钊．武威城区水权置换的必要性和可行性分析［J］．甘肃水利水电技术，2012（8）.

［19］冯耀龙，王宏江．资源水价的研究［J］．水利学报，2003（8）.

［20］王煜凯．中国水银行的运行与风险管理研究［D］．武汉理工大学硕士学位论文，2013.

［21］陈金木，李晶，王晓娟，郑国楠．可交易水权分析与水权交易风险防范［J］．中国水利，2015（5）.

［22］康建胜，卫霞．水权交易若干法律问题探讨［C］．全国环境资源法学研讨会，2008.

［23］林龙．水权交易第三方环境利益的保护机制研究［J］．安徽农业科学，2007（35）.

［24］张丽衍．水权交易外部性问题研究［J］．生产力研究，2009（15）.

［25］刘璠，陈慧，陈文磊．我国跨区域水权交易的契约框架设计研究［J］．农业经济问题，2015（12）.

［26］严冬，夏军，周建中．基于外部性消除的行政区水权交易方案设计［J］．水电能源科学，2007（1）.

[27] 杜威漩. 论政府在水权交易中的角色定位 [J]. 桂海论丛, 2012 (4).

[28] 李鸿雁. 宁夏黄河水权转换农业风险补偿机制研究 [J]. 安徽农业科学, 2011 (24).

[29] 柳长顺, 杨彦明, 戴向前, 王志强. 西部内陆河水权交易制度研究 [M]. 中国水利水电出版社, 2016 (7).

[30] 邱源. 国内外水权交易研究述评 [J]. 水利经济, 2016 (4).

[31] 沈满洪. 水权交易与政府创新—以东阳义乌水权交易案为例 [J]. 管理世界, 2005 (6).

[32] 葛颜祥, 胡继连. 水权市场管理问题研究 [J]. 山东社会科学, 2003 (1).

[33] 许林华, 杨林芹. 水权交易及其政府管制 [J]. 水资源研究, 2008 (6).

[34] 马晓强, 韩锦绵. 政府、市场与制度变迁——以张掖水权制度为例 [J]. 甘肃社会科学, 2009 (1).

[35] 韩锦绵, 马晓强. 论我国水权交易与转换规则的建立和完善 [J]. 经济体制改革, 2008 (3).

[36] 张莉莉, 王建文. 论取水权交易的私法构造与公法干预 [J]. 江海学刊, 2014 (3).

[37] 道格拉斯·C. 诺斯等著. 西方世界的兴起 [M]. 北京: 学苑出版社, 1998.

[38] 陈虹. 世界水权制度与水交易市场 [J]. 社会科学论坛, 2012 (1).

[39] 蒲志仲. 水资源配置市场机制研究 [J]. 水利经济, 2008 (4).

[40] 黄少安. 产权经济学导论 [M]. 济南: 山东人民出版社, 1995.

[41] 易宪容. 科斯评传 [M]. 太原: 山西经济出版社, 1998.

[42] 科斯等. 财产权利与制度变迁 [M]. 上海: 上海三联书店, 1994.

[43] 巴泽尔. 产权的经济分析 [M]. 上海: 上海人民出版社、上海三

联书店，1997.

［44］道格拉斯·C. 诺斯. 制度、制度变迁与经济绩效［M］. 上海：上海三联书店，1997.

［45］道格拉斯·C. 诺斯. 经济史中的结构变迁［M］. 上海：上海三联书店，1991.

［46］科斯. 论生产的制度结构［M］. 上海：上海三联书店，1994.

［47］钟玉秀等. 灌区水权流转制度建设与管理模式研究——以宁夏中部干旱带扬黄灌区与补灌区为例［M］. 北京：中国水利水电出版社，2016（3）.

［48］新帕尔格雷夫词典［M］. 北京：经济科学出版社，1996.

［49］雷玉桃. 产权理论与流域水权配置模式研究［J］. 南方经济，2006（10）.

［50］盛洪. 以水治水——《关于水权体系和水资源市场的理论探讨和制度方案》的导论（一）［N］. 中评网，水信息网转载，2003.2.9，http：//www. hwcc. com. cn.

［51］刘斌. 浅议初始水权界定［J］. 水利发展研究，2003，3（2）.

［52］傅春等. 水权、水权转让与南水北调工程基金的设想［J］. 中国水利，2001（2）.

［53］王浩，王干. 水权理论及实践问题浅析［J］. 行政与法，2004（6）.

［54］石玉波. 关于水权与水市场的几点认识［J］. 中国水利，2001（2）.

［55］邢鸿飞，徐金海. 水权及相关范畴研究［J］. 江苏社会科学，2006（4）.

［56］胡鞍钢，王亚华. 从东阳—义乌水权交易看我国水分配体制改革［J］. 中国水利，2001（6）.

［57］汪恕诚. 水权和水市场［J］. 水电能源科学，2001（3）.

［58］关涛. 民法中的水权制度［J］. 烟台大学学报（哲学社会科学版），2002（2）.

［59］许长新. 水权管理的一种经济学逻辑［N］. 中国水势网，水信息网转载，http：//www. hwcc. com. cn，2001. 8. 28.

［60］熊向阳. 水权的法律和经济内涵分析［N］. 水信息网，http：//www. hwcc. cn，2001. 6. 25.

［61］姜文来. 水资源资产论［M］. 北京：科学出版社，2003.

［62］董文虎. 浅析水资源水权与水利工程供水权［J］. 中国水利，2001（2）.

［63］崔建远. 水工程与水权［J］. 法律科学，2003. 1，水信息网转载，http：//www. hwcc. com. cn，2004. 11. 1.

［64］蔡守秋. 论水权体系和水市场（下）［J］. 中国法学，2001（增刊），水信息网转载，http：//www. hwcc. com. cn，2005. 1. 24.

［65］钟玉秀. 基于 ET 的水权制度探析［J］. 水利发展研究，2007（2）.

［66］马晓强，韩锦绵，常云昆. 黄河水权制度变迁研究［J］. 中国经济史研究，2007.

［67］许长新. 论区域水权［M］. 北京：中国水利水电出版社，2011（1）.

［68］王宗志，胡四一，王银堂. 流域初始水权分配及水量水质调控［M］. 北京：科学出版社，2011（11）.

［69］沈满红. 水资源经济学［M］. 北京：中国环境经济出版社，2008.

［70］卢现祥. 新制度经济学［M］. 武汉：武汉大学出版社，2006.

［71］T. W. 舒尔茨. 制度与人的经济价值的不断提高. 转载于 R. 科斯、A. 阿尔钦等著. 财产权利与制度变迁——产权学派与新制度学派论文集［M］. 上海：上海三联书店，1991.

［72］青木昌彦. 比较制度分析［M］. 上海：上海远东出版社，2001.

［73］柯武刚，史漫飞. 制度经济学［M］. 上海：商务印书馆，2000.

［74］杨永生，许新发，李荣昉. 鄱阳湖流域水量分配和水权制度建设［M］. 北京：中国水利水电出版社，2011.

［75］马东春，胡和平，陈铁. 政府水权的管理职能及模式研究［M］. 北京：中国水利水电出版社，2011.

［76］袁丽萍. 可交易水权研究［M］. 北京：中国社会科学出版社，2008.

［77］黄锡生. 水权制度研究［M］. 北京：科学出版社，2005.

［78］常云昆. 黄河断流与黄河水权制度研究［M］. 北京：中国社会科学出版社，2001.

［79］唐德善，邓铭江. 塔里木河流域水权管理研究［M］. 北京：中国水利水电出版社，2010.

［80］张德贤. 关于资源利用中的代际外部性探讨［J］. 东岳论丛，2000（7）.

［81］姚傑宝，董增川，田凯. 流域水权制度研究［M］. 郑州：黄河水利出版社，2008.

［82］郑玲. 对"东阳—义乌水权交易"的再认识［J］. 水利发展研究，2005（2）.

［83］裴云云. 解锁缺水"魔咒"! 3 年省水 7 亿方 宁夏水权试点在全国率先通过验收［N］. 宁夏日报，2017 - 11 - 26.

［84］朱磊，禹丽敏. 一个缺水省份的节水经（政策解读·聚焦水权改革（下））［N］. 人民日报，2013 年 1 月 13 日第 2 版.

［85］孟砚岷. 突破"瓶颈"天地宽——来自宁夏水权转换工作的报道［N］. 中国水事势，2017 年 4 月 17 日.

［86］田栋（记者），朱玉玲、艾力江（通讯员）. 推进农业水价改革 提高用水效益——自治州推进农业水权水价综合改革纪实［N］. 吉昌日报，转载于阜康市人民政府网站（http：//www. fk. gov. cn/xwzx/gzxx/800587. htm），转载时间：2017 年 9 月 17 日.

［87］杨文光，朱美玲. 农业用水水权交易发展及展望［J］. 2018（7）.

[88] 马慧. 呼图壁：水权交易让农民得实惠 [N]. 昌吉州政府网，ht-tp：//www. cj. gov. cn/zgxx/tzxx/xfxx/776317. htm，2017. 8. 9.

[89] 刘荣，曹波. 新疆昌吉：老百姓眼中的水价改革到底是什么 [N]. 中国灌溉节水发展中心网站，http：//www. jsgg. com. cn/index/display. asp? newsid = 22098，2017. 10. 9.

[90] 李光丽，霍有光. 政府在现代水权制度建设中的作用 [J]. 水利经济，2006（3）.

[91] 植草益. 微观规制经济学 [M]. 北京：中国发展出版社，1992：1 - 2.

[92] 丹尼尔·F. 史普博著. 余辉，何帆，钱家骏，周维富译. 管制与市场 [M]. 上海：上海三联书店、上海人民出版社，1999.

[93] 徐晓慧，王云霞. 规制经济学 [M]. 北京：知识产权出版社，2009.

[94] 杨建文. 政府规制——21 世纪理论研究思潮 [M]. 北京：学林出版社，2007.

[95] 谢地. 政府规制经济学 [M]. 北京：高等教育出版社，2003.

[96] 许彬. 公共经济学导论——以公共产品为中心的一种研究 [M]. 哈尔滨：黑龙江人民出版社，2003.

[97] 孙波. 公共资源的关系治理研究 [M]. 北京：经济科学出版社，2009.

[98] 卢现祥，陈银娥. 微观经济学 [M]. 北京：经济科学出版社，2008.

[99] ·梁瑞华. 微观经济学 [M]. 北京：北京大学出版社，2009.

[100] 刘红梅，王克强，郑策. 水权交易中第三方回流问题研究 [J]. 财经科学，2006（1）.

[101] 水利部黄河水利委员会. 黄河水权转换制度构建及实践 [M].

黄河水利出版社，2008.

[102] 王立彬. 内蒙古黄河水 2000 万立方米/年水权交易成交 [N]. 2016 - 11 - 30, http：//www. gov. cn/xinwen/2016 - 11/30/content_5140693. htm.

[103] 张枨. 以水权转让为主要措施 内蒙古减少引黄耗水量 [N]. 人民日报，2017 年 11 月 24 日 23 版.

[104] 郑彬，周玉然. 内蒙古鄂尔多斯着力打造现代能源经济体系 [N]. 光明网，2018 年 08 月 16 日.

[105] 赵清，刘晓旭，蒋义行. 内蒙古水权交易探索及工作重点 [J]. 中国水利，2017 (13).

[106] 徐少军，林德才，邹朝望. 跨流域调水对汉江中下游生态环境影响及对策 [J]. 人民长江，2010，41 (11).

[107] 刘普. 中国水资源市场化制度研究 [M]. 中国社会科学出版社，2013.

[108] 胡德胜，窦明，左其亭等. 构建可交易水权制度 [N]. 中国社会科学报，2013 - 03 - 12.

[109] 曹月，贾绍凤. 美国犹他州水权制度实施效果述评 [J]. 水利经济，2012 (3).

[110] 贾绍凤，曹月. 美国犹他州水权制度及其对我国的启示 [J]. 水利经济，2011 (11).

[111] 王小军. 美国水权交易制度研究 [J]. 中南大学学报（社会科学版），2011 (6).

[112] 徐恒力. 水资源开发与保护 [M]. 北京：地质出版社，2001.

[113] 陈海嵩. 可交易水权制度构建探析——以澳大利亚水权制度改革为例 [J]. 水资源保护，2011 (5).

[114] 科林·查特斯 (Colin Chartres)，萨姆尤卡·瓦玛 (Samyuktha Varna). 水危机——解读全球水资源、水博弈、水交易和水管理 [M]. 北

京：机械工业出版社，2012.

［115］金海，姜斌，夏朋．澳大利亚水权市场改革及启示［J］．水利发展研究，2014（3）.

［116］丁民．澳大利亚水权制度及其启示［J］．水利发展研究，2003（7）.

［117］江西省水利厅赴澳大利亚培训团．澳大利亚水资源管理及水权制度建设的经验与启示［J］．江西水利科技，2008（3）.

［118］刘静，Ruth Meinzen - Dick，钱克明，张陆彪，蒋藜．中国中部用水者协会对农户生产的影响［J］．经济学（季刊），2008（1）.

［119］林有祯．初始水权探析［J］．浙江水利科技，2002（5）.

［120］郑剑锋．基于水权理论的新疆玛纳斯河水资源分配研究［J］．中国农村水利水电，2006（10）.

［121］王治．关于建立水权与水市场制度的思考［N］．中国水利报，2001 - 12 - 25.

［122］尹明万，张延坤，王浩等．流域水资源使用权定量分配方法探讨［J］．水利水电科技进展，2007（1）.

［123］陈志军．水权如何配置管理和流转［N］．中国水利报，2002 - 4 - 23.

［124］王学凤，王忠静，赵建世．石羊河流域水资源分配权分配模型研究［J］．灌溉排水学报，2006（5）.

［125］王学凤．水资源使用权分配模型研究［J］．水利学进展，2007（2）.

［126］王宗志，胡四一，王银堂．基于水量与水质的流域初始二维水权分配模型［J］．水利学报，2010（5）.

［127］裴源生，李云玲．黄河置换水量的水权分配方法探讨［J］．资源科学，2003，250（2）.

［128］陈燕飞，郭大军，王祥三．流域初始水权配置模型研究［J］．湖

北水力发电，2006（3）.

[129] 肖淳，邵东国，杨丰顺，顾文权. 基于友好度函数的流域初始水权分配模型 [J] 农业工程学报，2012（2）.

[130] 朝洁，徐中民. 基于多层次多目标模糊优选法的流域初始水权分配——以张掖市甘临高地区为例 [J]. 冰川冻土，2013，35（3）.

[131] 周晔，吴凤平，陈艳萍. 政府预留水量的研究现状及动因分析 [J]. 水利水电科技进展，2012（4）.

[132] 程铁军，吴凤平，章渊. 改进的案例推理方法在政府应急预留 [J]. 水资源与水工程学报，2016（3）.

[133] 范可旭，李可可. 长江流域初始水权分配的初步研究 [J]. 人民长江，2007，38（11）.

[134] 杨永生，许新发，李荣昉. 鄱阳湖流域水量分配与水权制度建设研究 [M]. 北京：中国水利水电出版社，2011.

[135] 王宗志，胡四一，王银堂. 流域初始水权分配及水量水质调控 [M]. 北京：科学出版社，2011.

[136] 沈满洪，何灵巧. 黑河流域新旧均水制的比较 [J]. 人民黄河，2004，26（2）.

[137] 孙媛媛，贾绍凤. 水权赋权依据与水权分类 [J]. 资源科学，2016，38（10）.

[138] 李海红，王光谦. 水权交易中的水价估算 [J]. 清华大学学报，2006（5）.

[139] 郑通汉，许长新. 我国水权价格的影响因素分析 [J]. 中国水权，2007（8）.

[140] 潘闻闻，吴凤平. 水银行制度下水权交易综合定价研究 [J]. 干旱区资源与环境，2012（8）.

[141] 殷会娟，张文鸽，张银华. 基于价值流理论的水权交易价格定价

方法［J］. 水利经济, 2017 (11).

［142］田贵良, 顾少卫, 韦丁, 帅梦蝶. 农业水价综合改革对水权交易价格形成的影响研究［J］. 价格理论与实践, 2017 (2).

［143］吴凤平, 王丰凯, 金姗姗. 关于我国区域水权交易定价研究基于双层规划模型的分析［J］. 价格理论与实践, 2017 (2).

［144］赵壁奎, 黄本胜, 邱静, 洪昌红, 黄峰华. 基于生态补偿的区域水权交易价格研究［J］. 广东水利电, 2014 (5).

［145］谢文轩, 许长新. 水权交易中定价模型研究［J］. 人民长江, 2009 (21).

［146］陈洁, 郑卓. 基于成本补偿的水权定价模型研究［J］. 价值工程, 2008, 27 (12).

［147］Alberto Garrido. A mathematical programming model applied to the study of water markets within the Spanish agricultural sector［J］. Annals of Operations Research, 2000 (94).

［148］John J. Pigram. Proerty Rights and Water Markets in Australia: An Evolutionary Process toward Institutional Reform［J］. Water Resources Research, 1993, 29 (4).

［149］H. S. Burness, J. P. Quirk. Appropriative water rights and the efficient allocation of resources［J］. Amer. econom. rev, 1979 (69).

［150］T. D. Trearthen. Water in Coloradl［A］. in Water Rights: Scarce Resource Allocation. Bureaucracy, and the Environtkent［C］. edited by Terry L. Anderson, Cambridge: Ballinger Publishing Company, 1983.

［151］Robet R. Hearne, K. William Easter. The economic and financial gains from water markets in Chile［J］. Agricultural Economics, 1997 (15).

［152］Slim Zekri, William Easter. Estimating the potential gains from water markets: a case study from Tunisia［J］. Agricultural Water Management, 2005 (72).

［153］ Joseph N. Lekakis. Bilateral Monopoly: A market for Intercountry River Water Allocation ［J］. Environmental Management, 1998 (22).

［154］ M. Dinesh Kumar, O. P. Singh. Market instruments for demand management in the face of scarcity and overuse of water in Gujarat, Western india ［J］. Water Policy, 2001 (3).

［155］ Xinshen Diao, Terry Roe. Can a water market avert the "double-whammy" of trade reform and lead to a "win-win" outcome? ［J］. Journal of Environmental Economics and Management, 2003 (45).

［156］ Aaron Waller, Donald Mcleod, David Taylor. Conservation Opportunities for Securing In-Stream Flows in the Platte River Basin: A case Study Drawing on Casper, Wyoming's Municipal Water Strategy ［J］. Environmental Management, 2004 (34).

［157］ Thomas Krijnen. Tradable Water Entitlements in the Murry-Darling Basin ［J］. Environmental Management, 2004 (7).

［158］ Carl J. Bauer. Bringing Water Markets Down to Earth: The Political Economy of Water Rights in Chile, 1976 – 1995 ［J］. World Development, 1997 (25).

［159］ Mike Acreman. Ethical aspects of water and ecosystems ［J］. Water Policy, 2001 (3).

［160］ V. L. Danilov-Danilyan. Freshwater Deficiency and the World Market ［J］. Water Resources, 2005 (32).

［161］ Dinar, Ariel, Aaron Wolf. Economic and political considerations in regional cooperation model ［J］. Agricultural and Resource Economics Review, 1997 (26).

［162］ Clay Landry. Market transfers of water for environmental protection in the western United States ［J］. Water Policy, 1998 (1).

［163］Williamson, John, Stephan Haggard. The political conditions for economic reform ［C］. In: John Williamson, ed. The political economy of policy reform. Washington, D. C. : Institut for international economics. 1994.

［164］Tripp J. T. , D. J. Dudek. Institutional guidelines for designing successful transferable rights programs ［J］. Yale Journal of Regulation, 1989 (6).

［165］Garth P Green, John P. O. , Conner. Water banking and restoration of endangered species habitat: an application to the Snake River ［J］. Contemporary Economic Policy, 2001 (19).

［166］Frank A Ward, James F Booker. Economic costs and benefits of instream flow protection for endangered species in an international basin. Journal of thee American Water Resources Association ［J］. Proquest Science Journals, 2003 (39).

［167］Maude Barlow and Tony Clarke. 蓝金 ［M］. 张岳, 卢莹译. 北京: 当代中国出版社, 2004.

［168］William Howarth. Wisdom's Law of Watercourse, Fifth edition, Shaw and Sons Limited, 1992.

［169］Colin Charters, Samyuktha Varma. 水危机 ［M］. 伊恩, 章宏亮译. 北京: 机械工业出版社, 2012.

［170］National Science and Technology Economy. Bureau of Land Management ［N］. Water Appropriation Systems, 2009, http: //www. wrc. org. za.

［171］Dante A, Caponera, Principles of Water Law and Adminisration ［M］. A. A Balkema Publishers, Nethterlands, 1992.

［172］Varian, Hal R. . Microeconomic Analysis ［M］. 2nded. . W. W. Norton & company, 1984.

［173］Meade, James E. . The Theory of Economic Externalities ［D］. InstituUniversitaire De Hautes Etudes Internationals, 1973.

[174] James N. Corbridge Jr. and A Rice, Vranesh's Colorado Water Law [M]. Revised Edition, University Press of Clorado, 1999.

[175] Shatanawi, Muhammad. Evaluating Market-Oriented Water Polices in Jordan. A Comparative Study [J]. Water International, 1995 (20).

[176] Paul Holden, Mateen Thobani. Tradable Water Rights. A property Rights Approach to Resolving Water Shortages and Promoting Investment [D]. The Worlds Bank Latin America and Caribbean Technical Department Economics Adviser's Unit, 1996.

[177] Phillips Fox and Queensland University of Technology. Trading in Water Rights-Towards a National Legal Framework [M]. Published by Phillips Fox, Sydney, Queensland University of Technology, 2 George Street, Brisbane, 2004.

[178] Dinar A, Letey J. Agriculture Water Marketing, Allocation Efficiency, and Drainage Reduction [J]. Journal of Environment Economics and Management, 1971 (20).

[179] Armitage R. M. , Nieuwoudt W. L. , Backeberg G. R. . Establishing tradable water rights. Case Studies of two irrigation districts in South Africa [J]. Water SA, 1999, 25 (3).

[180] Hardin Garrett. The Tragedy of the Commons [J] . Science. 1968 (162).

[181] Gordon. s. The Economics Theory of a Common Property Resources. The Fishery [J]. J. P. E. April 1954 (4).

[182] Olson, m. Jr. The Logic of Collective Action. Public Goods and the Theory of Groups [M]. Cambridge. Harvard University Press, 1965.

[183] Esther W. Dungumaro, Ndalahwa F. Madulu. Public participation in integrated water resources management. the case of Tanzania [J] . Physics and Chemistry of the Earth, 2003 (28).

［184］ Aaron Waller, Donald Meceod & David Taylor. Conservation Opportunities for Securing In-Stream Flows in the Platte River Basin: A Case Study Drawing on Casper, Wyoming's Municipal Water Strategy ［J］. Environmental Management, 2004 (34).

［185］ Chambers K W. Environmental water rights transfers in a nonprofit institutional structure ［D］. Tacoma: University of Puget Sound, 2010.

［186］ Olen Paul Matthews, Louis Scuderi, David Brookshire, et al. Marketing western water: Can a Process Based Geographic Information System Improve Reallocation Decision ［J］. Natural Resources Journal, 2001 (1).

［187］ Norman K. J. , Charles T. D. . A survey of the evolution of western water law in response to changing economic and public interest demands ［J］. Natural Resources Journal, 1989 (1).

［188］ Stephen E, Draper. Sharing water through inter basin transfer and basin of organ protection in georgia: Issues for Evaluation in Comprehensive State Water Planning for Goergia's Surface Water Rivers and Groundwater Aquifers ［J］. Georgia State University Law Review, 2004 (4).

［189］ Joseph W. Dellapenna. The law of water allocation in the southeastern states at the openning of the twenty-first century ［J］. University of Arkansas at Little Rock Law Review, 2002 (3).

［190］ Robert Currey-Wilson. Do oregon's water export regulations violate the commerce clause ［J］. Environmental Law, 1986 (2).

［191］ Ellen Hanak, Caitlin Dyckman. Counties wresting control: Local Responses to California's Statewide Water Market ［J］. University of Denver Water Law Review, 2003 (6).

［192］ Janet C. Neuman. Have we got a deal for you: Can the East Borrow from the Western Water Marketing Experience ［J］. Georgia State University Law

Review, 2004 (4).

[193] The Market for Water Rights in Chile, Monica Rios Brehn Jorge Quiroz. The World Bank Washington D. C, 1995.

[194] Pieter van der zaag, Seyam I. M., Savenije H. H. G.. Towards measurable criteria for the equitable sharing of international water resources [J]. Water Policy, 2002, 4 (1).

[195] Weler G, Bieber S, Bonnaflon H, et al. Cross-sector emergency planning for water providers and healthcare facilities [J]. Journal American Water Works Association, 2010, 102 (1).

[196] Green G. P, Hamilton R. Water Allocation, Transfers and Conservation: Links Between Policy and Hydrology [J]. Water Resources Development, 2002, 16 (2).

[197] Paul Holden, Mateen Thobani, Tradable Water Rights—A Property Rights Approach to Resolving Water Shortages and Promoting Investment, World Bank, 1999.